适应节水优先战略的工业节水管理政策研究与实践

陈根发　贺骥　王海锋 等 著

中国水利水电出版社
www.waterpub.com.cn
·北京·

内 容 提 要

本书包含4篇，共20章：第1篇共5章，全面介绍了我国工业用水现状及节水水平，预测了未来工业用水增长趋势；第2篇共5章，介绍了计划用水管理、建设项目节水设施管理政策、用水计量管理制度、水平衡测试管理制度和用水定额管理制度等行政管理政策；第3篇共6章，从水价制度、用水权交易制度、节水技术改造财政激励机制、节水产业税收优惠机制、合同节水管理机制和水效领跑者激励机制等方面，介绍了工业节水的经济激励机制；第4篇共4章，介绍了工业节水相关政策建议。

本书系统性总结了我国在工业节水管理工作中进行的一系列政策实践，可作为水资源管理决策者、科研工作者和相关专业大中专院校学生的参考资料。

图书在版编目（CIP）数据

适应节水优先战略的工业节水管理政策研究与实践 / 陈根发等著. -- 北京 : 中国水利水电出版社, 2019.12
ISBN 978-7-5170-8211-8

Ⅰ. ①适… Ⅱ. ①陈… Ⅲ. ①工业用水－节约用水－政策－研究－中国 Ⅳ. ①TU991.64

中国版本图书馆CIP数据核字(2019)第253829号

书　　名	**适应节水优先战略的工业节水管理政策研究与实践** SHIYING JIESHUI YOUXIAN ZHANLÜE DE GONGYE JIESHUI GUANLI ZHENGCE YANJIU YU SHIJIAN
作　　者	陈根发　贺　骥　王海锋　等　著
出版发行	中国水利水电出版社 （北京市海淀区玉渊潭南路1号D座　100038） 网址：www.waterpub.com.cn E-mail：sales@waterpub.com.cn 电话：（010）68367658（营销中心）
经　　售	北京科水图书销售中心（零售） 电话：（010）88383994、63202643、68545874 全国各地新华书店和相关出版物销售网点
排　　版	中国水利水电出版社微机排版中心
印　　刷	天津嘉恒印务有限公司
规　　格	184mm×260mm　16开本　13.5印张　329千字
版　　次	2019年12月第1版　2019年12月第1次印刷
定　　价	**68.00**元

QIANYAN

前言

节水是水资源管理永恒不变的主题。我国水资源总量大，但人均水资源量少，存在水资源时空分布不均、水资源空间分布与国民经济布局不匹配、水污染严重等诸多问题。水质水量的约束成为很多地区经济社会发展的瓶颈。节水成为用有限水资源支撑国民经济和生态环境可持续发展的必然选择。

我国历来高度重视节水，21 世纪初，我国开始节水型社会试点建设，通过多年的努力，逐步形成了宏观、中观、微观相结合的节水措施体系。“节水优先、空间均衡、系统治理、两手发力”的十六字治水方针，更是将节水放到了首要的、不可替代的位置。2016 年，国家发展和改革委员会等 9 部门印发《全民节水行动计划》，该行动计划分农业节水增产行动、工业节水增效行动、城镇节水降损行动、缺水地区节水率先行动、产业园区节水减污行动、节水产品推广普及行动、节水产业培育行动、公共机构节水行动、节水监管提升行动、全民节水宣传行动十部分。2018 年，党的十九大报告提出“实施国家节水行动”新的战略部署，标志着节水从部门、部门间行动升级成为国家意志和全民行动。

工业是排在农业之后的第二用水大户，工业用水排水量大，污染严重且污染物种类多，节水减排、节水减污是工业节水的重点。我国一直高度重视工业节水，推出了一系列政策措施，推进了工业节水技术改造，工业用水效率不断提高，特别是高耗水工业企业，用水规模的增长趋势得到了有效遏制。

本书第 1 篇由陈根发、倪红珍、赵晶、刘思妤、冯雷、谭亚男编写；第 2 篇由贺骥、王海锋、张曼、康健、廖丽莎、薛源编写；第 3 篇由王海锋、贺骥、张曼、罗琳、薛源编写；第 4 篇由陈根发、贺骥、王海锋、张曼、罗琳、徐海东编写。

本书在著作过程中参考了相关文献，在此一并对文献作者表示感谢。

由于时间所限，本书在著作过程中难免有疏漏或错误之处，恳请读者批评指正。

著者

2019 年 3 月

MULU 目录

第1篇

工 业 企 业 节 水 现 状

第1章 工业用水发展趋势及其分析

1.1 工业用水发展趋势及存在的问题

1.1.1 工业用水发展趋势

我国淡水资源总量为28000亿m^3，占全球水资源的6%，仅次于巴西、俄罗斯和加拿大，居世界第四位；但人均淡水资源量仅有2200m^3，为世界平均水平的1/4、美国的1/5，是一个干旱缺水的国家。我国用水量大，历年统计年鉴数据显示，我国用水总量由2004年的5547.8亿m^3上升至2013年的6170.0亿m^3，上升幅度约为11.22%，是仅次于印度的世界第二大用水国。同时，我国工业用水效率与发达国家相比，还存在明显差距，万美元GDP用水量为世界平均水平的1.7倍，高于巴西、俄罗斯等国，是美国的3倍，日本的7.3倍，以色列的12倍，德国的12.3倍。

工业用水指工、矿企业的各部门在工业生产过程中，在加工、冷却、空调、洗涤、锅炉等处使用的生产水及厂内职工生活用水的总称。自中华人民共和国成立以来，我国工业取得了举世瞩目的进展，工业用水量占总用水量的比例也呈递增趋势。工业用水量占总用水量的百分比从1949年的2.3%，提升到2012年的23.1%，增长9.04倍。1980年工业用水量为457亿m^3，2012年工业用水量为1411亿m^3，增长2.09倍。自2000年起工业用水占总用水量的百分比增长速度趋于平缓（图1.1），工业用水增长速度也趋于平缓。尽管工业用水量占用水总量的比例在23%上下小幅波动，但工业用水增加量占总用水增加量的比重高达63%。从图1.2可以看出，单位工业增加值用水量从2000年的285m^3/万元下降到2012年的76m^3/万元，降低了73%，可以看出节水降耗在此期间已经取得一定成效。万美元工业增加值用水量中国略高于世界平均水平，但是与发达国家相比还存在一定的差距，是日本的6.9倍，德国的1.8倍。这说明，我国工业用水还有较大的节水空间，节水潜力较大。虽然近年来，我国单位工业增加值用水量下降明显，但下降幅度仍然不足以缓解水资源日趋紧张的严峻形势。

1.1.2 工业用水存在的问题

在工业发展初期，工业用水量并不受关注，随着河流断流、污染等现象的发生，工业用水量和工业废水的处理均越来越受重视。与国外工业用水节水先进技术相比，我国工业用水存在以下问题：

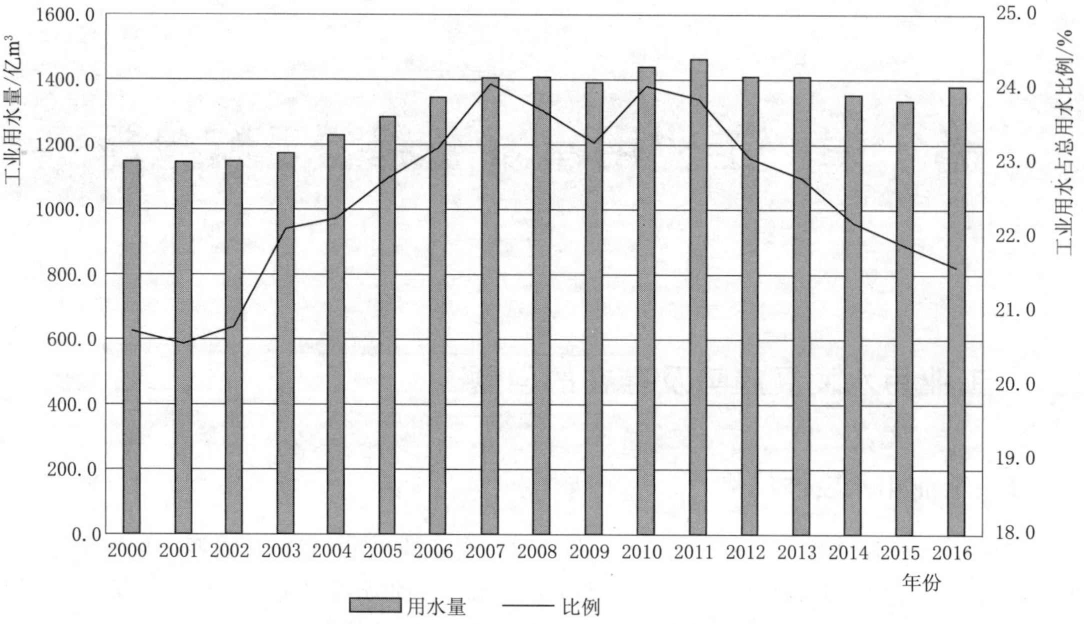

图 1.1　我国工业用水量的变化

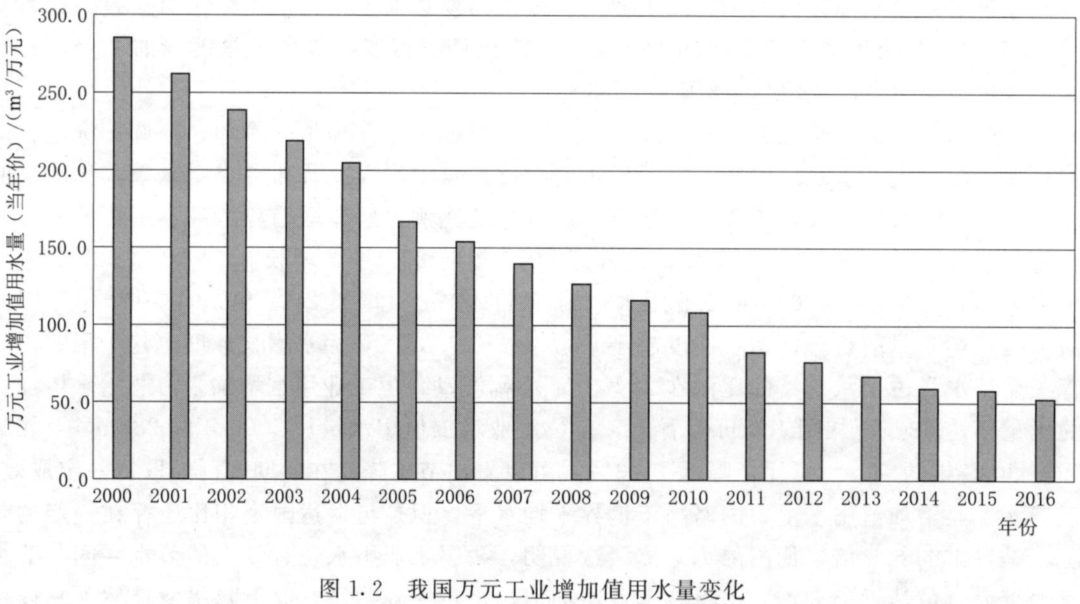

图 1.2　我国万元工业增加值用水量变化

（1）工业用水重复利用率低。2012 年，全国工业用水重复率为 87%，与美国等发达国家相比还有一定的差距。工业冷却水是工业用水最主要的消耗途径，可以说冷却水的用量对我国工业用水量会产生直接影响。我国目前运行的冷却塔普遍存在换热效率低、浓缩倍数低、运行操作不规范、缺乏日常维护等问题。工业用水重复利用率低是我国工业用水所面临的主要问题。

(2) 工业废水排放量大，污染严重。2012 年，全国废水排放总量为 648.8 亿 m^3。其中，工业废水排放量为 221.6 亿 m^3，占废水排放总量的 32.3%。经济增长是导致工业废水排放量增加的主要因素，年度间变化效应均值为 25.9 亿 m^3，而工业废水排放强度和经济空间结构表现为抑制废水排放量增加的因素，年度间变化效应均值分别为 -2.55×10^9 m^3 和 -1.6×10^7 m^3，各种变化因素产生的叠加效应使工业废水排放量变化呈现波动性。随着我国工业废水排放标准的不断提升，对工业废水处理的力度也在不断加大。工业废水的处理率和回用率，在 2005—2010 年已经有一个较大幅度的提升。若要进一步减少排污量、增加回用率，就必须在处理工艺上寻求突破。

(3) 水资源分布与主要矿产资源开发利用不匹配。我国火电、冶金和石油化工等耗水行业多根据矿产资源条件分布在水资源相对短缺的北方地区，加剧了当地水资源短缺的局面。

(4) 节水资金投入不足，节水型社会建设规划中的资金不到位。

(5) 现阶段，我国工业用水相关制度和规范还未健全，相关责任制度也并未完全落实，节水意识亟待加强，节水措施也不完善。

1.2 主要耗水工业用水效率分析

在工业用水组成中，高耗水工业如火电、钢铁、石油石化、化工、纺织、造纸、非金属矿物制品、食品八大行业取水量占全部工业取水量的75%左右，工业废水排放总量约占全国废污水排放总量的 2/3。高耗水行业高强度的取水和排水，既加剧了我国水资源供需矛盾，也对生态环境造成了严重影响，不利于社会经济的可持续发展，不利于生态文明和美丽中国建设。因此，加强高耗水行业的用水管理是提高我国工业用水效率的重中之重，也是工业节水的核心所在。进一步分析各高耗水行业的用水效率，对促进工业节水具有重要意义。

本章采用的产业统计数据来自《中国统计年鉴 2016 年》的数据；用水效率数据根据《中国环境统计年报 2016 年》的行业取用水数据，结合 2011 年的水利普查行业用水效率数据，采用比例法计算获得。水平衡测试数据来自最近 10 年各用水户的水平衡测试报告。

1.2.1 火力发电

火力发电（简称火电）是电力的主要来源，是利用煤炭、石油、天然气等燃料燃烧产生的热能，通过火电动力装置转换成电能的生产活动，是工业用水量最大的生产活动。

1. 区域分布现状

2016 年全国火电产值总量为 5.74 万亿元，其中北方占 49%，南方占 51%。广东、江苏、山东、浙江、河南等省份均超过 3000 亿元，广东省为全国最大的火电生产与供应基地，见表 1.1。

我国火电产业布局均以原料和市场为导向，火电发展一度以山西、陕西等煤炭产地为主。但是随着经济的发展，以市场为导向的作用逐步凸显。我国有 50%以上的火电装机分布在京津冀鲁、华东和华中等电力消费地区，煤炭资源丰富的晋陕蒙宁、新疆等地区不足

20%，见表1.1、表1.2。2016年全国火电行业分析表明，江苏、广东等电力需求市场地区所占比例较大，而河南、内蒙古等产煤区比例亦较为靠前。

近年，随着经济社会的快速发展，用电需求大幅增长，火力发电生产能力与产量也迅猛增加。2016年全国火电装机容量已经达到8.53万亿kW，发电量达到4.32万亿kW·h，较2001年增长2.82倍。

随着东部地区煤炭资源的耗竭，火电往西北部地区发展的趋势已不可避免。以内蒙古、宁夏、新疆等地为代表的产煤区所占比例将有一定程度地增加。

表1.1　我国火电行业总产值分布情况表

地　区		总产值/亿元	比重/%	地　区		总产值/亿元	比重/%
全国		57474.12	100	南方地区	江苏	4500.11	7.83
北方地区	河南	5400.05	9.40		广东	5835.16	10.15
	内蒙古	1983.95	3.45		浙江	4446.20	7.74
	山东	4592.83	7.99		安徽	1466.80	2.55
	山西	1456.03	2.53		福建	1485.51	2.58
	河北	2289.26	3.98		贵州	1355.54	2.36
	陕西	1234.49	2.15		上海	1507.95	2.62
	辽宁	1594.10	2.77		湖北	1618.42	2.82
	黑龙江	1166.11	2.03		湖南	1337.04	2.33
	宁夏	553.97	0.96		江西	875.34	1.52
	吉林	867.05	1.51		云南	1434.95	2.50
	甘肃	749.00	1.30		四川	1250.50	2.18
	天津	827.55	1.44		广西	1171.66	2.04
	新疆	978.36	1.70		重庆	756.95	1.32
	北京	4085.56	7.11		海南	227.03	0.40
	青海	426.65	0.74		合计	29269.17	50.93
	合计	28204.96	49.07				

2. 用水效率分析

对全国31个省（自治区、直辖市）208个火电典型样本企业的调查数据，利用正态分布函数模拟与无偏估计检验，通过对奇异性、跳跃性数据的处理，筛选出196个合理性样本。计算得到2016年火电综合用水效率，万元增加值取水量全国、北方地区、南方地区分别为342m^3/万元、72m^3/万元和612m^3/万元；单位产品用水量全国、北方地区、南方地区分别平均为49m^3/(万kW·h)、9m^3/(万kW·h)和1039m^3/(万kW·h)；南方地区用水效率远低于北方地区，这主要是由于南方地区水资源丰富，且直流冷却火电主要分布在南方地区。其中，上海、广西、湖南、江苏、江西、湖北、重庆的综合用水效率偏低。北方地区的北京、天津、新疆、青海与南方地区的海南、浙江用水效率较高。

2016年，全国、北方地区、南方地区直流冷却火电的万元增加值取水量分别为880m^3/万元、264m^3/万元和980m^3/万元；单位产品取水量分别为189m^3/(万kW·h)、

表 1.2　　2016 年全国各地火力发电量地区分布

地区		发电量/(亿 kW·h)		地区		发电量/(亿 kW·h)	
全国		43201.33		南方地区	江苏	4053.3	
北方地区	山东	4502.09			广东	2903.54	
	内蒙古	3421.92			浙江	2222.25	
	河南	2481.3			安徽	1959	
	山西	2319.77			福建	1081.26	
	河北	2271.73			贵州	983.94	
	辽宁	1353.99			上海	785.18	
	陕西	1452.38			湖北	962.35	
	宁夏	1015.83			湖南	698.51	
	黑龙江	771.09			江西	780.47	
	新疆	2059.96			广西	516.25	
	甘肃	718.65			四川	442.13	
	天津	614.15			云南	266.47	
	吉林	1353.99			重庆	440.79	
	北京	411.13			海南	234.42	
	青海	122			合计	发电量	18329.86
	西藏	1.49				比重	42%
	合计	发电量	24871.47				
		比重	58%				

48m³/(万 kW·h) 和 219m³/(万 kW·h)。南方地区用水效率较低，北方地区较高。其中北方地区的山东、河北、辽宁、甘肃与南方地区的浙江、海南用水效率较高，而北方地区的吉林、黑龙江、内蒙古与南方地区的湖北、湖南、上海、广西、重庆等地用水效率偏低。

2016 年，全国、北方地区、南方地区循环冷却火电的万元工业增加值用水量分别为 45 m³/万元、26m³/万元和 56m³/万元；单位产品用水量分别为 8m³/(万 kW·h)、8m³/(万 kW·h) 和 9m³/(万 kW·h)。可以看出，采用循环冷却工艺方式的火电用水效率区域规律与直流冷却方式类似，南方地区用水效率低于北方地区。其中，北方地区的北京、天津、山东、陕西、青海与南方地区的浙江、福建用水效率较高，而北方地区的吉林、黑龙江与南方地区的江西、重庆、四川、贵州用水效率偏低。

2016 年我国火电用水效率见表 1.3。

经分析，冷却方式的不同是导致南北方地区用水效率差异的主要原因。北方地区缺水，近年来新建和改建的火电厂大多采用空冷机组；南方地区水资源相对充足，多采用湿冷机组，即采用直流或循环冷却方式，但随着环保要求的提高，目前南方地区对温排水有限制的区域，逐渐采用了循环冷却方式；西北、华北等缺水地区，由于近年新投产机组大多采用空冷机组，因而年取水量增加较慢，用水效率逐渐提高。

表 1.3　　2016 年我国火电用水效率

地区		直流冷却火电		循环冷却火电		综合	
		单位产品取水量 /[m³/(万 kW·h)]	万元增加值取水量 /(m³/万元)	单位产品取水量 /[m³/(万 kW·h)]	万元增加值取水量 /(m³/万元)	单位产品取水量 /[m³/(万 kW·h)]	万元增加值取水量 /(m³/万元)
全国		189	880	7	44	49	342
北方地区	北京	70	326	2	16	18	126
	天津			3	25	7	1
	河北			7	29	7	35
	河南		7	7	37	6	36
	山东	7	33	7	37	7	51
	山西	3	11	7	29	7	34
	内蒙古	3	14	7	44	4	37
	辽宁	96	660	7	37	11	86
	吉林	3	14	11	59	7	51
	黑龙江	349	4225	29	107	72	439
	陕西			3	25	5	31
	甘肃		14	11	70	9	48
	青海			7	11	6	15
	宁夏			7	48	5	23
	新疆	7	85	3	70	7	7
	合计	48	263	7	25	8	70
南方地区	上海	319	1299	11	37	296	1623
	江苏	241	1314	11	44	178	1098
	浙江	3	18	3	22	5	22
	安徽	237	419	11	63	87	361
	福建	174	1006	3	14	65	469
	江西	248	1247	18	111	96	842
	湖北	649	1904	11	37	192	743
	湖南	300	1619	11	63	190	1351
	广东	122	605	7	40	55	353
	广西	330	1615	11	55	220	1370
	海南		14	3	70	1	17
	重庆	219	1321	29	77	139	684
	四川	148		14	81	13	106
	贵州			11	74	10	90
	云南			7	63	7	77
	合计	219	980	7	55	103	613

总体上，南方地区火电用水效率相对较低，主要原因是南方水资源相对丰富，节水意识淡薄，水资源配置不尽科学。除上述原因之外，部分地区直流式火电发电装机容量比重相对较大，且产业规模相对较小，集聚程度不高，用水效率有待提高。

1.2.2 纺织工业

1. 区域分布现状

我国纺织业分布较为分散，东部沿海地区占较大比例。根据国家发展规划，我国纺织业的空间布局将向以下几个方面发展：东部地区向价值链高端全面升级、中部地区完善加工制造体系、西部地区依托原料资源和民族文化发展特色产品，有梯度、分层次地调整纺织业空间布局。

2016 年全国纺织业产值总量为 3.66 万亿元，其中南方地区占 63%，北方地区占 37%。山东、江苏、浙江、广东、福建、河北等省份均超过 1000 亿元，见表 1.4。纺织业主要分布在南方丰水区和北方地区的山东省。从产业布局而言，基本符合水资源分布的区域特点。北方地区的山东、河北是缺水地区，应考虑水资源条件，依据当地基础资源优势，发展成衣加工等非耗水性的纺织产业。

表 1.4　　2016 年全国纺织业总产值　　单位：亿元

地区		总产值	地区		总产值
全国		36586.26	南方地区	上海	220.21
北方地区	北京	12.30	南方地区	江苏	7280.16
北方地区	天津	122.14	南方地区	浙江	6030.70
北方地区	河北	1729.16	南方地区	安徽	822.14
北方地区	山西	36.12	南方地区	福建	1653.97
北方地区	内蒙古	421.16	南方地区	江西	1264.37
北方地区	辽宁	231.42	南方地区	湖北	2445.95
北方地区	吉林	169.78	南方地区	湖南	644.58
北方地区	黑龙江	104.61	南方地区	广东	2272.44
北方地区	西藏	1.75	南方地区	广西	279.38
北方地区	陕西	284.91	南方地区	海南	5.37
北方地区	甘肃	31.19	南方地区	重庆	196.60
北方地区	青海	32.75	南方地区	四川	66.04
北方地区	宁夏	153.15	南方地区	贵州	22.86
北方地区	山东	8729.09	南方地区	云南	25.93
北方地区	河南	1052.05	南方地区	合计 产值	23230.69
北方地区	新疆	244.01	南方地区	合计 比重	63%
北方地区	合计 产值	13355.57			
北方地区	合计 比重	37%			

2. 用水效率分析

对 31 个省（自治区、直辖市）纺织行业 442 个样本进行典型调查，利用正态分布函数模拟与无偏估计检验，通过对奇异性、跳跃性数据的处理，得到 297 个合理性样本。计算得到：当前全国平均纺织业万元增加值取水量为 36m^3/万元，北方地区平均为 16 m^3/万元，南方地区平均为 46m^3/万元。其中，广东、陕西、重庆该项指标较高，高于 103m^3/万元，用水效率较低；宁夏、山东、新疆、内蒙古、山西、黑龙江与上海七省（自治区、直辖市）的纺织业万元增加值取水量低于 34m^3/万元，用水效率较高。按照国家纺织行业企业规模划分标准，对样本进行不同企业规模的用水效率统计分析，普遍而言，南方用水效率低于北方，大规模用水效率高于小规模用水效率。大规模纺织业的万元增加值取水量约为小规模企业的 1/3。

1.2.3　石油化工

1. 区域分布现状

我国长期的情况是“北油南运”。我国的原油生产主要集中在东北、西北、华北、山东和渤海湾等地区，而消费分布则与此极不相称，主要集中在环渤海、长江三角洲及珠江三角洲等地区。国家将通过产业政策调整，使这一状况得到改善。

2016 年全国石油石化工业产值总量为 6.63 万亿元，其中北方地区占 59%，南方地区占 41%，山东、广东超过 8000 亿元，见表 1.5。山东、广东、江苏、浙江的石油加工、炼焦业产值占全国的 44%左右。

表 1.5　　2016 年全国石油石化工业总产值　　单位：亿元

地　区		总产值	地　区		总产值
全国		66319.01	南方地区	上海	2007.17
北方地区	北京	1025.95		江苏	3599.67
	天津	2295.90		浙江	2695.73
	河北	3023.09		安徽	1351.53
	山西	1568.79		福建	1673.76
	内蒙古	1094.35		江西	876.01
	辽宁	5741.10		湖北	1396.55
	吉林	330.94		湖南	1169.66
	黑龙江	1663.35		广东	8965.69
	西藏	1.20		广西	1124.08
	陕西	2167.52		海南	870.04
	甘肃	1437.32		重庆	108.96
	青海	32.82		四川	1014.22
	宁夏	838.76		贵州	212.75
	山东	14206.72		云南	292.15
	河南	1567.25		合计	27357.95
	新疆	1965.98			41%
	合计	38961.06			
		59%			

2. 用水效率分析

因缺乏进一步拆分细小行业的资料，本次分析以石油石化工业为主。对我国 31 个省（自治区、直辖市）石油石化工业 1063 个样本进行典型调查，利用正态分布函数模拟与无偏估计检验，通过对奇异性、跳跃性数据的处理，得到 878 个合理性样本。计算得到：当前全国平均石油石化业万元增加值取水量为 21.78m^3/万元，北方地区平均为 20.83m^3/万元，南方地区平均为 23.71m^3/万元。云南、江苏、安徽、宁夏、山西用水效率偏低，尤其是云南。天津、青海、甘肃、吉林、海南、四川等地用水效率较高。按照国家石油化工企业规模划分标准，对样本进行不同企业规模的用水效率统计分析，普遍而言，南方地区用水效率低于北方地区，大规模用水效率高于小规模用水效率。大规模石油石化业的万元增加值取水量大约为小规模企业的 1/2。

北方大部分城市用水效率为中等规模＞大规模＞小规模，南方城市用水效率为大规模＞中等规模＞小规模。全国用水效率平均水平为中等规模＞大规模＞小规模。北方城市的大规模用水效率有待于进一步提高。

由各省（自治区、直辖市）206 个石油石化业典型样本的用水效率调查数据，通过合理性分析，筛选出 135 个合理性样本，经分析计算，北方地区原油加工及石油制品制造、石油产品的制造、炼焦单位产品的取水指标分别为 1.41m^3/t、1.0m^3/t 与 1.29m^3/t；南方地区分别为 0.81m^3/t、1.01m^3/t 与 1.18m^3/t。南方用水效率较高，北方用水效率较低。南方地区的广东、浙江用水效率较高，北方地区的黑龙江、河北、安徽原油加工及石油制品制造单位产品取水指标较高，用水效率较低。

原油、石油开采单位产品的取水指标分别为 7.22m^3/t 与 3.18m^3/t；南方地区分别为 0.51m^3/t 与 0.28m^3/t；北方地区分别为 8.45m^3/t 与 3.24m^3/t。南方用水效率较高，北方用水效率较低。南方地区广西的用水效率较高，江苏的用水效率较低，北方原油开采新疆、吉林的用水效率较低，山东的用水效率较高。

1.2.4 造纸业

1. 区域分布现状

我国的造纸业主要分布在长江中下游地区、黄淮海地区和华南沿海地区，三个地区总产量约占全国总产量的 89%。2013 年中国纸制品产量的空间布局为：华东地区占 39.6%，华中地区占 19.7%，华南地区占 17.8%，西南地区占 9.4%，华北地区占 7.5%，东北地区占 4%，西北地区占 2%。国家一直通过原料政策和区域政策调整，使造纸业由北向南转移。长江以北纸及纸制品产量比重由 2005 年的 43.3%下降到 2010 年的 37.4%。

2016 年全国造纸业产值总量为 1.29 万亿元，其中南方地区占 66%，北方地区占 34%，山东、广东、江苏、浙江等省（自治区、直辖市）超过 1000 亿元。北方地区除了山东省为全国造纸业产值第一大省外，其他省（自治区、直辖市）生产份额都较小。南方地区的广东、江苏、浙江造纸业产值分列全国第 2 至第 4 位，见表 1.6。

2. 用水效率分析

由全国 31 个省（自治区、直辖市）381 个造纸业典型样本企业的调查数据，利用正态

表 1.6　　2016 年全国造纸业工业总产值　　单位：亿元

地区		总产值		地区		总产值	
全国		12983.11		南方地区	上海	240.30	
北方地区	北京	61.47		南方地区	江苏	1634.17	
北方地区	天津	228.31		南方地区	浙江	1352.30	
北方地区	河北	472.03		南方地区	安徽	267.65	
北方地区	山西	17.42		南方地区	福建	632.03	
北方地区	内蒙古	102.91		南方地区	江西	465.08	
北方地区	辽宁	218.19		南方地区	湖北	588.46	
北方地区	吉林	153.80		南方地区	湖南	665.07	
北方地区	黑龙江	61.40		南方地区	广东	1700.47	
北方地区	西藏	3.09		南方地区	广西	388.27	
北方地区	陕西	171.65		南方地区	海南	116.80	
北方地区	甘肃	21.84		南方地区	重庆	302.72	
北方地区	青海	0.36		南方地区	四川	29.12	
北方地区	宁夏	12.63		南方地区	贵州	105.97	
北方地区	山东	2543.46		南方地区	云南	70.68	
北方地区	河南	307.59		南方地区	合计	产值	8559.09
北方地区	新疆	47.86		南方地区	合计	比重	66%
北方地区	合计	产值	4424.02				
北方地区	合计	比重	34%				

分布函数模拟与无偏估计检验，筛选出240个合理性样本。经分析计算，2016年全国平均造纸业万元增加值取水量为90m^3/万元，北方地区平均为77m^3/万元，南方地区平均为96m^3/万元；北方地区用水效率远高于南方地区。小规模生产用水效率远低于大中规模生产用水效率。北方地区的宁夏、天津造纸业万元增加值取水量仅为4.4m^3/万元和5m^3/万元，为全国之首，用水效率较高；西藏、河南、内蒙古用水效率较低，造纸业万元增加值取水量大于63m^3/万元。南方地区的江苏、福建、上海三省（直辖市）用水效率较高；湖北、四川、广西、湖南、广东五省（自治区）用水效率较低，造纸业万元增加值取水量大于126m^3/万元。全国造纸业万元增加值取水量见表1.7和图1.3所示。

表 1.7　　2016 年全国造纸及纸制品业万元增加值取水量　　单位：m^3/万元

地区		综合	大中规模	小规模
全国		91	40	96
北方地区	地区平均	78	14	85
北方地区	黑龙江	40	38	40
北方地区	吉林	13		13
北方地区	辽宁	21	12	29
北方地区	北京	24	8	34

续表

地　区		综　合	大中规模	小规模
北方地区	天津	5	4	6
	宁夏	4		4
	内蒙古	81	7	100
	山东	47	13	51
	山西	31	22	36
	河南	88		88
	河北	19	10	45
	陕西	22		22
	甘肃	61		61
	青海			
	新疆	33		33
	西藏	136		136
南方地区	地区平均	98	65	139
	江苏	14		14
	安徽	109	106	110
	湖南	139	35	151
	湖北	223		223
	四川	199		199
	云南	68		68
	贵州	99		99
	广东	132	32	148
	广西	187		187
	福建	22		22
	江西	91		91
	浙江	54	64	52
	重庆	117	144	89
	上海	29	61	12
	海南	39	109	32

由全国31个省（自治区、直辖市）110个造纸业典型产品样本的调查数据，筛选出64个有效样本，进行用水效率的分析。通过分析发现，我国造纸业各省（自治区、直辖市）用水效率，均已接近和位列国际先进水平，实际用水效率大都低于水平衡测试的效果。南北方地区箱纸板和瓦楞原纸、包装纸、新闻纸、手纸、书写纸的用水效率平均水平相近，全国加工纸制造（箱纸板和瓦楞原纸）、手工纸制造（包装纸）、机制纸及纸板制造（新闻纸、手纸、书写纸）三类产品的单位产品取水量分别为1.05m^3/t、4.96m^3/t、2.15m^3/t。河南的机制纸及纸板制造（新闻纸、手纸、书写纸）用水效率较低，为

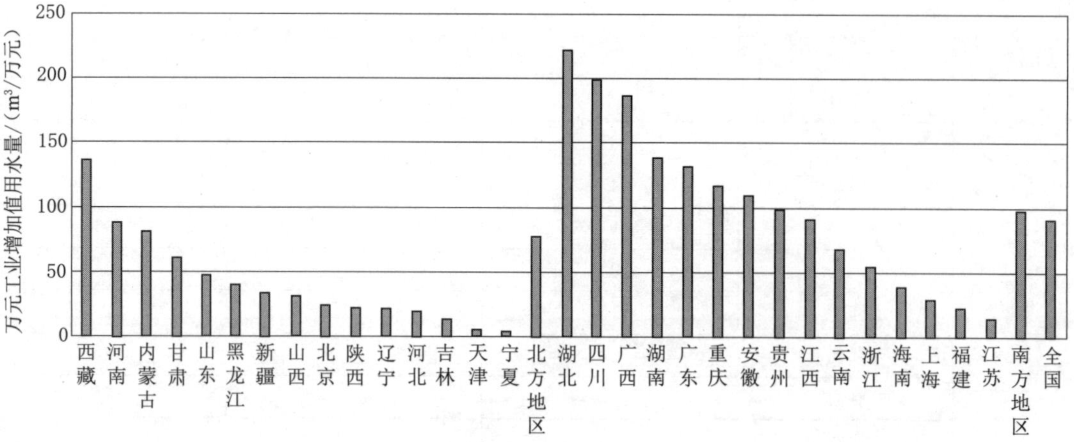

图 1.3　2016 年全国造纸业万元增加值取水量

7.8m^3/t；江西、湖南、黑龙江的包装纸用水效率较低，分别为 5.4m^3/t、5.8m^3/t、6.0m^3/t；上海的加工纸制造（箱纸板和瓦楞原纸）用水效率相对较低，为 1.7m^3/t。

造纸耗水与污染主要产生于纸浆生产阶段。我国纸浆产量主要分布于山东、河南、广西、海南、广东五省，其中山东省纸浆生产用水效率高于全国平均水平。山东省造纸业无论生产技术还是管理水平、装备水平、生产效率、规模效益，在国内均处领先地位，在国际上也具有一定优势，因为山东省在全国率先进行了三项制度改革，推进机制建立、制度与文化建设、精益生产及“两化融合”，实施 ERP 信息资源管理，引领了全国造纸结构调整、污染防治、节能减排、绿色生态发展，实现了从原始积累、资本运作到现代化、国际化超常规发展的跨越。湖北省造纸业在全国仍处于中下游水平，技术落后，多数造纸厂仍延续 20 世纪 80 年代、90 年代的生产规模和工艺水平，故用水效率较低。西藏造纸业远少于我国其他省份，且绝大多数是中小型造纸企业，技术落后，管理不到位，故用水效率较低。

与国外发达国家造纸工业先进用水水平相比，我国一些先进大型造纸企业用水水平已经接近或达到国际先进水平。全国加工纸（箱纸板和瓦楞原纸）制造与机制纸及纸板（新闻纸、手纸、书写纸）制造两类产品的单位产品取水量分别为 1.0m^3/t、2.1m^3/t，国际先进水平的单位产品取水量分别为 2～8m^3/t、2.5～5m^3/t，全国加工纸制造与机制纸及纸板制造用水效率处于国际领先水平。

1.2.5　钢铁工业

1. 区域分布现状

我国超过 60%的钢铁产自华北和华东两个大区，尤其以华北地区比例最大。我国钢铁工业北重南轻的布局长期未能改善。东南沿海经济发展迅速，钢材需求量大，长期供应不足。而环渤海地区每年钢铁产能接近 4 亿 t，其中 50%以上产品外销。全国有 16 个直辖市和省会城市建有大型钢铁企业，这种布局越来越不适应城市的总体发展要求。因此，环渤海地区、长三角地区原则上不再布局钢铁产业；河北、山东、江苏、辽宁、山西等地主要是重组、减量调整区域内布局；湖南、湖北、河南、安徽、江西等中部地区不再增加钢铁工业布局，积极推动产业升级；西部地区在条件适宜地区适度发展钢铁工业。国家将大力推进东南沿海钢铁基地的建设，如湛江、防城、宁德等钢铁基地。另外，与城市化发展不协调的钢铁企业将进行转型或搬迁。

2016 年全国钢铁业产值总量为 5.6 万亿元，其中北方地区占 54%，南方地区占 46%，河北、江苏、山东、天津、广东、浙江、湖北、上海、安徽、内蒙古、广西、福建、江西、山西等省（自治区、直辖市）均超过 1000 亿元，见表 1.8。河北省占全国近 1/10，为全国最大的钢铁生产基地。

表 1.8　2016 年全国黑色金属冶炼及压延加工业（含钢铁业）产值　单位：亿元

地　区			总产值
全国			55811.68
北方地区	北京		102.28
	天津		4334.27
	河北		10370.26
	山西		1672.21
	内蒙古		1620.16
	辽宁		3204.74
	吉林		725.51
	黑龙江		105.58
	西藏		0.62
	陕西		980.16
	甘肃		725.68
	青海		162.07
	宁夏		143.86
	山东		4996.71
	河南		756.28
	新疆		350.34
	合计	产值	30250.71
		比重	54%
南方地区	上海		1186.70
	江苏		9055.63
	浙江		2202.20
	安徽		1317.76
	福建		1216.84
	江西		1121.73
	湖北		1807.43
	湖南		1411.36
	广东		1528.81
	广西		2666.66
	海南		11.92
	重庆		600.14
	四川		119.25
	贵州		632.44
	云南		682.10
	合计	产值	25560.97
		比重	46%

2. 用水效率分析

由全国 31 个省（自治区、直辖市）321 个国内钢铁工业典型样本企业的调查数据，利用正态分布函数模拟与无偏估计检验，通过对奇异性、跳跃性数据的处理，筛选出 236 个合理性样本。经分析计算，全国平均钢铁工业万元增加值取水量为 $30m^3$/万元，北方地区平均为 22 m^3/万元，南方地区平均为 $41m^3$/万元；大规模生产企业用水效率高于小规模生产企业。其中北方地区的天津、陕西、北京、新疆与南方地区的上海等地用水效率较高。而南方地区的重庆、湖南、湖北三省（直辖市）钢铁工业万元增加值取水量均大于 $80m^3$/

万元，分别为 142m^3/万元、131m^3/万元和 89m^3/万元，用水效率较低。2016 年全国黑色金属冶炼及压延加工业（含钢铁业）万元增加值取水量如图 1.4 和表 1.9 所示。

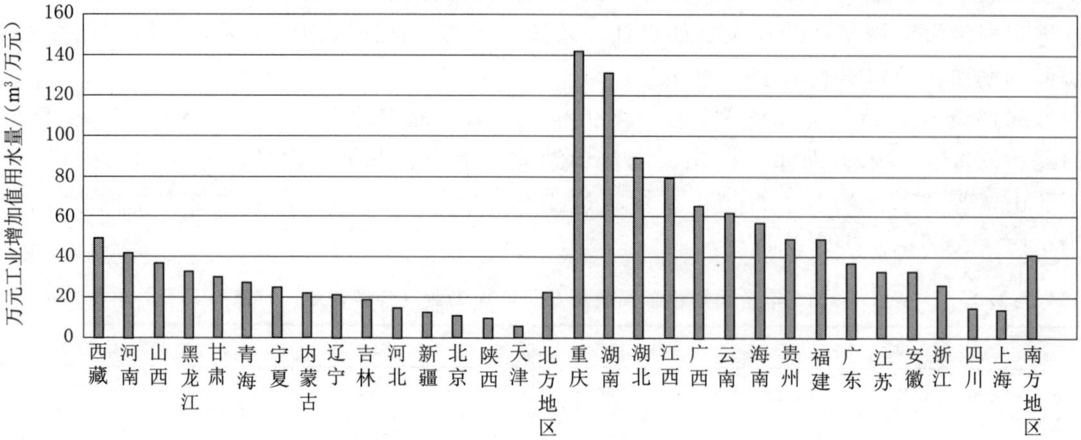

图 1.4　2016 年全国黑色金属冶炼及压延加工业（含钢铁业）万元增加值取水量

表 1.9　2016 年全国黑色金属冶炼及压延加工业（含钢铁业）万元增加值取水量

单位：m^3/万元

地区		综合	大规模	中等规模	小规模
全国平均		30	18	35	55
北方地区	地区平均	22	17	11	25
	黑龙江	33	18	12	65
	吉林	19	19	9	26
	辽宁	21	11	32	—
	北京	11	7	15	14
	天津	6	4	3	22
	宁夏	25	14	33	—
	内蒙古	22	31	10	36
	山东	50	24	38	121
	山西	37	13	46	33
	河南	42	53	—	37
	河北	15	12	18	—
	陕西	10	4	18	—
	甘肃	30	25	32	31
	青海	27	3	6	70
	新疆	13	12	17	—
	西藏	49	—	—	49

续表

地	区	综合	大规模	中等规模	小规模
南方地区	地区平均	41	20	58	84
	江苏	33	16	25	138
	安徽	33	45	53	22
	湖南	131	37	111	157
	湖北	89	20	142	117
	四川	15	6	17	38
	贵州	49	3	41	123
	云南	62	10	45	105
	广西	65	9	66	118
	福建	49	—	31	57
	江西	79	10	25	137
	浙江	26	14	32	14
	重庆	142	0	177	57
	上海	14	16	12	—
	海南	57	—	57	—
	广东	37	46	29	39

我国钢铁业规模不同，显示出用水效率差异，总体上呈现大规模＞中等规模＞小规模的规律，也有部分地区该规律不明显或者相反之。如吉林、内蒙古、广东、上海呈现为中等规模＞大规模的规律；安徽用水效率呈现小规模＞大规模＞中等规模的规律。不过总体来看，规模生产有利于提高用水效率。山东、江苏、湖南、江西等省份钢铁业小规模企业用水效率严重偏低，应逐步淘汰。

2016 年我国钢铁企业吨钢取水量已到达 3.5m^3 以下。表征钢铁行业用水效率的吨钢耗水总量指标与钢铁类型、产业技术有关，同时水资源的紧缺程度、水价水平也是影响钢铁企业推进节水改造的重要因素，如：包头钢铁企业的钢铁种类为稀土钢铁，产钢技术不同，会造成吨钢耗水量较大；重庆市水资源相对丰富，但利用方式粗放，用水效率较低；天津市把节水新技术、新产品的推广应用作为节水工作的重点，重点推广高效冷却、污水深度处理回收、冷凝水回收、无水工艺技术等一批具有高科技含量的节水新技术、新设备、新工艺，淘汰了铸铁螺旋式水龙头等一批非节水型用水器具，实现了设备的大型化、自动化、连续化，生产工艺结构发生了脱胎换骨的转变，使水资源消耗大幅度降低，吨钢耗新水量显著下降，工业水重复利用率大幅提高，用水效率较高。

1.2.6 化工业

化工业包括基础化学原料制造、肥料制造、农药制造、涂料油墨颜料及类似产品制造、合成材料制造、专用化学产品制造和日用化学产品制造等行业。其中，基础化学原料制造、肥料制造、专用化学产品制造为高耗水行业，农药制造、涂料油墨颜料及类似产品制造、合成材料制造和日用化学产品制造为非高耗水行业。

1. 区域分布现状

我国化工业主要有三大基地：长江三角洲、珠江三角洲和环渤海地区。另外，依托煤、盐、化学矿等资源，形成了如蒙西、宁东等大型煤化工及煤电一体化基地、环渤海湾碱业、云贵鄂磷肥、青海和新疆钾肥等一批大型生产基地。化工工业的空间布局变化较小，而现代煤化工业的空间布局将向资源地集中。

2016 年全国化工业产值 8.16 万亿元，其中南方地区占 60%，北方地区占 40%，江苏、山东、广东、浙江、上海、湖北、湖南、河北、吉林、江西等省份超过 1000 亿元，见表 1.10。化工业主要集中在经济发达的丰水区和沿海地区。北方地区的山东省位列全国第一，是化工业的主要生产基地。

表 1.10　　2016 年全国化工业总产值　　单位：亿元

地区			总产值
全国			81596.96
北方地区	北京		319.29
	天津		1360.12
	河北		2619.73
	山西		432.22
	内蒙古		1628.07
	辽宁		2173.75
	吉林		1559.70
	黑龙江		542.65
	西藏		3.66
	陕西		1280.55
	甘肃		296.06
	青海		403.47
	宁夏		435.69
	山东		18012.10
	河南		949.59
	新疆		732.31
	合计	产值	32748.97
		比重	40%

地区			总产值
南方地区	上海		2467.06
	江苏		17850.13
	浙江		5381.70
	安徽		2063.16
	福建		501.26
	江西		2705.83
	湖北		4404.70
	湖南		2927.25
	广东		5240.89
	广西		1274.57
	海南		229.12
	重庆		955.15
	四川		1153.99
	贵州		831.46
	云南		861.71
	合计	产值	48847.99
		比重	60%

2. 用水效率分析

由全国 31 个省（自治区、直辖市）220 个化工业典型样本企业的调查数据，利用正态分布函数模拟与无偏估计检验，筛选出 156 个合理性样本。经分析计算，当前全国化工业万元增加值取水量平均为 $39m^3$/万元，北方地区平均为 $37m^3$/万元，北方地区的青海、黑龙江与南方地区的重庆、四川、江西、广东用水效率较低，尤其是重庆、四川两省（直辖市）该项指标超过了 $130m^3$/万元，用水效率较低。北京、新疆、宁夏、上海以及山东用水效率较高，万元增加值取水量小于 $26m^3$/万元，尤其是北京化工业万元增加值取水量仅为 $8m^3$/万元，用水效率最高，见表 1.11。

表 1.11　　2016 年全国化工业万元增加值取水量　　单位：m^3/万元

地　区		综合	大规模	中等规模	小规模
全国平均		39	33	53	58
北方地区	地区平均	37	32	29	57
	黑龙江	64		14	76
	吉林	39		22	89
	辽宁	43		51	38
	北京	8		8	
	天津	34		36	29
	宁夏	20	20	30	
	内蒙古	38	48	16	
	山东	25	39	14	
	山西	29	41		22
	河南	56		56	
	河北	56		33	100
	陕西	26	26		
	甘肃				
	青海	77	117	38	
	新疆	18			
	西藏	37		13	43
南方地区	地区平均	40	34	77	58
	江苏	57	70	49	
	安徽	71	71		
	湖南	42		33	45
	湖北	37		37	
	四川	132	111	133	139
	云南	51		70	
	贵州	47	47	25	
	广东	115		115	
	广西	65		137	29
	福建	83		48	
	江西	117		117	
	浙江	75	155	75	
	重庆	135		135	
	上海	24	25	25	19
	海南				

由全国31个省（自治区、直辖市）217个化工业典型产品样本的调查数据，筛选出186个合理性样本。经分析计算，我国化工业中无机酸、无机碱、无机盐、有机及其他化学原料与肥料5类产品的单位用水量，全国平均水平分别为4.6m^3/t、7.1m^3/t、2.3m^3/t、6m^3/t与5.04 m^3/t；北方地区平均水平分别为2.9m^3/t、6.72m^3/t、2.6 m^3/t、5.3m^3/t与7.8m^3/t；南方地区平均水平分别为6.1 m^3/t、7.12m^3/t、1.8m^3/t、6.1m^3/t与2.4m^3/t。北方地区无机酸、无机碱、有机及其他化学原料三类产品的用水效率平均水平较高；南方地区无机盐与肥料两类产品的用水效率平均水平较高。

对照我国《重点工业行业用水效率指南》，硫酸、纯碱、尿素的取水先进值指标分别为3.2～4.2m^3/t、3～12m^3/t、3～3.5m^3/t，有机及其他化学原料（合成氨、烧碱、烯烃等）取水先进值指标为7.5～12m^3/t，北方地区无机酸、无机碱与有机及其他化学原料取水指标平均水平达到了先进范围，无机盐与肥料生产还需要进一步提高节水效率；南方地区无机碱、有机及其他化学原料与肥料产品的生产取水指标平均水平达到了先进范围，无机酸生产需要提高用水效率。

由部分化学原料及化学品制造业水平衡测试的调研信息，可以看出烧碱单位产品取水指标达到了《重点工业行业用水效率指南》的先进水平。

北京市通过制定包括水泥、造纸、电镀、铸造、平板玻璃、印染及小化工等在内的7个行业企业的退出标准，对未能达到能耗标准（包括新鲜取用水）的企业实行强制淘汰，并严格实施，保证了北京市化工业的用水效率全国最高。

重庆市化学工业绝大部分为中、小型企业，生产经营规模偏小，而且产品结构不合理，集中表现在有机化工产品和高档新产品的比重过低，而高消耗、粗加工、低附加值产品的比重过高。重庆化工千余种产品中，真正能在国内位居前列的只有一二十种，多数为基本化学原料和有机化工原料，缺乏高、精、细化工产品。部分产品的工艺技术落后，相当一部分化工产品的生产仍采用传统老工艺，生产过程为高耗能、高耗水、高污染的原料技术路线，用水效率位列全国末尾。

1.2.7　食品与饮料业

食品与饮料业是对农、林、牧、副、渔等行业生产的产品进行加工制造以取得食品的生产行业它与人们生活密切相关。食品与饮料业包括门类非常广泛，通常大致分为十类：制糖工业、发酵工业、粮油加工、罐头食品加工、烟草工业、饮料工业、调味品工业、屠宰加工、食品冷藏工业及食品加工废料利用工业。

1. 区域分布现状

我国的食品业同其他高耗水行业类似，主要分布在黄淮海地区、长江中下游地区和华南沿海地区，三个地区总产量约占全国总产量的74%。2016年我国食品业产值布局为：华东地区占32%，华中地区占19%，华南地区占10%，西南地区占15%，华北地区占13%，东北地区占9%，西北地区占2%。

2016年全国食品与饮料业产值总量为5.07万亿元，其中北方地区占47%，南方地区占53%。山东、河南、广东、四川均超过4000亿元，山东省占全国的12%，为全国最大的食品与饮料行业生产基地，见表1.12。

表 1.12　　2016 年全国食品与饮料业总产值　　单位：亿元

<table>
<tr><th colspan="2">地　区</th><th colspan="2">总产值</th><th colspan="2">地　区</th><th colspan="2">总产值</th></tr>
<tr><td colspan="2">全国</td><td colspan="2">50760.91</td><td rowspan="17">南方地区</td><td>上海</td><td colspan="2">1195.74</td></tr>
<tr><td rowspan="18">北方地区</td><td>北京</td><td colspan="2">566.53</td><td>江苏</td><td colspan="2">2363.96</td></tr>
<tr><td>天津</td><td colspan="2">2782.88</td><td>浙江</td><td colspan="2">1107.00</td></tr>
<tr><td>河北</td><td colspan="2">2217.66</td><td>安徽</td><td colspan="2">1199.19</td></tr>
<tr><td>山西</td><td colspan="2">250.32</td><td>福建</td><td colspan="2">1550.59</td></tr>
<tr><td>内蒙古</td><td colspan="2">1469.20</td><td>江西</td><td colspan="2">1294.72</td></tr>
<tr><td>辽宁</td><td colspan="2">885.46</td><td>湖北</td><td colspan="2">2685.24</td></tr>
<tr><td>吉林</td><td colspan="2">985.10</td><td>湖南</td><td colspan="2">2040.86</td></tr>
<tr><td>黑龙江</td><td colspan="2">1151.06</td><td>广东</td><td colspan="2">4645.46</td></tr>
<tr><td>西藏</td><td colspan="2">13.92</td><td>广西</td><td colspan="2">903.32</td></tr>
<tr><td>陕西</td><td colspan="2">1155.30</td><td>海南</td><td colspan="2">80.98</td></tr>
<tr><td>甘肃</td><td colspan="2">168.27</td><td>重庆</td><td colspan="2">521.49</td></tr>
<tr><td>青海</td><td colspan="2">125.95</td><td>四川</td><td colspan="2">6284.99</td></tr>
<tr><td>宁夏</td><td colspan="2">204.08</td><td>贵州</td><td colspan="2">370.42</td></tr>
<tr><td>山东</td><td colspan="2">5543.99</td><td>云南</td><td colspan="2">426.94</td></tr>
<tr><td>河南</td><td colspan="2">6097.04</td><td rowspan="2">合计</td><td>产值</td><td>26670.90</td></tr>
<tr><td>新疆</td><td colspan="2">473.24</td><td>比重</td><td>53%</td></tr>
<tr><td rowspan="2">合计</td><td>产值</td><td>24090.01</td><td rowspan="2" colspan="2"></td><td rowspan="2" colspan="2"></td></tr>
<tr><td>比重</td><td>47%</td></tr>
</table>

2. 用水效率分析

由全国 31 个省（自治区、直辖市）247 个食品与饮料业典型样本企业的调查数据，利用正态分布函数模拟与无偏估计检验，筛选出 122 个合理性样本。经分析计算，当前全国食品与饮料业万元增加值取水量平均为 $20m^3$/万元，北方地区平均为 $16m^3$/万元，南方地区平均为 $24m^3$/万元。其中，北方地区的甘肃、新疆两省（自治区）该项指标超过了 $31m^3$/万元，南方地区的广西、重庆、云南、江西、安徽、湖南、福建等七省（自治区、直辖市）该项指标也较高，用水效率较低。北京、天津、山东、辽宁以及贵州该行业用水效率较高，万元增加值取水量小于 12.5 m^3/万元，尤其是天津市食品与饮料行业万元增加值取水量仅为 $8.4m^3$/万元，用水效率最高。

由 2016 年各省（自治区、直辖市）847 个区食品业典型样本的用水效率调查数据，通过合理性分析，筛选出 586 个合理性样本，经分析计算，全国白酒、啤酒、味精、淀粉、碳酸饮料、矿泉水、果汁饮料、蛋白及含乳饮料单位产品的平均取水指标分别为：$22m^3/t$、$6.7m^3/t$、$14.2m^3/t$、$8.2m^3/t$、5.8 m^3/t、2.5 m^3/t、4.60 m^3/t、$7.1m^3/t$。

南方地区白酒、啤酒、味精、淀粉、碳酸饮料、果汁饮料用水效率较低，北方地区矿泉水、蛋白及含乳饮料用水效率较低。北京、河南、青海、广西、江西白酒单位产品取水指标较低，用水效率较高；山西、湖南、福建和重庆白酒单位产品取水指标较高，用水效率较低。天津、北京、内蒙古、陕西和河北矿泉水单位产品取水指标较低，用水效率较高。甘肃、黑龙江与青海矿泉水单位产品取水指标较高，用水效率较低。

1.2.8　非金属矿物制品业

一般认为，非金属矿即非金属矿物材料，是指以非金属矿物和岩石为基本或主要原料，通过深加工或精加工制备的具有一定功能的现代新材料。它是无机非金属材料的一种，如功能填料和颜料、摩擦材料、密封材料、保温隔热材料、电功能材料、吸附催化材料、环保材料、胶凝与流变材料、聚合物/纳米黏土复合材料、建筑装饰材料等。而非金属矿物制品则是以这些非金属矿物材料经过进一步加工形成的产品。例如我们常见的建筑材料、玻璃、人造金刚石、磨料磨具、石棉制品等。

1. 区域分布现状

我国是世界上少数几个非金属矿石资源丰富的国家之一，已探明 88 种，4700 余个矿产地，于 20 世纪 50 年代形成产业，近 25 年得到了较快的开发利用，初步形成工业生产体系，在国民经济中发挥了重要作用。“十二五”期间，我国非金属矿物制品工业快速发展，基本满足了国民经济和社会发展的需要。2016 年非金属矿物制品业规模以上总产值较 2003 年增加 8.5 倍。

非金属矿物制品业同食品与饮料业分布相似，黄淮海地区、长江中下游地区和华南沿海地区三个地区总产量约占全国总产量的 78%。2016 年我国非金属矿物制品业产值布局为：华东地区占 39%、华中地区占 21%、华南地区占 10%、西南地区占 15%、华北地区占 9%、东北地区占 10%、西北地区占 2%。

2016 年全国非金属矿物制品业产值总量为 5.84 万亿元，主要分布在南方经济发达丰水区。南方地区占 54%；北方地区占 46%，其中山东、河南超过 7000 亿元，见表 1.13。就产业布局而言，基本符合水资源分布的区域特点。

表 1.13　　2016 年全国非金属矿物制品业总产值　　单位：亿元

地区		总产值	地区		总产值
全国		58432.99	南方地区	上海	542.94
北方地区	北京	392.16		江苏	5187.47
	天津	400.31		浙江	1908.20
	河北	2026.24		安徽	1668.63
	山西	364.57		福建	1239.86
	内蒙古	818.74		江西	2969.72
	辽宁	2279.09		湖北	3500.98
	吉林	1677.72		湖南	2759.45
	黑龙江	538.37		广东	3398.47
	西藏	33.09		广西	1876.87
	陕西	1378.09		海南	120.47
	甘肃	424.62		重庆	1267.14
	青海	190.04		四川	3330.98
	宁夏	96.81		贵州	1281.43
	山东	8256.53		云南	478.38
	河南	7573.88		合计 产值	31530.99
	新疆	451.73		合计 比重	54%
	合计 产值	26902.00			
	合计 比重	46%			

2. 用水效率分析

由全国31个省（自治区、直辖市）262个非金属矿物制品业典型样本企业的调查数据，利用正态分布函数模拟与无偏估计检验，筛选出147个合理性样本。经分析计算，当前全国非金属矿物制品业万元增加值取水量平均为26.3m^3/万元，北方地区平均为20m^3/万元，南方地区平均为29m^3/万元。其中，北方地区的甘肃、新疆两省（自治区）该项指标超过了38m^3/万元，南方地区的海南、湖北、重庆、安徽、湖南、江西、广西等七省（自治区、直辖市）该项指标也较高，用水效率较低。辽宁、山东、天津以及北京该行业用水效率较高，万元增加值取水量小于16m^3/万元，尤其是辽宁省非金属矿物制品业万元增加值取水量仅为8m^3/万元，用水效率最高。

第 2 章　未来工业用水增长趋势分析

2.1　工业用水历程与发展趋势分析

中华人民共和国成立以来，我国工业用水量占整个社会总用水量的比重不断提高，我国工业用水需求增长迅速。1949 年，我国的现代工业正处于刚刚起步阶段，工业用水量仅为 24 亿 m^3，工业用水占总用水的比例为 2.3%。而到了 20 世纪 80 年代中后期，我国加快了工业现代化的进程，各工业部门开始高速发展，从而导致工业用水量的迅速增加，到 2009 年，工业用水量达到 1391 亿 m^3，占总用水量的 23.3%。1980 年全国工业用水量为 457 亿 m^3，工业用水量占总用水量的比重首次超过 1/10，2000 年达到 1139 亿 m^3，占总用水量的比重超过 1/5。人均工业用水量从 1949 年的 4.3m^3 提高到 2000 年的 90.3m^3，按 2000 年价格换算全国工业增加值由 1980 年的 4328 亿元增长到 2000 年的 39570 亿元，年均增长率为 11.7%，经济增长的速度明显高于工业用水量需求的速度。

在总供水量需求增加的同时，区域间用水量的不平衡程度也在加剧。黄河、松辽河、长江和海河四流域经济增长速度相对较低；珠江、内陆河、淮河、东南诸河和西南诸河等五流域则高于全国经济平均发展速度。中国工业经济的发展驱动了工业用水量的增长，1980—2000 年间，全国工业用水量年均增长率为 4.7%，其中珠江、淮河、东南诸河、西南诸河四流域增长速度明显高于其他流域，海河流域增长速度最低，且在 1993—2000 年期间出现负增长的现象。1980—2000 年 20 年间，工业用水对其增加值的弹性系数海河流域最低为 0.15，西南诸河流域最高为 0.59，全国平均为 0.40。全国和各流域工业用水量增长速度普遍远低于工业经济发展速度。目前，我国经济总量在不断增长，人均工业用水量偏少，工业用水在未来还将进一步增加。在工业化完成前，随着中国经济的快速发展，特别是工业化进程的不断推进，我国人均工业用水量必将有一定幅度的上升。与此同时，根据众多学者们的预测。随着人均 GNP 和人均工业用水量的提高，我国工业用水量仍将有大规模的增长。可以看出，未来我国工业总用水量处于不断增长的趋势，2020 年前后我国工业用水定额总体上有望达到 2010 年左右韩国的水平，2050 年前后有望达到 2010 年左右美国的水平。在相当长的时间内，工业经济的持续增长，仍然是驱动工业需水量增长的主要因素。据专家估计，我国工业需水总量达到高峰值时将比 2000 年新增 700 亿 m^3，这也将进一步加剧我国工业用水的紧张态势。

2.2 工业经济发展格局及其对水资源的需求

就工业经济发展格局而言，我国工业经济发展的总体态势为：工业重心逐渐由南向北、由东向西转移。流域发展格局为：松辽河片因国有企业改造及产业创新，将重点调整产业结构，增强工业技术创新能力。海河片因水资源制约，今后应转向非传统工业的发展。淮河流域工业在2030年前发展势头仍很强劲。随着黄河开发力度的加快，黄河片的资源和区位优势将会进一步得以发挥。长江流域的进一步开发和北方耗水工业的迁入，使其占全国的比重将有所上升；珠江和东南诸河2020年后开始逐步进入后工业化发展阶段，传统工业发展会有所放慢；西南诸河和内陆河的资源优势将逐步转化为工业高速发展优势。

就工业用水需求态势而言，调整产业和产品结构，加强节水和科学用水是我国工业经济发展的必然要求。工业经济的持续增长，将在相当长的时间内驱动着工业需水量的增长。我国工业需水总量达到高峰值时将比现状新增700亿m^3，并在2030年前后接近“零增长”。从区域看，水资源紧缺的北方地区工业需水量将在2030年前后相继稳定，而南方丰水流域和西部地区工业需水量则持续增长。从人均工业用水量指标分析，2000年全国人均工业用水量为90m^3，2010年达到100m^3，预计2020年接近110m^3，高峰时为115m^3。

第3章 实行严格的工业企业用水管理的必要性

当前从整体上来看，国内工业经济区域之间的发展比较平衡，也具有较强的协调性。但随着国内经济逐渐步入“新常态”，转变经济发展方式必然成为内在要求，国内很多区域在工业发展以及对结构进行调整的过程中暴露很多问题，同时也新增了很多挑战。

我国水资源面临的突出问题有：一是资源短缺，用水紧张状况加剧；二是用水效率低、浪费大；三是水污染严重，又加剧了水资源的短缺。工业用水是水资源用水总量的核心，是工业生产的血液，直接影响着国民经济水平和综合国力。然而，对于工业而言，我国水资源条件不允许工业用水过快增长，工业用水必须从战略高度出发，立足节约用水，提高用水效率和效益，减少水损失。自1997年以来，我国工业用水量占总用水量的百分比基本维持在20%左右。2003年以来略有增长，2014年为22.2%；自1997年以来，用水效率明显提高，全国万元国内生产总值用水量和万元工业增加值用水量均呈显著下降趋势。按2000年可比价计算，万元GDP用水量由1997年的705m^3下降到2013年的182m^3，16年间下降了74%；万元工业增加值用水量由1997年的363m^3下降到2013年的94m^3，16年间下降了74%。与2010年相比，按可比价计算，万元GDP用水量和万元工业增加值用水量分别下降19%和24%。然而，与国外工业用水节水先进技术相比，我国工业用水节水仍有很大的潜力和发展空间。一是我国工业用水节水管理工作薄弱，浪费现象较严重；二是节水资金投入不足，节水型社会建设规划中的资金不到位；三是企业规模结构、产品结构和原材料结构不合理导致用水取水数量居高不下。工业用水节水管理工作方面主要是很多企业没有建立起节约用水的管理制度，工业用水定额不完善，用水计量不健全，水的循环利用率低。由此可见，建立健全节约用水的管理制度，实行严格的工业企业用水管理势在必行。

3.1 贯彻中央治水新思路的基本要求

我国是一个水资源贫乏的国家，人均水资源量约为世界人均水平的1/4，逼近联合国可持续发展委员会确定的1750m^3的紧张线。而且水资源分布不均衡，与人口、土地和经济布局不匹配。尤其是近年来，我国极端气候频发，地区间水资源分布不均的矛盾加剧。日益突出的水资源短缺问题，已经影响到部分地区生产生活的正常进行。

目前，我国工业取水量占总取水量的1/4左右，其中高耗水行业取水量占工业总取水量的60%～70%。随着工业化、城镇化进程的加快，工业用水量还将继续增长，水资源供需矛盾将更加突出。在工业企业采用科学、系统和持续有效的用水管理模式和方法，能够切实加强和完善企业的用水管理。促进节约用水并有效降低企业生产经营成本，能够有效促进我国工业企业合理用水，提高我国工业企业用水管理水平和效率。

工业化加快发展，社会主义市场经济逐步建立和完善，特别是加入WTO参与世界市场竞争后，市场对工业产品的质量要求更加严格。工业用水的水源品质和保障能力，对工业经济发展的影响日益凸显。目前，我国有23%城市面临缺水，导致全国每年2300多亿元的工业产值损失。在面临工业用水短缺且深受水质危害的同时，还要面临新增700亿m^3工业用水要求的压力，我国水资源开发利用任重道远。

党的十九大以来，党中央高度重视绿色发展，把建设生态文明摆在实现中华民族伟大复兴中国梦的突出位置，提出了践行绿色发展理念和“节水优先、空间均衡、系统治理、两手发力”新时期水利治水方针，做出一系列重大战略部署，强调生态环境没有替代品，用之不觉、失之难存；保护生态环境就是保护生产力，改善生态环境就是发展生产力；要求各地区各部门切实贯彻新发展理念，树立“绿水青山就是金山银山”的强烈意识，努力走向社会主义生态文明新时代。

我国是世界上最大的发展中国家，在未来相当长的时期内，我国特别是北方地区仍将受到工业供水不足的威胁，水资源对促进工业发展、保障工业增长至关重要。为保障未来工业的快速发展，顺利实现党的十九大提出的决胜全面建成小康社会目标，全国各地、各级水利部门应全面落实最严格的水资源管理制度，大力实施水污染防治行动计划，积极开展水生态治理修复，加快完善现代水利基础设施网络，推动治水兴水管水迈入新阶段。

3.2 落实最严格水资源管理制度的具体体现

水是生命之源、生产之要、生态之基，解决好水资源问题是关系中华民族生存和发展的长远大计。

工业用水是指在工业生产过程中所使用的各种水量。目前我国正处于工业化快速发展的阶段，工业用水虽然只占全国用水总量的四分之一左右，但是增长速度很快。而工业发展是一个国家或地区经济增长的不竭动力，是一个国家或者地区综合国力不断提升的强有力后盾。面临近年来中国经济发展的瓶颈及其“产业空心化”风险，国家开始重新审视产业发展的方向，进一步推动工业化战略性结构调整，同时将其当作“十三五”乃至以后漫长时间段内工业进步的纲领性目标。

党中央、国务院高度重视水资源问题，针对我国水资源面临的严峻挑战，结合加快转变经济发展方式的迫切需求，于2011年在系统地总结了我国水资源管理实践经验的基础上，结合制度促改革、政策保安全的前提条件，有针对性地提出建立最严格水资源管理制度的部署。该制度的执行需要严格限制用水总量的使用、严格落实用水效率的控制、严格把控水功能区限制纳污以及水资源管理与考核制度等“四项制度”，同时需要明确水资源管理“三条红线”的主要目标，即确立水资源开发利用控制红线，实现对用水总量的控制；确立用水效率的控制红线，促进水资源节约；确立水功能区限制纳污红线，改善水资源环境。最严格水资源管理制度实施的根本目的是为了全面提升我国水资源管理能力和水平，提高水资源利用效率，以水资源的可持续发展支撑经济社会的不断进步。最严格水资源管理制度的实施，不仅在“十一五”规划末，超额完成了减少单位工业增加值用水量的目标，实现了单位工业增加用水量减少到原来的 30%，同时也在“十二五”规划末，完成了水资源方面的纲领性目标，并在“十三五”的开局之年推动了水资源利用系统的建立以及工业节水工作向新格局转变，实行了最严格水资源管理制度。针对我国水资源短缺、水资源利用方式粗放、水污染严重、水生态环境恶化等复杂水问题，2011 年中央 1 号文件《关于加快水利改革发展的决定》明确要求实行最严格水资源管理制度，把严格水资源管理作为加快转变经济发展方式的战略举措。2012 年 1 月，国务院发布《关于实行最严格水资源管理制度的意见》(以下简称《意见》)，对实行最严格水资源管理制度进行了全面部署和具体安排。2013 年 1 月，水利部印发《关于加快推进水生态文明建设工作的意见》，进一步强调落实最严格水资源管理制度是推进水生态文明建设的核心。最严格水资源管理制度成为从源头扭转水资源短缺、水污染严重、水生态恶化趋势的根本性制度。

实行最严格水资源管理制度的总体思路是以水资源配置、节约和保护为重点，强化用水需求和用水过程管理，通过健全制度、落实责任、提高能力、强化监管，严格控制用水总量，全面提高用水效率，严格控制入河湖排污总量，加快节水型社会建设，促进水资源可持续利用和经济发展方式转变，推动经济社会发展与水资源、水环境承载能力相协调，保障经济社会长期平稳较快的发展。

实行最严格水资源管理制度是从水资源配置、节约、保护三大关键环节出发，对水资源开发利用全过程实施管控。“三条红线”和“四项制度”涵盖了水资源开发、利用、保护全过程，它们互为支撑、相互关联，是一个有机的整体。

资源是工业的命脉，是工业繁荣的不竭动力，在工业化进程中的作用大有可观。工业的兴盛直接决定了工业用水地位的日益突出。中华人民共和国成立之初，为了提高我国经济水平，增强我国的综合国力，改善居民的生活水平，需要不断地发展经济，加大工业化力度，最终导致工业用水量不断上升。但由于经济发展速度缓慢，工业用水量甚至用水总量均没有出现很大的变化，所以在一定程度上并没有引起人们的重视。随着综合国力的不断提高，水资源开始大量消耗，工业用水量的增长率开始明显加快，与中华人民共和国成立初期的工业用水量相比，2014 年的工业用水量约为中华人民共和国成立初期的 57 倍，且工业用水仍存在继续快速增长的可能。因此，综合考虑工业用水的节水潜力是不可忽视的，这是落实最严格水资源管理制度的具体体现。

3.3　推动制造业转型升级的重要动力

我国经济已进入一个全新的产业链竞争时代，制造业面临的发展环境更为复杂。受到国内外市场经济环境波动的影响，制造业的发展有诸多不确定、不可持续因素：

一是原材料及用工成本上涨。上游原材料价格快速上涨对下游行业生产活动已经产生明显抑制，一些行业发展已出现减速迹象。除了原材料价格上涨，企业用工成本也在迅速上升。由于产业价值链和企业网络体系尚未建立起来或极不完善，在采购、库存等方面发生的生产协作成本较高，也在一定程度上降低了资产运作效率。

二是国际市场萎缩。全球经济增长复苏依然脆弱，原本快速增长的工业经济突然遭遇拐点，原材料等生产要素价格大幅攀升增加了通货膨胀的压力。

三是制造业面临着外需不足的严峻冲击和生态恶化的困境，承受着资源高成本与贸易条件不断恶化的双重压力。传统制造业行业空间本来已经被压缩，金融危机的冲击与部分行业产能过剩交织在一起，更是雪上加霜，对制造业转型升级已形成倒逼效应。

四是市场竞争加剧。世界经济正在缓慢复苏，围绕市场、资源、人才、技术、标准等的竞争更加激烈。

此外，气候变化以及能源资源安全、粮食安全、贸易摩擦等全球性问题更加突出。

面对全球金融危机的严峻挑战和复杂多变的国际经济形势，我国制造业发展的外部环境更趋复杂，发展的不平衡、不协调、不可持续问题依然突出。

党的十九大报告明确提出，要推进资源全面节约和循环利用，实施国家节水行动，降低能耗、物耗，实现生产系统和生活系统循环链接。今后相当长一段时期，我国建设节水型工业的任务十分艰巨。制造业是我国重要的经济部类，在国民经济中占比高、影响大，提高制造业装备产品质量、水平和性能，对降低工业综合水耗、提高国民经济效益、转变增长方式具有巨大作用。

推广应用高效率、低水耗、低排放的设备和生产工艺，也是实现节水型社会建设目标的重要保障。因此，以节水型工业建设引领我国制造业转型升级，促进工业产品节水减排性能提升，不仅能够促进节水型社会建设目标的落实，而且可以整体提高我国制造业的技术水平，实现产业的转型升级。

3.4 水利行业强监管的重要内容

当前治水的主要矛盾已经发生深刻变化，从改变自然、征服自然为主转向调整人的行为、纠正人的错误行为为主。与此相应，我国治水的工作重点已经转变为水利工程补短板、水利行业强监管。推进新时代水利改革发展，必须把握节约用水这一前提，处理好水与经济社会发展和生态系统中其他要素的关系，处理好政府与市场的关系。

落实水利行业强监管，就是要根据不同流域、不同区域的自然条件及经济社会发展状况，坚持节水优先、以水定需，在生态方面提出可量化、可操作的指标和清单，建立一套完善的标准规范和制度体系，为人的行为划定红线。要建立全国统一分级的监管体系，运用现代化监管手段，通过强有力的监管发现问题，通过严格的问责推动调整人的行为，纠正人的错误行为。

这就要求在工业用水管理中，将节水作为水资源开发利用、配置调度的前提，推动工业用水方式由粗放向节约集约转变。特别是资源性缺水、结构性缺水、区域性缺水、季节性缺水等地区要转变观念，深刻认识到抓节水就等同于建工程，坚持节水优先、以水定需，全面提高工业用水效率；进一步强化工业用水水资源消耗总量控制，推进取水许可清理规范，对无证取水和取水许可审批不规范等问题进行集中整治；进一步强化水资源用水效率控制，开展节水型企业创建，推进节水工作取得实效。

第4章 适应新型工业化要求的用水形势分析

改革开放以来，中国工业化一直处于快速推进阶段。工业生产是人类对自然资源开发和利用的过程，且随着科学技术的不断进步，资源利用的广度和深度会不断拓展。中国共产党领导集体充分考虑了中国具体国情和现阶段工业发展的现状，在中国共产党十五届五中全会上，第一次提出了“以信息化带动工业化，发挥后发优势，实现社会生产力的跨越式发展”战略。党的十六大报告正式提出“坚持以信息化带动工业化，以工业化促进信息化，走出一条科技含量高、经济效益好、资源消耗低、环境污染少、人力资源优势得到充分发挥的新型工业化路子”。与此同时，把可持续发展作为中国21世纪经济发展的指导性原则。可持续发展是在对传统工业化道路和经济发展理论进行深刻反思的基础上形成的。这是在中国改革开放后初步建立了社会主义市场经济体制框架下，提出的符合中国经济发展阶段性特征和基本国情的重大战略举措。十七大报告中进一步提出了要坚持走中国特色新型工业化道路，坚持扩大国内需求特别是消费需求的方针，促进经济增长由主要依靠投资、出口拉动向依靠消费、投资、出口协调拉动转变，由主要依靠第二产业带动向依靠第一、第二、第三产业协同带动转变，由主要依靠增加物质资源消耗向主要依靠科技进步、劳动者素质提高、管理创新转变。十八大报告指出，要实施创新驱动发展战略，将推进经济结构战略性调整作为加快转变经济发展方式的主攻方向，推动战略性新兴产业、先进制造业健康发展，加快传统产业转型升级，推动资源利用方式根本转变；加强全过程节约管理，大幅降低能源、水、土地消耗强度，提高利用效率和效益；加强水源地保护和用水总量管理，推进水循环利用，建设节水型社会。十九大报告进一步指出，要贯彻新发展理念，建设现代化经济体系，并首次提出要深化供给侧结构性改革。报告指出，要建设现代化经济体系，必须把发展经济的着力点放在实体经济上；把提高供给体系质量作为主攻方向，显著增强我国经济质量优势；加快建设制造强国，加快发展先进制造业，推动互联网、大数据、人工智能和实体经济深度融合，在中高端消费、创新引领、绿色低碳、共享经济、现代供应链、人力资本服务等领域培育新增长点、形成新动能。

与传统工业化相比，新型工业化的“新”在资源环境方面主要体现在更加注重提高能源效率和环境保护，是在可持续发展的基础上实现的，是一种质量型和低成本的工业化。新型工业化作为中国工业化发展的方向，其内涵可概括为“科技含量高、经济效益好、资源消耗低、环境污染少、人力资源优势得到充分发挥”五大方面，其重要特征是在经济快速发展的同时有效节约资源、保护生态环境。

水资源作为支撑工业发展的重要资源，是新常态下影响中国新型化工业发展的重要因素，而工业是否成功转型升级也是直接决定国民经济稳定发展的关键。因此，加大各业节水力度，提高水资源利用效率和效益，是适应新型工业化的基本要求。

第5章　贯彻节水优先的政策思路

2014年，中央财经领导小组第五次会议上论述了治水对民族发展和国家兴盛的极端重要性，深刻分析了当前我国水安全的严峻形势，系统阐释了保障国家水安全的总体要求，提出了“节水优先、空间均衡、系统治理、两手发力”的治水思路。2015年2月，中央财经领导小组第九次会议进一步指出，保障水安全，关键要转变治水思路，按照“节水优先、空间均衡、系统治理、两手发力”的方针治水，统筹做好水灾害防治、水资源节约、水生态保护修复、水环境治理。

“节水优先、空间均衡、系统治理、两手发力”的治水新思路，既是实践经验的总结，也是思想理论的发展，对推进中华民族治水兴水大业具有重大而深远的意义。其中，节水优先是倡导全社会节约每一滴水，营造亲水惜水节水的良好氛围，努力以最小的水资源消耗获取最大的经济社会生态效益。当前，我国水安全形势严峻，我们一定要把中央治水兴水的新思想、新思路、新要求落到实处，加快推进治水兴水新跨越，为实现中华民族伟大复兴的中国梦提供更加坚实的水安全保障，为子孙后代留下生存发展的资源和空间。

5.1　指导思想

深入贯彻党的十八大、十九大系列会议精神，按照“四个全面”战略布局，坚持并落实节水优先方针，把节约用水贯穿于经济社会发展和生态文明建设全过程；坚持水资源节约利用与转变经济发展方式相协调，通过最严格水资源管理促进经济发展方式转变，在经济转型和优化升级中大幅度提高水资源利用效率和效益；坚持经济社会发展与水资源承载能力相适应，以水定需，量水而行，因水制宜，按照确有需要、生态安全、可以持续的要求，合理开发利用水资源；坚持政府主导与发挥市场机制作用相结合，加强政府对节水的引导和规制作用，充分发挥市场对水资源的配置作用，不断增强全社会节约用水的内生动力；坚持节水技术和制度创新双驱动，发挥先进技术的引领推动作用，形成以提高水资源利用效率和实现水资源优化配置为导向的、政府宏观调控与市场机制相结合的节水优先政策。

5.2　基本原则

应大力加强工业污水综合治理，鼓励使用循环水，同时制定区域、行业和产品用水效率指标体系，在高耗水产业实施节水技术改造工程，严禁取用地下水发展高耗水产业，新上项目一律实行水资源论证。

在构建节水优先方针政策框架时，主要遵循以下原则。

（1）有利于转变用水方式和水资源集约利用。加快转变经济发展方式，推动产业结构优化升级，这是关系国民经济全局紧迫而重大的战略任务。坚持开发节约并重、节约优先，按照减量化、再利用、资源化的原则，在资源开采、生产消耗、废物产生、消费等环节，逐步建立全社会的资源循环利用体系是资源开发利用的重要导向。因此，必须充分发挥节水在促进经济发展方式和产业结构优化升级中的积极作用，建立完善贯穿水资源开发利用全过程的节水优先政策，大力推进节水型社会建设，加强水资源节约和保护，发展循环经济，增强可持续发展能力，促进经济增长方式从粗放型向集约型转变，保障国民经济又好又快地发展。

（2）有利于政府宏观管理与市场激励共同发挥作用。节水政策需要将政府宏观调控与市场微观机制完整结合起来，在政府鼓励、指导、管理、监督下，通过水价、水权交易等市场激励机制，促进节约用水。政府部门需要完善供水、输水、排水等一整套基础设施，在整个用水过程中都需要起到积极的引导、监督、管理作用，完善各类水资源规划和节水规划，完善计划供水、用水管理制度，建立节约用水奖惩措施，减少输水过程的损失，在此基础上充分发挥宏观调控职能，保证每一个环节正常运行。同时，为加快节水型社会建设步伐、建立完善的节水优先政策，必须加强城市用水管理体制的市场化改革力度，通过水价杠杆和水权交易机制建立节约用水的激励机制，理顺市场规则、健全各项法律法规，形成用水户主动节水的导向，形成政府宏观调控和市场行为相结合的节水优先政策。

（3）有利于推进全社会参与机制的形成。广泛的公众参与，是搞好节水管理的重要基础。公众参与是节水管理的内在要求，用水户发挥社会成员的主动精神直接参与用水管理，是保证建设节水型社会目标实现的持久动力。以建设节水型社会为目标，针对供水、节水、排水、中水回用、污水处理等涉水过程，大力培养和增强用水户的参与意识，通过协商制度、民主管理等多种方式，引导公众广泛参与节水管理。大力畅通公众参与管理的渠道，充分调动用水户自身的积极性，健全用水户协会等公众参与组织，通过完善节水政策逐步建立用水户自我管理的节水机制。

（4）政策完善与创新相结合。政策需要不断完善和创新，这是一项长期的艰巨任务。建立节水优先政策，需要以坚持不懈的耐心积极完善现有水资源管理制度，又要根据节水管理实践的需要，将完善现有法规政策与促进制度创新紧密结合起来，从全面、全过程上逐步健全各环节节水政策，构建以高效利用、合理配置为导向的节约资源管理制度体系。

（5）前瞻性与可操作性相结合。设计节水优先政策既要充分考虑实践中节水管理的措施可行、程序清晰、执行有力，同时也要充分考虑到节水政策一定时期内的稳定性，将制度的前瞻性与可操作性紧密结合起来，根据我国水资源管理的具体特点和实际需要，设计出具有我国节水管理特点的制度体系。

（6）充分发挥市场机制的优化配置作用。党的十八届三中、五中全会和十九大明确要求，要使市场在资源配置中起决定性作用，市场机制是节水型社会建设的本质特征。在加强政府监管的前提下，要充分发挥市场机制的调节作用，通过水价、水资源税费改革，建立充分反映资源稀缺程度、市场供求状况、环境损害成本的水价形成机制，有效调节水资源的供需，推进水资源的高效循环利用。

5.3　总体思路

（1）要建立健全法规体系和规章制度。目前，我国节水法律法规尚不完善，尤其在实施层面缺乏强有力的法律手段支撑，存在权责不明、执法不严等薄弱环节。落实“节水优先”方针，需要从完善法律法规突破，推进节水立法，加快制定出台全国节约用水条例、城市污水处理回用条例等法规规章，为节水管理工作提供制度保障。

（2）完善节水激励政策。推进水权制度建设，开展水资源使用权确权登记，推进水资源确权登记，探索多种形式的水权流转方式，建立适应我国水情的水权制度；推进水价形成机制改革，按照水资源状况、不同产业和行业用水特点、经济发展水平与社会承受能力等建立促进水资源节约的水资源费标准调整机制。对超计划或超定额取水累进征收水资源费，研究制定财政以奖代补机制；对节水型社会示范区建设和节水示范项目建设给予支持和奖励；对购买符合节水标准的用水器具实行财政补贴。修改完善《节能节水专用设备企业所得税优惠目录》，把重要节水专用设备纳入目录，对企业购置并实际使用目录中的节水专用设备实行税收抵免；对利用工矿废水、城市污水等资源生产再生水的企业实行所得税优惠鼓励。加强针对性强、技术含量高的节水技术、节水工艺研发和节水产品研制。建立健全科技推广体系，积极引进、消化、吸收国外先进适用节水技术及管理经验。积极培育相关产业。

（3）落实鼓励和引导社会资本参与节水政策。研究落实支持社会资本参与节水重大水利工程建设与运营，在投资补助、贷款贴息、征地移民、水价电价、税费减免等方面享受同等政策。工程建设运营投入应按功能、效益进行合理分摊。其中公益性部分建设投资、维修养护和管护经费等由政府投资或给予适当补助、贷款贴息，开展合同节水管理，并纳入财政奖补政策范围。

（4）加强节水监管与执法检查。细化完善最严格的水资源管理制度。积极推行节水政府绩效考核，强化多部门之间的合作协调。严格节水监管完善规划与建设项目水资源论证制度，力争将水资源条件作为项目建设以及产业布局、区域和城市发展规划审批的重要前置条件，强化建设项目节水“三同时”管理。严厉查处违法取用水行为，定期开展对高耗水工业、服务业的节水执法专项检查和用水计量执法检查。强化高耗水行业节水监管，确保计量设施正常运行。

第2篇

工业节水行政管理政策

第6章 计划用水管理

6.1 管理政策历史沿革

计划用水，顾名思义，就是要对水资源的开发和利用进行规划和计划。计划用水管理是指水行政主管部门综合运用法律、行政、经济、技术等手段，对用水计划的制订、核定、执行和监督等管理活动的统称，其本质是国家和政府或其授权机构对用水活动进行监督管理的一种行政管理活动。

20世纪70年代末我国城市就开始实行计划用水管理。相当长的时期内，计划用水管理强调根据供水能力进行用水指标分配，其主要目标是缓解供水能力不足，最大限度地满足经济发展和居民生活用水需要。1988年《中华人民共和国水法》（以下简称《水法》）第七条规定："国家实行计划用水，厉行节约用水"，1989年建设部发布的《城市节约用水管理规定》也对用水计划下达和超计划加价等作出了规定。2002年修订颁布的《水法》规定："用水应当计量，并按照批准的用水计划用水。用水实行计量收费和超定额累进加价制度。"2011年中央1号文件和2012年国务院3号文件进一步发展和完善了计划用水管理制度，赋予了计划用水"用水总量控制""合理配置水资源""提高用水效率""保护生态环境"等新内涵。2014年水利部印发了《计划用水管理办法》，计划用水成为落实最严格水资源管理制度的重要内容计划用水管理也进入了规范化管理的新阶段。《中华人民共和国国民经济和社会发展第十三个五年规划纲要》明确提出要落实最严格的水资源管理制度。建立健全资源高效利用机制，实施水资源消耗总量和强度双控行动，强化目标责任，完善市场调节、标准控制和考核监管。鉴于计划用水在"总量控制和定额管理相结合"水资源管理制度中的关键地位，强化计划用水管理必将成为实施水资源消耗总量和强度双控行动的重要途径。

6.2 管理现状及存在的问题

改革开放以来，中国水利管理体制几经变革。2002年修订的《水法》规定："国家对水资源实行流域管理与行政区管理相结合的管理体制。国务院水行政主管部门负责全国水资源的统一管理和监督工作。国务院水行政主管部门在国家确定的重要江河、湖泊设立流域管理机构，在所辖范围内行使法律、行政法规规定的和国务院水行政主管部门授予的水资源管理和监督职责。县级以上地方政府水行政主管部门按照规定权限，负责本行政区内水资源的统一管理和监督工作。”

1. 计划用水法规不健全

我国在计划用水的法治方面相对滞后。目前国外发达国家节水大多依据相关法律进行，并形成了比较规范的节水运行秩序。我国长期以来主要依靠行政计划手段进行用水管理，用水及节水缺乏法律手段的指导和引导。特别是缺乏对涉及节水的权利、义务、责任、水权水价、水的管理和配置以及引导社会广泛参与等各方面加以相互配套的法律体系建设。

2. 加价水费收费制度不完善

我国的加价水费收费制度缺乏专门的规范性文件。现行《水法》《取水许可和水资源费征收管理条例》仅作出了原则性规定，国家层面尚未制定出台专门的政策性文件对加价制度的建设和实施进行全面规范。各地制定的标准、规范不统一，加价制度的内容和实施情况差异较大，部分地区甚至出现了加价制度“空转”的现象。

以北京市计划用水管理为例，北京市现阶段没有建立完善的加价水费征收制度。缺少了制度的支持就必将给加价水费的征收工作带来困难。1996 年之后加价水费被归为专项收费，没有统一的收费发票，北京市发展与改革委员会、北京市财政局均不承认加价水费的收费单，各用水单位也无法将超计划用水加价水费入账，导致许多用水单位认为超计划加价水费是罚款而拒绝缴纳。

3. 监督管理力度有待加强

计划用水管理部门应加强对超计划用水加价水费征收的监管力度。仍以北京市为例，海淀区水务局节约用水办公室负责区内超计划用水加价水费的征收工作。从历年加价水费的征收情况来看，征收率较低。除了超计划用水水费征收在制度上存在的问题外，管理部门的监管力度也需加强，对于催缴次数、催缴力度等都有待加强。

6.3 管理制度构成

1. 法律法规建设

从某种意义上讲，计划用水管理的制度安排是否能够高效运行，取决于水资源的法律监督制度安排。法律法规是计划用水管理制度建立的前提和依据。目前，我国在水资源开发和利用的立法方面已经取得了很大成绩，但是关于计划用水管理的部分法律过于原则、可操作性差并缺少司法解释等原因，造成在管理体制上的权限不清。

2. 监督管理制度

强化用水计划监督管理，既要加强对取水（用水）户的用水情况、设施运行、制度执行的巡查，又要不断提高用水计划管理的规范化、科学化水平，保证用水计划的落实。要加强取用水计量监控设施建设，完善取水、用水计量监测手段，提高水资源管理信息化水平，改进和提高计划用水的检测方法和评价水平，全面提高计划用水的监控、预警和管理能力。水量计量和统计是用水管理的基础，要加强水量的统计和管理工作，为用水定额编制、用水计划的制订和实施提供基础支撑。

6.4 严格管理的实施方案

1. 巡查与监督

有了科学合理的计划用水考核指标，就要真正地把它贯彻落实到位，用一些必要的措施和手段来保证考核指标执行，因此，对计划用水考核指标实施的督查就显得尤为重要。督查既包括了对取水（用水）户的用水情况、设施运行、制度执行的巡查，又有对水务部门执法监督机构行政执法人员执法活动的监督。两方面既相互制约，又相互统一。

2. 水量统计与管理

水量统计就是按照国家的有关法律法规，以水资源量为依据，在分析各项指标数据的基础上，把水资源在经济社会的各领域、各行业中的应用进行统计。它包括供水量、用水量、耗水量三方面的统计。

水量的统计和管理是计划用水工作中非常重要的方面。统计是为管理服务的，是制定科学、合理的计划用水指标的基础。有了准确的统计才能制定科学严谨的计划用水指标，两者都是为科学合理地实施和编制计划用水计划提供技术上、制度上的支持，是互为条件、互为因果的关系。

3. 建立计划用水等激励机制

累进制水价是以计量表（居民户表、用水单位总表）为依据，根据用水量的多少，实行分级定额阶梯式水价体系。用水越多，价格依次越高。累进制水价机制可以避免单一制水价的不足，它比单一制水价不管用水多少一律实行“普调”的方式更合理、更具针对性。这种计价直接体现“多用多付，少用少付”的价格杠杆作用，有利于促进节水。

4. 建立节水技术激励机制

计划用水涉及生产生活的每一个方面，是一个复杂的社会系统工程，需要建立能调动人的积极性、主动性和创造性，使人有一股内在的动力，朝着所期望的目标前进的激励机制。

第7章　建设项目节水设施管理政策

7.1　管理政策历史沿革

节水工作开展之初，节水管理部门由于没有管理依据，只能泛泛地从节约用水的角度提出建议，绝大多数建设项目都缺少对节水设施的审查和验收。项目建成投产后，有的存在用水严重浪费问题，违反有关节约用水法规、规章的要求，只能再次投资，重复施工，重新建设节水设施。甚至还有的项目由于场地、工程本身的原因，无法再建设节水设施，只能长期不合理用水，这样既影响了项目的正常使用，又浪费了大量财力物力，甚至造成不可弥补的损失。而“三同时”管理手段以预防为主，从建设项目的立项开始就贯穿整个建设项目的程序过程。参与设计、审查和竣工验收，理论上能够有效遏制这种现象，避免不必要的浪费，节约水资源和财产。此外，节水设施的“三同时”管理能够有效促进先进节水技术、工艺、设备的采用，有效推进节约用水设施的选用和建设，提高建设单位的节约用水意识。所以，研究和落实建设项目节水设施管理意义重大。

1988年颁布的《水法》及2002年修订的新《水法》中都明确了建设项目节水“三同时”管理，之后各省（自治区、直辖市）也相继出台了节水“三同时”和建设项目节水设施的管理规定，对建设项目节约用水有很大促进。按照2002年修订的《水法》第53条的要求，新建、扩建、改建建设项目，应当制订节水措施方案，配套建设节水设施。节水设施应当与主体工程同时设计、同时施工、同时投产。《水法》从法律上确立了对建设项目节水设施管理的规范。2002年修订的《水法》实施后，全国人大、国务院及相关行政主管部门等相继出台政策文件，对建设项目节水设施的管理提出明确要求。根据2002年《水法》的要求，北京、上海、武汉、深圳、萍乡等城市推进了建设项目“三同时”管理的实践。2002年3月，水利部、国家发展计划委员会发布《建设项目水资源论证管理办法》，要求在建设项目水资源论证报告中对建设项目用水量合理性进行分析，在明确产品用水定额、生活区生活用水定额及用水水平的基础上，提出建设项目安装节水设施的建议。2006年，国家发展和改革委员会、水利部、建设部联合发布《节水型社会建设“十一五”规划》，提出加强公共建筑和住宅节水设施建设，到2010年生活节水器具在城镇得到全面推广使用。建设部、国家发展和改革委员会出台《节水型城市考核标准》中，将建设项目节水设施“三同时”制度的建设列为节水城市考核的重要标准。这些政策强调了建设项目节水设施管理的重要性，明确了建设项目节水设施“三同时”管理的法律地位，为进一步开展建设项目节水设施管理提供了政策依据和方向。2011年《中共中央国务院关于加快水利改革发展的决定》要求“落实建设项目节水设施与主体工程同时设计、同时施工、同时投产制度”，明确了实行建设项目节水设施“三同时”管理的重要性和迫切性。

2012年，《国务院关于实行最严格水资源管理制度的意见》（国发〔2012〕3号）正式下发，明确要求新建、扩建和改建建设项目应制订节水措施方案，保证节水设施与主体工程同时设计、同时施工、同时投产（即“三同时”制度），对违反“三同时”制度的，由县级以上地方人民政府有关部门或流域管理机构责令停止取用水并限期整改。按照《国务院关于实行最严格水资源管理制度的意见》的要求，将建设项目节水“三同时”管理纳入实行最严格水资源管理制度考核内容。各地纷纷开展建设项目节水设施管理实践，建设项目节水设施“三同时”管理立法数量明显增加，立法质量明显提高，建设项目节水设施“三同时”管理迈出重要步伐。

7.2 管理现状

选择北京、上海、西安、深圳作为典型城市，总结已经开展建设项目节水设施管理的成功经验。

7.2.1 北京市建设项目节水设施管理实践

7.2.1.1 相关节水政策、法规

自1981年北京市正式成立节约用水办公室以来，北京市的节水工作已经开展了三十余年，出台了相对完善的节水管理制度和建设项目节约用水设施管理办法，制定和修改了以《北京市实施〈中华人民共和国水法〉办法》和《北京市节约用水办法》为核心的节水法规体系，初步形成结构合理的水价体系。

北京市历年来制定的与建设项目节水设施管理相关的法律法规和管理规定有《北京市中水设施建设管理试行办法》（1987年）、《北京市建设项目节约用水设施与主体工程同时建设管理办法》（1998年发布，2005年废止）、《关于加强车辆清洗站管理的通告》（1998年）、《关于清理整顿本市机动车车辆清洗业的通告》（2000年）、《关于进一步加强用水器具监督管理工作的通告》（2001年）、《关于加强中水设施建设管理的通告》（2001年）、《北京市主要行业用水定额》（2002年）、《关于加强建设工程用地内雨水资源利用的暂行规定》（2003年）、《关于再生水管理有关问题的通知》（2004年）、《关于加强建设项目节约用水设施管理的通知》（2005年）、《北京市节水型居民小区考核办法》和《北京市节水型企业（单位）考核办法》（2005年）、《关于进一步加强滑雪场用水管理的通知》（2005年）、《关于加强高尔夫球场用水管理工作的通知》（2005年）、《关于加强小区中水设施管理的通知》（2005年）、《关于严格执行〈节水型生活用水器具〉标准加快淘汰非节水型生活用水器具的通知》（2005年）、《关于做好节水型用水器具推广工作的通知》（2006年）、《关于加强建设项目雨水利用工作的通知》（2006年）、《北京市建设工程施工降水管理办法》（2007年）、《关于在施工工地推广使用中水降尘的通知》（2009年）、《北京市排水和再生水管理办法》（2009年）、《北京市节约用水办法》（2012年）、《建设项目节水设施方

案审查办理指南（试行）》（2015 年）、《北京市公共服务类建设项目节水设施方案备案办法（试行）》（2016 年）。这些管理规定为建设项目节水设施管理工作提供了保证。

1988 年 9 月 21 日，北京市人民政府发布《北京市建设项目节约用水设施与主体工程同时建设管理办法》，提出了对建设项目节水设施“三同时”的管理要求，并具体规定了建设单位在项目立项前、可研、初步设计和竣工等阶段的节水设施申报程序，规定了各级计划、规划管理、城市建设等部门和建设单位主管部门的审查和监督管理职责。该办法自 1988 年 10 月 1 日起施行。2005 年北京市规划委员会、建设委员会和水务局联合发布了《关于加强建设项目节约用水设施管理的通知》，对节水器具的范围、各行业节水器具的具体要求以及再生水和雨水利用进行了规定，规范了建设项目在设计任务书阶段、施工图审查阶段、竣工验收阶段的要求，明确了建设单位、设计单位、施工单位、监理单位、使用单位和物业管理单位的责任，对市规划委员会、市建设委员会和市水务局的职责进行了分工。该通知对北京建设项目节水设施管理起到很大的促进作用。

7.2.1.2　建设项目节水设施管理内容

1. 建设项目管理对象

2002 年北京市规划委员会和北京市水务局联合发布了《关于加强建设工程用地内雨水资源利用的暂行规定》，其中第一条规定：凡在本市行政区域内，新建、改建、扩建工程（含各类建筑物、广场、停车场、道路、桥梁和其他构筑物等建设工程设施，以下统称为建设工程）均应进行雨水利用工程设计和建设。

2005 年北京市规划委员会、建设委员会和水务局联合发布的《关于加强建设项目节约用水设施管理的通知》中，明确了建设项目管理对象为民用住宅、公共建筑和工业等新建、扩建、改建项目。其中明确提出了中水设施建设对象包括宾馆、饭店、公寓、机关、科研单位、大专院校和大型文化、体育等建筑以及居住区和集中建筑区等；雨水利用措施对象包括建筑屋顶、建设项目的人行道、步行街、广场、庭院、绿化等项目；特殊行业提到了洗车业应建设循环用水设施。

2005 年北京市水务局发布的《关于加强滑雪场、高尔夫球场用水节水管理工作的通知》要求：辖区内滑雪场和高尔夫球场经营管理单位加强用水节水管理，按标准足额交纳水资源费，用水部位必须选用节水型器具，禁止使用明令淘汰的用水产品，并建设雨水利用设施，有条件的要使用中水雪水进行灌溉。

2006 年北京市水务局、市发展和改革委员会、市规划委员会、市建设委员会、市交通委员会、市园林绿化局、市国土资源局、市环境保护局联合发布的《关于加强建设项目雨水利用工作的通知》中规定，北京市行政区域内所有新建、改建、扩建工程（含各类建筑物、广场、停车场、道路、桥梁和其他构筑物等建设工程设施），均应建设雨水利用设施。雨水利用设施纳入建设项目管理程序，应与建设工程主体同时设计、同时施工、同时投入使用。雨水利用设施的建设应符合有关建筑标准。

2007 年北京市建设委员会和北京市水务局共同研究制定了《北京市建设工程施工降水管理办法》，规定“在本市行政区域内进行各类工程的施工降水活动及其监督管理，适用本办法”；“各级节水管理部门负责检查监督降水利用设施运行情况，并纳入施工用水指标管理与节水‘三同时’审批体系。采用管井、井点等进行施工降水的建设项目，在办理节水‘三同时’和申请施工临时用水指标时，应出示专家评审报告。”

2009年11月，北京市人民政府令第215号公布了《北京市排水和再生水管理办法》，要求“新建、改建、扩建建设工程中涉及公共排水设施利用和保护的，规划行政主管部门在审查项目规划设计时，应当通知水行政主管部门参加审查”。

从以上管理规定中可以看出，新建、改建、扩建工程以城镇建设工程为主，在非常规水源利用领域也包括了道路、桥梁、滑雪场、高尔夫球场等建设项目。

2. 节水设施界定

2005年北京市发布的《关于加强建设项目节约用水设施管理的通知》中，明确划定了“节水设施包括用水器具、工艺、设备、计量设施、再生水（中水）回用系统和雨水收集利用系统”。

3. 非常规水源利用情况

（1）再生水利用。北京市的法规较为完善，再生水利用工作都是根据法规、规章进行的。1987年《北京市中水设施建设管理试行办法》颁布实施后，2001年6月，北京市市政管理委员会等部门又发布了《关于加强中水设施建设管理的通告》。北京市的再生水利用从规模上分为建筑中水和市政中水。单体建筑或小区再生水源主要为洗浴、洗衣、厨房杂用及卫生清洁用水等优质杂排水，处理后的再生水主要用于冲厕、洗车、绿化和道路喷洒等。市政再生水以城市集中污水处理厂出水为水源，处理后用于河道补水、工业、园林绿化、市政杂用、冲厕等用途。2013年，北京市已建成大中型污水处理厂41座、城镇小型污水处理厂50座，污水日处理能力达到393万m^3/d。2013年北京市污水处理量达到13.1亿m^3，其中城六区9.65亿m^3，郊区3.49亿m^3。全市污水处理率达到84.6%，再生利用量达到8.01亿m^3，再生水利用率达到61%。目前，再生水管网建设仍是北京市再生水利用中遇到的主要问题。

（2）雨水利用。北京市自2000年有规划、分步骤地实施雨水利用工程以来，目前全市城镇地区共建成人工湖、集雨樽等1050处雨洪利用工程，年综合利用能力达到3000万m^3。2015年入汛以来，这些工程设施共收集了1200万m^3雨水，相当于6个昆明湖的蓄水量。北京市在2003年3月发布了《关于加强建设工程用地内雨水资源利用的暂行规定》，2013年4月发布了《北京市规划委员会关于加强雨水利用工程规划管理有关事项的通知》，明确要求本市行政区域内新建、改建、扩建工程绿地中至少应有50%作为用于滞留雨水的下凹式绿地。城市广场、人行道、步行街、自行车道和建设工程的外部庭院采用透水铺装面积的比例不应小于70%。屋顶硬化面积达10000m^2以上（含）的居住项目，每万平方米屋顶硬化面积配建不小于500m^3的雨水调蓄设施。硬化面积达10000m^2以上（含）的非居住区项目，每万平方米硬化面积配建不小于500m^3的雨水调蓄设施。

7.2.1.3 “三同时”管理情况

北京市建设项目节水设施的管理主要体现在节水“三同时”管理方面，具体包括节水设施方案审查、临时用水指标审批和节水设施竣工验收三个方面，实现了对建设项目设计、施工、竣工三个阶段的全程监督（具体流程如图7.1所示）。其中前期审查为行政确认项目，临时用水核定和竣工验收为行政许可项目。

节水设施方案的审查由建设单位提出申请，北京市节约用水办公室根据《建筑给排水设计规范》《节水型生活用水器具》《游泳池和水上游乐池给水排水设计规程》《工业循环水冷却设计规范》《建筑中水设计规范》《北京市主要行业用水定额》和《北京市用水定额管理实施指导手册》等规范性文件的相关内容对单位申请的建设项目用水设施进行审查，主要包括对一些基本信息的摘录和对用水量、中水可回收水量、中水使用量的计算，在 20 个工作日内将审查结果回复给申请单位，并抄送北京市规划委员会。将审核结果作为节水项目验收的主要依据，对建设项目中有关节水的内容（用水量、是否建设中水设施、水表、节水器具、绿化喷灌、雨水利用、空调系统间接冷却水和游泳池循环用水系统等）提出具体的要求，并要求单位在项目建设前办理临时用水指标手续、竣工后办理节水竣工验收。节水设施方案审查的介入时间在发展和改革委与规划委员会之后，在施工图审图之前。

临时用水指标的审批需由用水单位提出申请，北京市水务局节水办审核相关资料后确定其用水量（标准为工期内每平方米施工面积用水 1m^3）。北京市水务局在 20 个工作日内将审核结果交付申请单位，并抄送北京市城市管理综合执法局、北京市水政监察大队（执法检查单位）和北京市节水管理中心（用水指标管理单位）。

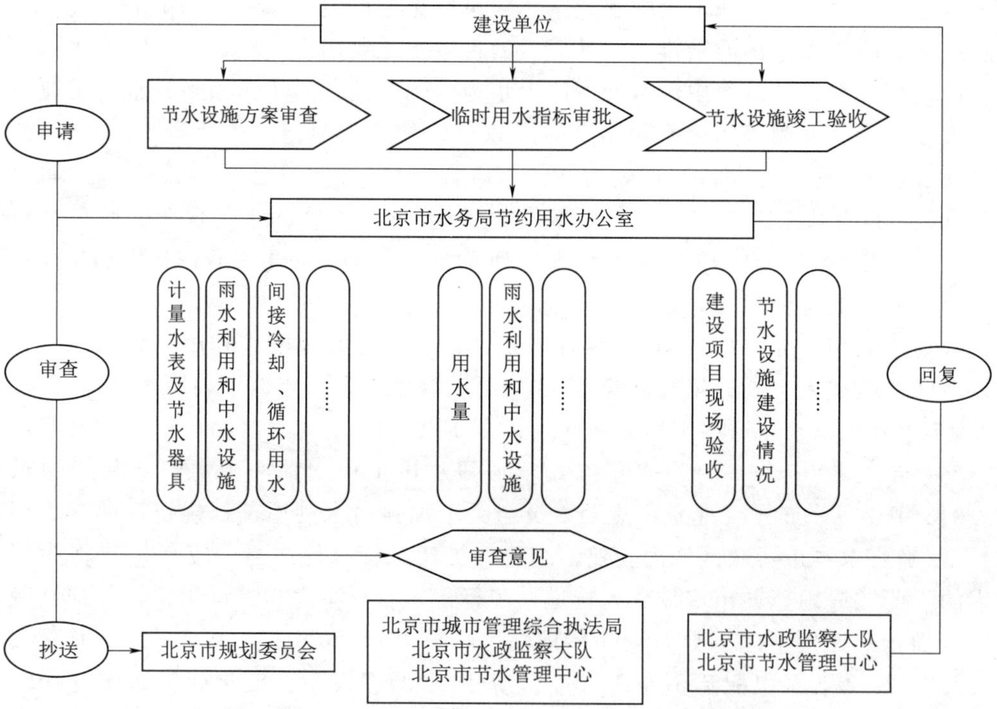

图 7.1　北京市建设项目节水设施“三同时”管理程序流程图

最后，建设项目节水设施的竣工验收也由单位提出申请，北京市水务局节约用水办公室进行现场验收。根据节水设施方案的审查结果和单位的现场情况，对建设项目进行评估，最后将验收结果在 20 个工作日内交付给申请单位，并抄送水政监察大队和节水管理中心。

北京市的建设项目节水设施“三同时”管理工作能够顺利进行，得益于法律法规不断健全和市政府乃至全社会对节水工作的支持和重视。

7.2.2 上海市建设项目节水设施管理实践

7.2.2.1 相关节水政策、法规

上海市已经出台了一系列与节水相关的法律法规或管理办法，包括：《上海市节约用水管理办法》《上海市供水管理条例》《上海市节约用水“三同时、四到位”管理规定》《上海市用水定额（试行）》《创建节水型企业（单位）标准》《关于节水型城市目标导则》《市人大常委会关于确认市政府规章设定的公共安全防范工程设计施工单位的核准等十二项行政许可事项继续实施的决定》《建设项目节水设施设计方案评估报告编写内容大纲》等。其中《上海市节约用水管理办法》和《上海市节约用水“三同时、四到位”管理规定》《建设项目节水设施设计方案评估报告编写内容大纲》对建设项目节水设施管理作了相关规定。

《上海市节约用水管理办法》第十三条（节水设施的建设）规定：“用水单位实施新建、扩建、改建项目（包括技术改造项目，以下统称建设项目），应当建设相应的节约用水设施（以下简称节水设施），并与主体工程同时设计、同时施工、同时投产使用。市给水管理处或者县（区）计划用水主管部门应当根据各自职责，对月均用水量 5000m^3 以上建设项目的节水设施，负责审核设计方案。节水设施竣工验收合格后，用水单位应当将竣工验收资料报市给水管理处或者县（区）计划用水主管部门备案。”第十四条（节水设备的使用）规定：“用水单位和个人应当选用节水型的用水设备（含冷却塔）、器具，安装节水、防溢装置。拥有 50 辆以上机动车且集中停放的单位，应当安装使用循环用水的节水洗车设备。新建房屋必须安装质量符合国家标准的节水型便器水箱和配件；已建房屋原安装使用的便器水箱和配件，凡属国家有关行政主管部门通知淘汰的，应当逐步更换。”

7.2.2.2 建设项目节水设施管理内容

1. 建设项目管理对象

《上海市节约用水管理办法》中规定的建设项目范围为月用水量 5000m^3 以上的建设项目（除机关、事业、团体、普通中小学、部队和民政福利机构外），实际管理中将建设项目主要分为工业和非工业两类：工业方面，主要考查技术设备和冷却循环水的使用，既包括硬性指标也包括关于管理办法和执行水平的软性指标；对于非工业，主要考查器具使用情况，并加强了产品认证力度，对国家明令禁止使用的器具严格淘汰。

2. 节水设施界定

上海市在《上海市节约用水“三同时、四到位”管理规定》中明确节水设施的种类，包括制冷设备水循环系统、各类用水设备循环回用系统、生产工艺水回用系统、中水回用系统、生活用水器具和自来水计量表具及管材。

3. 非常规水源利用情况

（1）再生水利用。考虑到小型中水站处理成本高、工艺不成熟、运行不稳定、水质不达标、物业管理水平低、出水有异味、存在卫生安全隐患、运行有噪音等问题，上海市不鼓励市政排水管线覆盖范围内的单位和小区建设中水处理站。总体上，上海缺乏对污水再

生利用的统一管理，也未建设大范围的中水管线（上海市道路已经没有条件修建再生水管网），只有位于污水处理厂附近的少数企业使用再生水。此外，上海市水价较低，致使再生水利用的经济效益不明显，这也是上海市中水利用发展缓慢的原因之一。

（2）雨水利用。上海市目前没有针对雨水利用的管理措施。但已认识到雨水资源不但清洁，而且可增加水资源利用量，减小防汛压力，建议主要在机场和新建的住宅区应用。2009 年，上海市水务局、上海市城乡建设和交通委员会以及住房保障和房屋管理局联合发布了《关于本市加强新建住宅节约用水管理的意见》，规定了新建住宅需配套建设雨水积蓄设施，并将收集处理后的雨水作为绿化用水和景观补水。

（3）海水利用。作为沿海城市，上海缺乏统一明确的海水资源管理办法和规定，对海水资源的利用主要是行业和企业的自发行为，主要用作循环冷却水。

7.2.2.3 “三同时”管理情况

在《上海市节约用水“三同时、四到位”管理规定》中，对建设项目节水设施的“三同时”管理进行了比较详细的规定，说明了审批的流程、关键环节、需要审核的材料和后期监管机制，规定了上海市水务业务受理中心负责节水方案的评估审核（前置），供水处则作为监管部门。根据上海市水务局行政许可办事指南，建设项目节水设施的设计方案审核为市水务局第三类审批事项，受理中心应负责市属供水区域范围内的月用水量 5000m^3 以上建设项目节水设施设计方案的审核和行政许可受理。

虽然已有明确规定，但自 2006 年受理中心成立以来，上海市受理建设项目节水设施方案的行政许可审核申请相对较少，与上海的发展建设现状严重不符。另外，《上海市节约用水“三同时、四到位”管理规定》中没有具体的行政处罚条款，只是参照《上海市节约用水管理办法》的规定（处罚方式以扣减用水计划指标为主，且不超过 30%）进行处罚，对不设计节水设施的情况无法进行有效的处罚和约束。

总体来说，目前上海市建设项目节水设施“三同时”管理的主要问题有两点：第一，缺乏具体可操作的法律法规。目前的法规不够明确，措施无力，针对性差，并且属于规范性文件，不具有强制性，也没有有效的处罚细则。第二，信息不对称，部门间的联动不够。水务部门对建设项目的具体情况不了解，没有进入基建程序。

7.2.3　西安市建设项目节水设施管理实践

7.2.3.1　相关节水政策、法规

目前，西安市出台的与节水相关的法规或管理办法有《西安市城市节约用水条例》《西安市城市计划用水考核管理（试行）办法》等。

西安市尚未出台专门的建设项目节水设施管理办法，仅在《西安市城市节约用水条例》中有相关规定。《西安市城市节约用水条例》第八条规定：“新建、扩建、改建的建设项目，应当采用节水型工艺、设备和器具，建设相应的节约用水设施，并与主体工程同时设计、同时建设、同时使用。”第九条规定：“日用水量在二十立方米以上的新建、扩建、改建建设项目，应有节约用水设计方案，经市城市节约用水管理部门签署意见后，方可办

理建设工程的有关手续。建设过程中，节约用水设计方案确需变更的，须经原审批部门同意。”第十条规定：“建设项目的节约用水设施竣工后，建设单位应当及时向城市节约用水管理部门申报验收。验收合格后，供水部门方可供水。”

7.2.3.2 建设项目节水设施管理内容

1. 建设项目管理对象

《西安市城市节约用水条例》中规定，日用水量在 20m^3 以上的新建、扩建、改建建设项目需要建设节水设施。实际管理中将建设项目节水设施管理分为居民和非居民两类，其中非居民生活用水行业包括商场、院校、宾馆等服务行业以及工业，对于耗水较多的农业没有考虑（讨论中建议暂时放后，而应首先开展城市节水项目）。但目前还缺乏明确科学的分类以及相应的管理手段。

2. 节水设施界定

西安市的节水措施管理主要包括节水器具的推广和非常规水源的利用。目前西安市节水器具的使用率达到 80%，但非常规水源的利用还只限于示范点。

3. 非常规水源利用情况

（1）再生水利用。西安市没有制定建设项目再生水利用的管理规定，仅由市政府批准实施了《西安市污水再生利用规划》。目前共建有污水处理厂 5 家，中水处理能力为 16 万 m^3/d（由于目前来水较少，实际处理量远低于设计处理能力），污水处理率为 60%。污水处理厂既作为城市的排水设施，又作为供水设施，也作为节水设施。集中处理再生水的公司共有接水用户 12 家，日供再生水 2.7 万 m^3 左右。城市再生水管网覆盖不到的区域，采取分散式的再生水利用。如西安电子科技大学新校区的污水处理站，日处理污水 2800t，基本满足校区内绿化、冲厕等的用水需求，用水低谷时期剩余的中水可排放到河道。

（2）雨水利用。西安市没有制定建设项目雨水利用的管理规定，仅由市政府批准同意实施了《西安市雨水利用规划》。西安市根据自身水资源条件和社会经济发展规模等情况对雨水利用进行了专项研究，提出了设施建设方法和利用规程，并建立了若干雨水回用利用示范点。目前年均投入 180 万元左右的资金用于新示范点的建设。比如：世界园艺博览会广场建设了包括 5 万 m^3 蓄水池的雨水收集系统，收集雨水主要用于园区内绿地的浇灌。

7.2.3.3 “三同时”管理情况

西安市的建设项目节水设施管理和“三同时”管理没有真正落实开展。由于西安市没有出台专门的城市建设项目节水设施的管理办法，建设项目节水设施管理没有纳入到建设项目的审批程序。节约用水办公室对全市的建设项目情况并不完全了解，也无法参与到建设项目的审批管理。由于西安是全国节水型社会建设试点城市，市政府把节水工作列入规划局和建设委员会的节水型社会建设目标责任书中，对建设项目节水设施管理有一定的促进作用。

目前，西安市长安区节约用水办公室直接管理自来水厂，通过充分发挥负责建设项目公共供水申请审批的政策优势，对拒不执行建设项目节水设施管理规定的不予供水，“三同时”的实施效果较好，但也存在一些问题：首先，由于西安市节约用水办公室缺乏对建设项目节水设施的指导标准和设计规范，无法对建设单位进行指导和规范；其次，由于中水处理系统和雨水利用工程的投资较大而对不建设中水或雨水设施的处罚很低（5000～10000 元），许多建设单位宁愿交罚款也不建设节水设施；另外，缺乏具体可依据的法律法规（特别是关于前置审批内容）和强有力的执法队伍也是"三同时"管理落实过程中的阻碍。

7.2.4　深圳市建设项目节水设施管理实践

7.2.4.1　相关节水政策、法规

深圳市已于 2005 年颁布实施了《深圳市节约用水条例》，同时还制定了《深圳市建设项目用水节水管理办法》《深圳市水量平衡测试实施办法》和《深圳市计划用水管理办法》等节水相关的法律法规。深圳市行业用水定额每三年进行一次更新。

7.2.4.2　建设项目节水设施管理内容

1. 节水管理体制状况

深圳市水务局承担建设项目节水设施的管理职责。对于年设计用水量 3 万 m^3 以上的建设项目，由深圳市水务局管理负责；年设计用水量 3 万 m^3 以下的建设项目，由所在各区水务局管理负责。

总体来说，深圳市水务局与其他相关部门的联动进行得比较好，与规划单位、环保单位、工商单位、质量监督单位等都有联系互动。当建设单位到规划部门报审项目时，规划部门会要求其先到水务部门办理相应程序再受理；环保部门在审批项目环境影响评价报告时，要求有水务部门出具的用水合理性分析（主要指对于中水、雨水、地下水等的利用）；与工商部门的联动主要体现在用水器具的管理方面，由水务局提供节水器具标准，并与工商部门联合进行市场检查。

2. 建设项目管理对象

总体上说，深圳市将建设项目分为民用建筑、工业项目和三产项目。对建设项目的节水设施管理主要以工业和三产为主，对民用建筑的要求与工业、三产不同。对民用建筑，基本原则是中水不入居民户，并考虑中水设施建设费用和效益因素，对小区建设中水站也不做硬性要求。另外，预留污水排放管或连接市政再生水管网都视为已建节水设施。深圳市对雨水利用设施的要求较为严格，要求面源污染不出小区，要在建筑红线范围内进行初期处理。

深圳市根据限制行业目录标准（每年更新），由市发展和改革委员会把关，对"高污染、高耗能、高耗水"等工业企业不予立项。

3. 节水设施界定

《深圳市建设项目用水节水管理办法》中规定节水设施包括用水器具、工艺、设备、计量设施、中水利用设施、雨水收集利用设施和海水利用设施等。该办法中所称中水，是指城市各种排水经收集处理达到规定的水质标准，可在生活、市政等适当范围内使用的非饮用再生水。

深圳市每年都会公布新的节水器具名录。名录的征集条件、征集过程和征集结果都会在水务局网站上进行公示，名录编制过程会与质量技术监督局联合查验厂家资料（资质）。深圳市每年还会组织多部门联合或委托工商局对市场进行检查，但仍存在豪宅用豪华马桶

无法管理的现象。

4. 非常规水源利用情况

(1) 再生水利用。深圳市由规划局制定了《再生水管网布局规划》《再生水利用规划》《再生水厂布局规划》等。建设项目可根据自身情况并参考上述规划，选择自建再生水的处理及回用管道系统。但由于考虑到运行管理、再生水利用安全、建设费用和效益问题，对民用建筑中水设施基本不做要求。另外，根据深圳市规划，将逐步建设一套完整的市政再生水系统（即没有中水分散处理的方案），以集中处理为主；所以只要求各用水单位在建设项目中建设中水管道系统，工业、三产、绿化等项目设有再生水管网的预留口，不必建设水处理系统；建成后的中水管道系统可先使用自来水，待市政再生水系统投入使用时改接市政再生水代替自来水使用。

(2) 雨水利用。深圳市制定了《深圳市再生水、雨水利用水质标准》等非常规水源利用文件，酝酿通过提高再生水、雨水的水质标准，保证非常规水源使用安全。深圳市对雨水设施要求比较严格，要求面源污染不出小区、初期雨水不出小区红线。

(3) 海水利用。深圳市只对有冷却水需求的电厂做出要求，与海岸线不相连的工业企业不在要求范围内。海水淡化方面，深圳市曾打算启动淡化水厂项目，作为非常规条件下海水应急备用方案，但经过论证，由于目前经济上不合理而未实施。但为缓解水资源压力，仍计划每年淡化 15 万 m^3 的海水。

7.2.4.3 “三同时”管理情况

深圳市建设项目节水设施“三同时”管理主要分为可行性研究或工程方案设计阶段、施工图设计阶段和竣工验收阶段三部分。其中，可行性研究报告或工程设计方案的节水措施方案评审为行政许可项目（2009 年 5 月确定），其他两项不属于行政许可，依靠计划用水来控制管理。

在可行性研究或工程方案设计阶段，建设项目业主单位应当编制用水节水措施方案，并报市水务局审批；在施工图设计阶段，建设项目业主单位应当将用水节水设施施工图设计文件等资料报给市水务局，申请办理施工用水计划；在竣工验收阶段，建设项目业主单位应当将用水节水设施验收结果等资料报给市水务局，申请办理新用户用水计划。

深圳市有编报节水方案评估的资质单位要求，即要求建设项目节水审查报告要由有节水措施方案编制资质的单位编写。评估机构通过招标确定，条件包括给排水设计甲级资质、咨询甲级资质及监理甲级资质。2014 年，到市水务局办理了建设项目节水设施审批的建设单位有 100 家左右（区级水务主管部门没有统计备案项目数量）。实际落实建设项目节水设施“三同时”审查的新改扩项目还比较少，深圳市节水办认为主要原因是办法出台较晚，宣传力度不足。

深圳市的计划用水管理和建设项目节水设施管理之间的互补效果比较明显，建设项目节水设施“三同时”管理的施工图审查和竣工验收两个后期阶段都依靠计划用水来控制管理。竣工验收后，即转为计划用水管理。不到节水办报批或者没有通过竣工验收的，不给计划用水指标，用水量全部加价处理。自来水厂也不能擅自供水，而必须有水务局的审查文件。所以建设单位报施工图审查时，会同时报批施工用水（施工用水水价高于供水水价）。

具体来说，建设单位为能顺利进行施工并投产使用，都会主动报批项目，否则得不到用水定额不能通水（自来水公司若擅自供水，会受到行政处罚）。但目前由于宣传力度不到位等原因，建设项目单位对建设要求及“三同时”管理流程不够了解，尽管在后期主动补报，但前期步骤的缺失使水务部门对项目设计不了解从而难以核定下发用水指标。

对此，深圳市水务部门目前主要以沟通为主，截至目前还未出现解释清楚后建设方仍拒不建设节水设施的情况。此外，深圳市水务局已公布《深圳市建设项目节约用水业务办事指南》，对办理流程、办理意义、办理内容及要求等做了详细介绍。同时，利用每年 3 月的世界水日和中国水周等契机加大宣传力度，增加市民的节水意识和节水知识，及对建设项目节水设施管理程序的了解。

7.3　存在的问题及原因分析

《水法》颁布以来，我国部分城市已经根据规定出台了建设项目节水设施管理方面的法规、规章，开展了建设项目节水设施“三同时”管理的实践。但总体看上，我国大部分地区和城市建设项目节水设施管理还存在法规缺失、节水设施管理内容不明确、不同部门之间职责不清等问题，需要通过实施立法加以理顺。

7.3.1　存在的问题

1. 制度建设相对滞后

总体上，建设项目节水管理制度尚不完善。《水法》没有对建设项目节水设施管理进行具体规定，国务院也没有就建设项目节水设施的管理提出具体意见，在全国范围内尚未出台有关建设项目节水设施管理的统一法规规章，也未能建立起可供操作的具体措施和标准体系。虽然《水法》颁布以后，各地相继出台了一些有关建设项目节水设施的管理规定，但由于种种原因，建设项目节水设施管理没有纳入项目建设程序，大部分地区未制定建设项目节水设施“三同时”相关制度，建设项目节水设施管理无法可依。目前，我国经济处于高速发展阶段，建设项目在规模和数量上都在快速增长，制定一套全国性的建设项目节水管理办法显得非常迫切。

2. 执法仍不完善

建设项目节水设施管理仍不完善，执法力度需要进一步加强。国家要求淘汰不符合节水标准的用水工艺、设备和产品，使用高效节水设施，但相当一部分建设项目仍不使用节水器具。以西安市为例，由于对建设项目节水设施的管理制度并不完善，加之部门间信息反馈机制缺位，没有形成针对建设项目节水设施管理的组织体系，建设项目用水和节水设施监管力度也不够。截至目前，全市节水器具的推广率为 80%。

已经建立建设项目节水设施“三同时”管理制度的地区，建设项目节水设施立项审查数量较少。一些地方政府对建设项目节水设施“三同时”管理未予以足够重视。我国对地方政府政绩考核体系还存在不合理的地方，许多地方政府为了当地 GDP 的快速增长，盲目引进一些高耗水、生产工艺落后的项目，并实行地方保护主义，禁止基层节水部门进门检查；一些企业在设立时不经水行政主管部门许可，在建设时更由于缺乏有效的监督，很难遵守“三同时”制度。这种情况在县、镇级政府尤为突出。由于人员和资金紧缺、权限不足、信息不畅等问题，地方水行政主管部门对本辖区内的建设项目底数不完全掌握，对没有实施节水“三同时”的建设项目不知道、不制止、不报告，建设项目实施“三同时”管理非常薄弱。

3. 缺乏激励机制

建设项目节水设施管理缺少相配套的激励机制。目前大部分地区并没有建立起“三同时”管理的相应激励机制，即使是确立激励机制的地区，激励形式也比较单一，基本上采取以有限的补助资金的方式展开。由于建设项目众多，有限的奖励方式难以支撑推广“三同时”项目建设的需要。

7.3.2 原因分析

建设项目不进行节水设施审批、不使用节水器具，根源在于全国尚未建立建设项目节水设施管理制度。已经开展建设项目节水设施管理的城市也存在建设项目节水行政管理不权威、相关部门职责不清晰等问题。

1. 管理体制存在障碍

在行政管理方面，建设项目节水设施管理有关部门联动不足。建设项目节水设施管理中执法主体不明确，造成节水“三同时”管理规定形同虚设。建设项目节水设施管理涉及发展和改革委员会、规划、建设以及水务、环境保护、工商、质量监督等多个部门。目前我国大部分省份部门之间还没有建立起相应的联动机制，缺乏配套的法律法规，造成大部分建设单位项目审批和验收不经过节水管理机构和水行政主管部门，同时存在水行政主管部门与建设行政主管部门之间的职能交叉等问题。部门职责不清、相互配合不够、管理执行力度较弱，造成建设项目节水设施“三同时”管理难以落到实处。

2. 设定行政许可难度较大

(1)《中华人民共和国行政许可法》(以下简称《行政许可法》)等法律设定了立法权限。根据《行政许可法》第14条、15条的规定，经常性行政许可，由全国人大及其常委会的法律、国务院的行政法规或决定、有权的地方人大及其常委会的地方性法规来设定。《中华人民共和国立法法》第63条规定，仅省级或较大的市、经济特区的人大或人大常委会颁布的地方性法规具有行政许可的设定权。部门规章及地方政府发布的规章无权设定行政许可。

这种上位法的限制条件是未来全国推广建设项目节水管理“三同时”制度必须考虑的因素。如果不能新增行政许可或审批，建设项目节水设施管理就缺失了很重要的管理手段；如果新增建设项目节水设施管理的行政许可或审批，立法难度将明显增加。就全国范围而言，未来对于建设项目节水三同时的管理，可考虑采纳部门规章的形式出具行政指导意见，鼓励有条件的地方采用立法以行政许可的方式加以规制，其他地方结合各地实际通过非行政许可的行政确认方式对“三同时”加以规制。

(2) 各地区先后对行政许可事项进行清理，总体政策导向是减少行政许可。长期以来，由于行政许可存在过多过滥的现象，有权设定行政许可的机关和部门过于繁杂。依据《国务院办公厅关于贯彻实施行政许可法工作安排的通知》，《行政许可法》正式实施前，根据《行政许可法》所提出的改革性措施，各地展开行政许可事项的清理活动，凡与行政许可法不一致的有关行政许可的规定，自《行政许可法》施行之日起一律停止执行。

3. 对建设项目管理不严格

建设项目又称基本建设工程项目，是指在一个总体设计或初步设计范围内，由一个或几个单项工程所组成，经济上实行统一核算，行政上实行统一管理的建设单位。一般以一个企业（或联合企业）、事业单位或独立工程作为一个建设项目。按照建设性质，建设项目可以分为新建项目、扩建项目、改建项目等。新建项目是指凡过去未有过的、完全是新建造的建设项目；改建项目是指为了提高生产效益、改进产品质量或产品方向，对原有设备、工艺流程进行技术改造的项目，或为提高综合生产能力增加一些附属和辅助车间、非生产性工程；扩建项目是指现有企业为扩大原有产品的生产能力或效益，以及为增加新的品种生产能力而增建的主要生产车间或工程项目。

从建设项目管理上，有的建设项目原有的规模很小，经重新进行总体设计，扩大建设规模后，其新增加的固定资产价值超过原有固定资产价值的三倍以上，也属于新建项目。事业单位或行政单位增建业务用房等不在上述项目之列，在部分地区建设项目管理中也纳入扩建项目管理。此外，严格地讲，更新改造项目、迁建项目和恢复项目也不属于新建、改建、扩建项目。但从建设项目节水设施管理的要求来看，以上项目均需要同时设计、同时施工、同时投产使用节水设施，建设项目类别划分不严格导致上述部分项目未纳入节水“三同时”管理范围，使建设项目节水设施管理不能完全落实，造成部分建设项目继续使用落后的用水设施或应淘汰的用水工艺。

4. 制度内容有待进一步完善

（1）相关管理规定涵盖范围界定不清。目前的建设项目节水设施管理规定中涉及的建设项目多指居住小区、宾馆、饭店、机关、科研单位、大专院校和大型文化、体育场馆等建设项目，很少涉及港口、机场、发电厂、矿山、铁路、公路、公园、水利工程等建设项目，这些项目在雨水、中水等非常规水源的利用方面具有较大潜力。此外，相当比例的城市节约用水条例或节水管理办法是在水务管理体制改革之前颁布实施的，有关规定同现有建设项目节水设施管理体制不相匹配，而且在具体的规定中缺乏明确的罚则和配套的执法主体。

（2）缺少具体的节水设施标准和设计规范。在建设项目节水设施管理的各个阶段缺乏具体的、细化的节水设施标准。在建设项目立项初设阶段，缺少节约用水的设计规范，节水设计方案应该包括的内容不明确；在竣工验收阶段，具体的验收主体、验收程序、验收标准也没有明确规定。同时，在节水器具的标识发布方面，水行政主管部门不具有节水器具标识的发布权，也没有中水回用机构的认证权。

7.4　其他行业“三同时”管理的主要内容

建设项目“三同时”制度是我国以预防为主政策的重要体现。在环境保护和水土保持领域都有相应的建设项目“三同时”管理制度。

7.4.1　环保“三同时”的主要做法

1. 环保“三同时”出台的历史背景和立法载体

环保“三同时”制度是我国从实践中总结出来的具有中国特色的防止产生新的环境污

染和破坏的重要措施。1972 年 6 月，在国务院批准的国家计划委员会、国家基本建设委员会《关于官厅水库污染情况和解决意见的报告》中，第一次提出了“工厂建设和‘三废’利用工程要同时设计、同时施工、同时投产”的要求。“三同时”制度最早规定于 1973 年的《关于保护和改善环境的若干规定》。1979 年的《中华人民共和国环境保护法（试行）》和 1989 年的《中华人民共和国环境保护法》在规定环境影响评价制度的同时，重申了“三同时”制度的规定，要求建设项目的环境保护措施（包括防治污染和其他公害的设施及防止生态破坏的设施）必须与主体工程同时设计、同时施工、同时投产使用。把“三同时”和环境影响评价结合起来，最大限度地消除和减轻了污染，真正做到防患于未然。

1973 年，国务院下发的《关于保护和改善环境的若干规定》中规定：“一切新建、扩建和改建的企业，防治污染项目，必须和主体工程同时设计、同时施工、同时投产”；“正在建设的企业没有采取防治措施的，必须补上。各级主管部门要会同环境保护和卫生等部门，认真审查设计，做好竣工验收，严格把关”。

1979 年，《中华人民共和国环境保护法（试行）》对“三同时”制度从法律上加以确认，其中第六条规定：“在进行新建、改建和扩建工程时，必须提出对环境影响的报告书，经环境保护部门和其他有关部门审查批准后才能进行设计；其中防治污染和其他公害的设施，必须与主体工程同时设计、同时施工、同时投产；各项有害物质的排放必须遵守国家规定的标准。”随后，为确保“三同时”制度的有效执行，国家又规定了一系列的行政法令和规章。1981 年 5 月，由国家计划委员会、国家基本建设委员会、国家经济委员会、国务院环境保护领导小组联合下达的《基本建设项目环境保护管理办法》，把“三同时”制度具体化，并纳入基本建设程序。第二次全国环境保护会议以后又颁布了《建设项目环境设计规定》，进一步健全了制度标准，改善了执行效果。

1989 年 12 月 26 日通过的《中华人民共和国环境保护法》，总结了实行“三同时”制度的经验，在第二十六条中规定：“建设项目中防治污染的设施，必须与主体工程同时设计、同时施工、同时投产使用。防治污染的设施必须经原审批环境影响报告书的环境保护行政主管部门验收合格后，该建设项目方可投入生产或者使用。”针对现有污染防治设施运行率不高、不能发挥正常效益的问题，该条还规定：“防治污染的设施不得擅自拆除或者闲置，确有必要拆除或者闲置的，必须征得所在地的环境保护行政主管部门同意。”第三十六条还对违反“三同时”的法律责任做出了规定。违反这一制度时，根据不同的事实情况，承担相应的法律责任。1998 年 11 月 29 日国务院发布《建设项目环境保护管理条例》，各时期单项环保法律及国务院《建设项目环境保护管理条例》均规定了建设项目必须执行“三同时”制度。

2. 环保“三同时”管理制度内容

环保“三同时”制度的实施要求从项目论证到设计、施工、竣工验收都应按“三同时”的规定进行审查验收。

（1）建设项目可研阶段。建设项目在进行可行性研究论证时，必须进行环境保护方面的论证，明确项目可能对环境造成的危害和防范措施，并将论证结果载入可行性论证文件。

（2）建设项目初步设计阶段。设计单位在编制建设项目的初步设计文件时，应当同时编制建设项目环境影响评价报告，必须符合相关建设标准和环境质量标准。

(3) 建设项目施工阶段。施工单位必须按照审查批准的设计文件进行施工，不得擅自更改设施的设计，并对施工质量负责。

(4) 建设项目竣工阶段。建设项目的竣工验收必须按照国家有关建设项目环境保护规定进行。不符合环保要求，造成环境污染的不得验收和投产使用。

(5) 建设项目运行阶段。建设项目验收合格，正式投入运行后，不得将环保设施闲置不用，生产设施和环保设施必须同时使用。

3. 环保“三同时”管理要求

为克服基层执法力量薄弱和执法难的现象，先后出台《国务院关于落实科学发展观加强环境保护的决定》《环境保护违法违纪行为处分暂行规定》，要求部分地方政府进行市级以下环保部门垂直管理试点，强化环保设施管理责任制。同时，为克服部门各自为政的现象，按照《国务院关于落实科学发展观加强环境保护的决定》《节能减排综合性工作方案》等文件要求，建立了部际和区域内的污染防治领导或节能减排等协调机制。与建设项目节水设施“三同时”管理相比较，建设项目环保“三同时”实施情况较好。从各地“三同时”合格率来看，北京、辽宁、江苏、重庆、甘肃、青海等省份为100%，河北省低于90%，其他省份均达到90%以上。从重点行业“三同时”执行合格率来看，机械、电子制造业执行情况最好；化学原料及制品业、石油加工及炼焦业和非金属矿物制品业的执行情况较好，基本与全国工业平均水平持平；有色金属，电力、蒸汽、热水的生产和供应业，以及造纸及纸制品业等三个行业执行情况明显低于全国工业平均水平。

4. 成效和经验

(1) 通过行政许可进行管理。实行建设项目环保设施“三同时”制度具有良好的法制基础，从法律、行政法规到部门规章，建立了完整的法规体系。《环境保护法》《环境影响评价法》《建设项目环境保护管理条例》和《建设项目竣工环境保护验收管理办法》从上位法的角度为环保“三同时”制度中的建设项目环境影响评价和建设项目环保设施竣工验收提供了上位法依据。根据上述上位法，环保“三同时”行政许可管理的主要环节为依靠环境评价报告，在建设项目初设阶段进行环评报告审批。环境影响评价内容主要包括：项目地生态环境现状、建设期运营期环境预测、环保工程设施设计等方面的内容。

(2) 纳入基建程序实施管理。针对20世纪70年代有关环保“三同时”不完善、环境管理机构不健全的状况，80年代初在《基本建设项目环境保护管理办法》后，将环保“三同时”制度纳入到基本建设程序，此后又通过制定《建设项目环境设计规定》进一步细化了管理制度。与此同时，《水污染防治法》《国务院关于落实科学发展观加强环境保护的决定》《环境影响评价法》《环境信息公开暂行办法》等立法构建了环境质量公告、定期公布环保指标、及时发布污染事故信息等保障公民环境信息权的制度和机制，对涉及公众环境权益的发展规划和建设项目，还规定参加听证会、参加论证会、信访、行政复议等权利，有效地确立起了以建设项目管理为主线的环保设施管理体系。

(3) 体制安排较为科学。在体制安排方面，在横向上已经形成环保部门统一监督管理、有关部门分工负责的环境保护协调机制；在纵向上已经形成各级政府和各级部门分级负责的管理体制。为加强中央对地方工作的监管力度，提高环保监管效率，国家环保部门于2006年设立了五大区域环境保护督查中心。

在综合性制度方面，《国务院关于落实科学发展观加强环境保护的决定》建立了根据环境容量确定开发方向和模式的制度；中华人民共和国《环境影响评价法》扩展了环境影响评价制度的适用领域，将事前预防性机制由点扩展到面，通过行政规章完善环境影响评价制度和“三同时”实施程序，促进环境问题综合性防治及区域开发的合理性与科学性；按照《中华人民共和国行政许可法》的要求对环境行政许可进行了全面清查，促进行政审批规范化和程序化。

(4) 竣工验收要有控制手段。值得指出的是，建设项目环保“三同时”制度也存在薄弱环节。主要是在项目竣工验收阶段，环保设施管理缺乏后续控制手段，导致“三同时”制度落实不到位。在经过环保行政部门审批后，一些建设单位不按照环境影响评价报告去落实环保设施，擅自更改污染治理方案，减少治理工段，减少厂区绿化面积。此外，一些建设项目先建设后进行环评报批，在主体工程建设时虽然同步建设了部分环保设施，但环保投入和设施建设与随后的环评要求、环保部门的批复要求相距甚远。

与环保“三同时”制度相比，水行政主管部门已经建立了相对完善的节水用水管理制度，需要将取水许可制度、计划用水管理制度同建设项目节水设施运行管理相衔接，保障落实节水“三同时”制度。

7.4.2 安全设施“三同时”的主要做法

1. 安全设施“三同时”出台的历史背景和立法载体

建设项目安全设施“三同时”是指在建设项目编制方案、设计、施工、验收时，必须保障安全设备设施和职业危害防护设施与建设项目主体工程同时设计、同时施工、同时投入生产和使用。建设项目安全设施“三同时”贯彻了“安全生产管理，坚持安全第一、预防为主的方针”，确保了企业新建、改建、扩建的工程项目投产后符合职业健康和安全的要求，保障了劳动者在劳动过程中的安全与健康。

2002年施行的《中华人民共和国安全生产法》(2014年修订)第二十八条规定：“生产经营单位新建、改建、扩建工程项目（以下统称建设项目）的安全设施，必须与主体工程同时设计、同时施工、同时投入生产和使用。安全设施投资应当纳入建设项目概算。”

为确保“三同时”制度的有效执行，国家又规定了一系列的行政法令和规章。《关于进一步加强安全生产工作的决定》(国发〔2004〕2号）提出，“在全国所有工矿、商贸、交通运输、建筑施工等企业普遍开展安全质量标准化活动。企业生产流程各环节、各岗位要建立严格的安全生产质量责任制。生产经营活动和行为，必须符合安全生产有关法律法规和安全生产技术规范的要求，做到规范化和标准化”。2004年施行的《安全生产许可证条例》(2014年修订）严格规范了安全生产条件，进一步加强了安全生产监督管理，防止和减少生产安全事故。

2011年施行的《建设项目安全设施“三同时”监督管理暂行办法》第四条规定，“生产经营单位是建设项目安全设施建设的责任主体。建设项目安全设施必须与主体工程同时设计、同时施工、同时投入生产和使用。安全设施投资应当纳入建设项目概算。”把“三同时”制度具体化，对建设项目安全生产工作提出了明确、具体的要求，加强了建设项目安全管理预防和减少生产安全事故，保障了从业人员生命和财产安全。

2. 安全设施“三同时”管理内容要点

安全设施“三同时”制度的实施要求从项目编制方案、设计、施工、验收都应按“三同时”的规定进行审查验收。

(1) 建设项目可研阶段。建设项目在进行可行性研究论证时，应有职业健康和安全论证内容并将论证结果载入论证文件。

(2) 建设项目初步设计阶段。初步设计文件会审前，必须将有关图纸资料报送上级有关部门审批。设计单位要对建设项目中职业安全卫生设施设计负责。编制项目初步设计文件时，应编制职业健康和安全方面相应采取的措施和设施所需投资，并纳入项目概算。

(3) 建设项目施工阶段。施工单位要对建设项目的职业安全卫生设施的工程质量负责，严格按图和设计要求施工。

(4) 建设项目竣工阶段。建设项目的竣工验收必须按照国家有关建设项目安全设施规定进行。不符合安全生产要求，不得验收和投产使用。对验收中提出的有关职业安全卫生方面的改进意见，应积极安排人力、物力、财力按期解决，并将整改情况上报安全部门。

(5) 建设项目生产设备调试阶段。在调试阶段，应同时对职业健康和安全设备设施进行调试和考核，安全部门对其效果作出评价。在人员培训时要有职业健康和安全的内容，并制订完整的职业安全卫生方面的制度。

(6) 建设项目运行阶段。建设项目不符合有关法律、法规和国家标准或者行业标准规定的安全生产条件的，不得批准或者验收通过。

3. 成效和经验

建设项目安全设施“三同时”管理制度整治了一批安全隐患，改善了企业生产安全设施设备和工艺水平，增强了从业人员的安全生产标准化意识和规范生产安全行为，有效识别控制了企业的安全风险，提高了企业本质安全水平。

新建、改建、扩建的工程项目在可行性论证、初步设计审查和竣工验收时应有安全部门、工会参加，并听取他们的意见。安全评价时，必须对项目建设前应用系统安全工程的原理和方法对系统（工程、项目）的危险性、危害性作出严格的安全评价。安全验收阶段，通过对建设项目或区域内的设施、设备、装置实际运行状况及管理状况的检查、确认、分析，查找存在的危险和有害因素，确定其与安全生产法律法规、技术标准的符合性，预测发生事故或造成职业危害的可能性和严重程度，提出科学、合理、可行的安全风险管理对策措施建议。

7.4.3 水土保持设施“三同时”的主要做法

水土保持是我国长期坚持的一项基本国策。多年来，各级水行政主管部门切实贯彻“预防为主”方针，加强以落实水土保持“三同时”制度为核心的监督检查，不断提高执法水平，规范监督执法行为，运用多种形式宣传水土保持生态环境建设的重要意义，全社会的生态环境保护意识和水土保持观念得到了明显提高。

1. 水土保持设施“三同时”出台的历史背景和立法载体

水土保持“三同时”制度是我国进一步依法保护水土资源，加快水土流失防治进程，改善生态环境，保障经济社会可持续发展的重要水土保持制度之一。1957年5月国务院全体会议第24次会议通过了《中华人民共和国水土保持暂行纲要》，这是我国第一部较为系统、全面、规范的水土保持法规。

1991年6月全国人大常委会通过了《中华人民共和国水土保持法》，其第十九条规定：“建设项目中的水土保持设施，必须与主体工程同时设计、同时施工、同时投产使用。建设工程竣工验收时，应当同时验收水土保持设施，并有水行政主管部门参加。”形成了“三同时”制度的原则规定和水行政主管部门参与竣工验收的具体规定。

1993年颁布的《中华人民共和国水土保持法实施条例》对上述十九条作出了较详细的解释：“在山区、丘陵区、风沙区修建铁路、公路、水工程，开办矿山企业、电力企业和其他大中型工业企业，其环境影响报告书中的水土保持方案，必须先经水行政主管部门审查同意。在山区、丘陵区、风沙区依法开办乡镇集体矿山企业和个体申请采矿，必须填写水土保持方案报告表，经县级以上地方人民政府水行政主管部门批准后，方可申请办理采矿批准手续。建设工程中的水土保持设施竣工验收，应当有水行政主管部门参加并签署意见。水土保持设施经验收不合格的，建设工程不得投产使用。”第一次提出在环境影响报告中需编制水土保持方案并经水行政主管部门审查同意，并对水土保持设施竣工验收不合格不得投产使用作出了规定。

2010年修订的《中华人民共和国水土保持法》（以下简称《水土保持法》）进一步确定了“预防为主”的工作方针，明确了各级人民政府对水土保持工作的职责，确定了开发建设项目水土保持管理的基本制度。《水土保持法》第十九条规定，开发建设项目实行水土保持方案报告制度，建设项目中的水土保持设施必须实行水土保持“三同时”制度。《水土保持法》强调生产建设单位需编制水土保持方案并经水行政主管部门批准后方能开工。至此，水土保持“三同时”制度形成了包括对开工前设计阶段、竣工后验收阶段的详细规定和对“水土保持设施应当与主体工程同时设计、同时施工、同时投产使用”的原则性规定的较为完整的体系。第二十六条规定，“依法应当编制水土保持方案的生产建设项目，生产建设单位未编制水土保持方案或者水土保持方案未经水行政主管部门批准的，生产建设项目不得开工建设”；第二十七条规定，“依法应当编制水土保持方案的生产建设项目中的水土保持设施，应当与主体工程同时设计、同时施工、同时投产使用；生产建设项目竣工验收，应当验收水土保持设施；水土保持设施未经验收或者验收不合格的，生产建设项目不得投产使用”。至此，通过法律的形式确定了水土保持“三同时”的基本制度框架，明确了由水行政主管部门实行水土保持方案审批和参与竣工验收的职责。

《水土保持法》颁布实施后，为了使其更具有操作性，国家相关部门出台了部门规章与技术规范，进一步贯彻落实水土保持“三同时”制度。国务院陆续出台了《水土保持法实施条例》《水土保持生态环境监测网络管理办法》等法规规章。水利部相继颁布了《开发建设项目水土保持方案编报审批管理规定》《开发建设项目水土保持设施验收管理办法》《开发建设项目水土保持方案技术规范》等规范性文件。2007年《水利部关于严格开发建设项目水土保持方案审查审批工作的通知》（水保〔2007〕184号）对水土保持方案审查作出严格规定。《水利部关于加强开发建设项目水土保持督察工作的通知》（办水保〔2007〕94号）要求对未经水土保持方案审批擅自开工建设、不认真实施批准的水土保持方案、未经水土保持设施验收擅自投产运营以及地方行政干预等问题加强监督管理。《开发建设项目水土保持技术规范》（GB 50433—2008）等相关技术规范为建设项目设计阶段中的水土保持方案提供了技术标准。

各省、自治区、直辖市也根据《水土保持法》要求制定了地方配套法规，制定发布了《水土保持法》实施办法或细则，出台了水土流失防治费、补偿费征收管理办法、水土保持方案报告管理办法、行政执法程序规定、年检制度、方案合格证制度配套法规和规范性文件等。据统计，目前，全国有28个省（自治区、直辖市）颁布了水土保持法实施办法，基本形成了比较完善的水土保持法规体系。

2. 水土保持设施“三同时”管理内容要点

2010年修订的《中华人民共和国水土保持法》对开工前水土保持方案的编制、竣工水土保持设施的验收作出详细规定。结合国家法规和地方法规或规范性文件总结，对水土保持“三同时”制度的实施分为设计、施工、竣工三个阶段。

（1）建设项目设计阶段。依法应当编制水土保持方案的生产建设项目，生产建设单位未编制水土保持方案或者水土保持方案未经水行政主管部门批准的，生产建设项目不得开工建设。水行政主管部门对水土保持方案设计的审查是在立项、可研或初设的哪一个阶段上，各地方法规或规范性文件各有不同。

（2）建设项目施工阶段。国家法规只是规定水土保持措施与建设项目主体工程同时施工，并要求水土保持方案经批准后，生产建设项目的地点、规模发生重大变化的，应当补充或者修改水土保持方案并报原审批机关批准。水土保持方案实施过程中，水土保持措施需要作出重大变更的，应当经原审批机关批准。而对施工过程监察等方面未作出具体规定。一些地方法规或规范性文件作出了一些补充规定，如《云南省水利厅关于加强生产建设项目水土保持设施验收工作的通知》（云水保〔2010〕59号）中规定“生产建设项目在其实施过程中必须进行水土保持监理，承担水土保持监理工作的单位要定期将监理报告向当地水行政主管部门报告。建设项目在整个建设期（含施工准备期）内必须全程开展监测，生产类项目要不间断监测”。

（3）建设项目竣工阶段。生产建设项目竣工验收，应当验收水土保持设施；水土保持设施未经验收或者验收不合格的，生产建设项目不得投产使用。但是，国家法规未对水土保持设施竣工后的日常管理作出具体规定，只是地方法规或规范性文件作出了一些规定。

3. 成效和经验

为克服基层执法力量薄弱和执法难的现象，1998年国务院出台的《建设项目环境保护管理条例》明确要求，“涉及水土保持的建设项目，还必须有经水行政主管部门审查同意的水土保持方案”。2000年《全国生态环境保护纲要》明确要求，各类自然资源的开发，必须依法履行生态环境影响评价手续，资源开发重点建设项目应编报水土保持方案，否则一律不得开工建设。2006年《国务院关于实施〈中华人民共和国国民经济和社会发展第十一个五年规划纲要〉主要目标和任务工作分工的通知》（国发〔2006〕29号）明确要求，要建立健全水土保持巡查制度，落实水土保持“三同时”制度，并开展与水有关的生态补偿机制研究及试点工作。

与建设项目节水设施“三同时”管理相比较，建设项目水土保持设施“三同时”实施情况较好。水土保持“三同时”制度对我国水土保持工作具有重要意义。从《水土保持法》颁布到2009年，全国共审批生产建设项目水土保持方案25万多项，其中国家大中型项目1800多个，特别是西气东输、青藏铁路、西电东送等一批国家重点工程在执行“三同时”制度中作出了很好的表率，全国1.5万km新建公路、1.2万km新建铁路实施了水土保持方案；先后完成1000多个项目的水土保持验收，其中国家重点项目上百个；生产建设单位投入水土保持资金1450多亿元，防治水土流失面积8万km^2，减少水土流失量17亿t。水土保持监督执法工作全面规范和加强，31个省（自治区、直辖市）、200多个地市、2400多个县建立了水土保持监督管理机构，共有专兼职监督执法人员7.4万人，累计开展水土保持执法检查5.2万次，查处违法案件1万多起。已经形成了水行政主管部门行业监督管理、有关部门各负其责、共同防治水土流失的局面，社会各界的水土保持法制观念明显加强，人为水土流失在一定程度上得到遏制。

7.5 节水“三同时”管理制度总体框架

建设项目节水设施管理的管理重点主要体现在项目建设期的管理中，其管理贯穿建设项目全建设周期。建设项目建设周期一般可划分为项目申报、可研、初设、施工、竣工验收等五个阶段。以建设项目整个建设周期为基础，以落实“节水设施应当与主体工程同时设计、同时施工、同时投产”为目标，分析建设项目不同阶段的特征，找出其中控制环节，落实节水设施管理要求，这是建设项目节水设施管理立法时予以规范的重点内容。

总结国内实行建设项目节水“三同时”管理的做法，借鉴其他“三同时”管理的成功经验，明确建设项目节水设施的概念和范围，建立建设项目节水设施管理制度框架。

7.5.1 制度建立形式

在制度建立形式方面，国内没有统一、可操作的建设项目管理办法。《水法》规定过于原则化，也没有就建设项目节水设施的管理提出具体意见，在全国范围内尚未出台有关建设项目节水设施管理的统一法规规章，也未能建立起可供操作的具体措施和标准体系。虽然《水法》颁布以后，各地相继出台了一些有关建设项目节水设施的管理规定，但是由于种种原因，建设项目节水设施管理没有纳入项目建设程序，节水设施管理无法可依。目前，我国经济处于高速发展阶段，建设项目在规模和数量上都在快速增长，制定一套全国性的建设项目节水管理办法非常迫切。

为加强建设项目节水设施管理工作，推进节水型社会建设，应做好各项立法前期研究工作，推动尽快出台建设项目节水设施管理办法。从立法层级上，应在节约用水条例中明确建设项目节水措施方案审查的要求；在建设项目节水设施管理办法中明确节水措施方案编制和审查制度具体内容、节水设施验收管理办法；为保障建设项目节水设施管理办法的实施，还应出台建设项目节水设施设计标准等规范性文件。

总体上，各层级法规、规章、规范性文件应明确以下几方面内容：一是制度建设，将节水措施方案评审作为建设项目节水设施管理的关键手段，制订节水措施方案评审管理办法，使节水措施方案评审发挥其在建设项目节水设施管理中的行业管理、技术管理作用。

二是明确具备开展节水措施方案评审条件的业务单位名录。由于水行政主管部门有长期开展水资源论证的实践经验，应由水行政主管部门组织实施节水措施方案评审管理。在从事水资源管理、节水标准、产业政策管理、研究，具备能力从事建设项目节水管理的相关单位中，确定具备开展节水措施方案评审条件的业务单位。业务单位应拥有能满足从事建设项目水资源论证、给水排水工程规划设计等工作要求，熟悉和掌握中央和地方节水标准、节水产业政策，符合上岗条件，熟悉和遵守国家有关政策、法规、标准和技术规范的专业技术人员。业务单位应配备有与业务范围相适应的专业设施和设备。

在上位法中应明确以下内容：①明确建设项目节水设施“三同时”的管理部门及其各自的管理内容，并确定之间的联动关系及方式；②明确管理方法；③调整处罚力度，建立合理的惩罚机制；④增加奖励机制和鼓励措施等。

7.5.2　管理主体

在行政管理方面，建设项目节水设施管理有关部门联动不足。建设项目节水设施管理中执法主体不明确，造成节水“三同时”管理规定形同虚设。部门职责不清所造成的配合不够、管理执行力度较弱的情况，造成建设项目节水“三同时”管理难以落到实处。

明确水行政主管部门是建设项目节水设施管理的主体，明确建设项目节水设施管理中水行政主管部门与发展改革、建设、质量技术监督等部门的职责分工，明确建设项目单位、设计单位、施工单位、监理单位、公共供水设施管理单位，以及用水的工业企业、公共用水单位和居民等的有关权利义务。并提出建议，由各地人民政府根据本地节水管理体制特点，确定具体的执行部门，在具备条件的地区经水行政主管部门授权，由各级节水办具体执行建设项目节水设施管理工作。

7.5.3　管理程序

管理程序是管理中管理者实施管理的方针和步骤。如果管理程序合理得当，可以加快管理速度，提高管理效率，取得好的管理成效。

（1）在可研阶段，可行性研究设计文件中包含用水节水措施方案和用水节水设施建设报告内容，制定节约用水措施方案，由建设单位在报发展和改革等有关部门的同时报市节水管理机构审查批准。

（2）在初步设计阶段，节水管理机构应参加审查开工方案和相关设计文件。建设单位在编制建设项目设计任务书时应将本办法要求在项目设计任务书中予以明示。设计单位应严格按照明示内容及相关标准进行用水节水设施的规划、设计。施工图审查单位在施工图设计文件审查时，应严格按照国家和省、市有关规范、规定及本办法的要求，对项目中涉及用水节水设施的设计进行审查。

（3）在施工阶段，建设项目施工单位、监理单位及质量监督部门在项目建设过程中应严格按照施工图审查合格的设计文件进行用水节水设施的施工和监督管理。水务、规划、建设主管部门按照各自职责分工负责监督执行。

（4）在竣工阶段，节水管理机构和水行政主管部门应联合参加节水设施的竣工验收审查，并给出明确的结论，作为取水许可或城市供水的依据。未经验收或者验收不合格的，建设项目不得使用，节水管理部门不予核定用水指标，供水单位不得供水。

（5）建设工程项目投入运行前，应向当地城市供水节水部门申请用水计划，并签订计划用水协议。城市供水节水部门应根据建设项目投入运行三个月的用水情况和相关用水定额对其下达用水计划，并纳入计划管理（居民小区用水计划另行规定），未办理用水计划的建设单位，供水企业不得向其供水。

7.6 节水“三同时”管理制度内容

建设项目节水设施管理制度包括节水产品认证制度、节水措施方案评审制度、施工期用水审核、竣工验收制度、运行管理制度等几方面内容。其中节水措施方案评审、施工期用水审核和竣工验收是建设项目节水设施管理的主要内容。通过实施节水措施方案评审管理，可以保证与开工方案同步设计节水设施；通过施工期用水审核，可以保证施工期节水设施的工程质量；通过竣工验收管理，可以检查节水设施建设情况，确保节水设施与主体工程同步完成。

7.6.1 节水措施方案评审制度

节水措施方案评审制度的关键是建设项目节水措施方案。在建设项目环境保护“三同时”和建设项目水土保持“三同时”制度中，环境影响报告和水土保持方案分别是两个制度的关键控制手段。参考建设项目环保和水保“三同时”的做法，借鉴北京、深圳等地的成功经验，根据建设项目节水设施管理的实际管理需求，节水措施方案也应作为建设项目节水设施管理制度的关键控制手段。节水措施方案评审制度包括编制建设项目节水措施方案、审查建设项目节水措施方案等内容。

1. 节水措施方案编制和评审业务单位范围

由于建设项目节水设施管理同取水许可、计划用水管理相衔接，参照水资源论证作为取水许可的前置条件及其资质管理的有关做法，建议应由水行政主管部门明确具备开展节水措施方案编制和评审资格的业务单位范围，组织实施节水措施方案编制和评审管理。省级以上水行政主管部门及流域机构根据审批权限明确建设项目节水措施方案编制和评审业务单位范围，具体名录和细则应由水利部制定。

具备开展节水措施方案编制和评审条件的相关单位，应具备以下基本条件：

（1）具有法人资格，有固定的工作场所和完善的内部管理制度。

（2）能够独立完成建设项目节水措施方案编制工作中取（供）水情况等内容的调查分析，有能力开展建设项目用水器具、供水管网、计量设施、水重复利用设施等节水设施现状调查，有能力进行节水潜力分析、审核技术报告、监测数据，能有针对性地提出节水设施安装、改造等相关建议，并能独立编写建设项目节水措施方案书。

（3）拥有能满足从事建设项目水资源论证、给水排水工程规划设计等工作要求，熟悉和掌握中央和地方节水标准、节水产业政策，符合上岗条件，熟悉和遵守国家有关政策、法规、标准和技术规范的专业技术人员。

（4）配备有与业务范围相适应的专业设施和设备。

(5) 通过审批机关组织的专家审查和综合评定。水行政主管部门组织专家对有关单位实施建设项目节水措施方案编制和评审的条件进行分析，明确具备开展节水措施方案评审的单位名录。由于建设项目水资源论证体系已经初步建立，因此，可以以水资源论证资质管理为基础，确定具备开展建设项目节水措施方案评审资格的业务单位名录。

2. 建设项目节水措施方案审查要求

建设项目节水措施方案应由建设项目所在地的节水管理机构组织审查。节水管理机构应严格依据国家发布的有关技术标准、规程和规范，按照客观、公正、合理的原则，组织方案审查工作，出具书面审查意见。节水措施方案审查合格后，节水管理机构将审查意见抄送水行政主管部门。

对取用水规模较小、技术较为简单的建设项目，可以自行编制节水措施方案，对用水情况、节水设施安装和使用情况进行简要说明。对一定取用水规模以上的建设项目，必须提交由具有开展建设项目节水措施方案编制条件的单位编写的节水措施方案。

在必要的情况下，节水管理机构可组织现场查勘。对节水措施方案不合格、存在重大问题的建设项目，应要求建设项目业主单位重新评估并提交节水措施方案。业主单位必须按照节水管理机构意见重新实施评估并提交节水措施方案。业主单位提供审查的资料不真实，导致节水措施方案不合格、水资源浪费等后果，由业主单位负责。如果节水管理机构违反相关规定、标准，并且造成严重后果，应由当地人民政府责令整顿，情节严重的依法给予行政处分。

7.6.2　施工期用水审核

新建、改建、扩建的建设项目应当采用节约用水的先进技术，降低水的消耗量，提高水的重复利用率，必须选用和建设节水设施。相关管理部门需要结合各地实际的用水定额，分析建设项目取用水的合理性。施工单位必须严格按照节水设施的设计进行施工，保证节水设施的工程质量。节水设施的设计确需变更的，须经节约用水办公室批准。按照节水的标准，申报施工期用水。水行政主管部门或节水管理部门对施工期用水指标进行审核。

7.6.3　竣工验收

在项目施工之前，验收建设项目节水措施方案的主要目的在于约束建设项目决策，评价实施建设项目能否满足节水要求，并提出节水设施安装的总体意见。在项目建成以后，还需要对建设项目是否按照节水措施方案目标要求设计、安装节水设施进行验收审查。

建设项目竣工后，建设单位应当向节水管理机构提出申请，对该建设项目需要配套建设的节水设施进行竣工验收。节水设施竣工验收与主体工程竣工验收同时进行。需要进行试生产的建设项目，可以先投入试生产，但需要马上向节水管理机构申请配套建设节水设施的竣工验收。分期建设、分期投入生产或者使用的建设项目，其相应的节水设施应当分期验收。建设项目需要配套建设的节水设施验收合格后，该建设项目方可正式投入生产或者使用。

建设项目节水措施方案是节水设施竣工验收的重要依据。对节水设施验收不合格，包括未实现节水措施方案目标或未按节水措施方案安装节水设施的项目，节水管理机构应当责令建设单位限期整改，直至验收合格。

竣工验收审查制度同取水许可和计划用水制度紧密衔接。《水利产业政策实施细则》对节水设施验收审查制度和取水许可制度的关系做出了明确规定。《水利产业政策实施细则》第四十条规定："工程项目的节水设施应与主体建筑同时设计、同时施工、同时投产。取水许可审批机关应参加工程项目节水设施的竣工验收。对未按取水许可审批意见中节水要求进行建设或验收不合格的，取水许可审批机关责令其限期改正，否则不予发放取水许可证。"

7.7　按项目流程的管理制度

按照项目申报、可研、初设、施工、竣工验收等五个阶段，分析不同阶段节水设施管理的政策措施和控制环节，落实节水设施管理制度。

7.7.1　项目申报阶段

在项目申报阶段，要求项目建议书中包含项目取用水情况的说明。项目建议书完成以后，要求抄送节水管理机构。

7.7.2　项目可研阶段

在可研阶段，建设项目应完成节水措施方案，并通过节水管理机构的审批。

建设项目用水节水措施方案的主要内容应当包括：①建设项目及用水对象概况；②项目的性质及相应的产业政策；③用水定额、规模和用水来源及可行性分析；④用水工艺，用水设施、设备，用水计量设施的布局；⑤节水工程及技术措施方案；⑥节水经济损益分析。

建设项目节水措施方案应符合以下要求：①建设项目用水符合《中国节水技术政策大纲》的产业政策，符合当地节水技术标准、规定和技术规范；②有合理的用水来源，用水规模符合规划要求；③用水工艺合理，节水设施及技术措施方案符合有关规范、规定的要求；④用水指标达到有关节水型社会建设等相关规定的要求。建设项目的用水工艺、用水规模和主要节水设施等发生变更时，应当按原审查程序报请批准。

建设项目完成节水措施方案以后，业主单位应向节水管理机构提出申请，申请材料应包括：①申请人身份证明和建设项目节水措施方案申报表；②建设项目的批准文件；③建设项目节水措施方案及专业咨询机构的评审意见。建设项目节水措施方案经过节水管理机构审查合格以后，应纳入可行性研究报告。

有一些项目不需要专门进行可行性研究，项目建议书可以和可行性研究报告合并。一是在项目立项时，条件已比较成熟，土地、规划、环评、专业咨询意见等基本具备，特别是项目资金来源完全是项目法人自筹，没有财政资金并且不享受什么特殊政策，这类项目常常是项目建议书与可行性研究报告合为一体。二是房屋建筑项目和一些小型的农业项目（不含水利）、高技术产业化项目审批手续也可以适当简化，项目建议书和可行性研究报告两道审批手续可合并为一道手续。对于这类项目建议书和可研报告合并简化程序的项目，应在合并简化环节提交建设项目节水措施方案。如果项目用水规模较小，则不需要经过专业机构，由业主单位自行编制节水措施方案。

7.7.3　项目初设阶段

在初设阶段，应按照节水措施方案的要求，节水设施与主体工程同步设计。设计资料、开工文件要报送行业主管、发展改革主管部门，节水管理机构应同相关行业主管、发展改革一起，参与项目开工方案审查。

通过可研审查以后，建设项目应按照节水措施方案中安装节水设施的建议，在项目设计任务书中与主体工程同步设计节水设施。设计单位应当严格按照节水措施方案内容、要求及相关节水产品、工艺标准进行设计。施工图审查单位在审查施工图设计文件时，应当严格按照节水措施方案的要求和有关节水规定，对项目中节水设施的设计进行审查。

施工图完成以后，建设单位应当将建设项目节水设施施工图设计文件报节水管理机构备案。节水管理机构应当对有关设计文件进行核查，确保施工图符合经批准的建设项目用水节水措施方案的要求，节水工艺、设备和节水型器具选型正确，以及节水设施设计符合有关施工图设计的标准、规定和技术规范的要求。如果不能实现上述要求，应当责令建设单位限期改正。只有节水管理机构审核合格以后，建设项目才能进行施工。

7.7.4　项目施工阶段

在施工阶段，应按照开工设计方案的要求，节水设施与主体工程同步施工。建设项目施工单位、监理单位在项目建设过程中应当严格按照经审查合格的施工图设计文件进行用水节水设施的施工和监理。

节水管理机构需要对施工过程进行监督检查，检查的方式有定期检查、不定期抽查等不同方式。监督检查的主要目的是保证按照开工方案落实节水设施，对于未按照开工文件、施工图等设计文件要求安装节水设施的，应限期整改或提出明确的处理意见。节水设施的设计确需变更的，须经节水管理机构批准。

节水管理机构可以组织建设项目节水设施的设计人员、施工人员、监理人员和设施投入使用后的日常管理人员进行节水相关知识的培训。

7.7.5　项目竣工验收阶段

项目竣工以后，建设单位应向节水管理机构提出验收申请，并将与节水设施有关的竣工图、节水设施施工图设计文件备案回执、节水设施现场实物照片、产品合格证、施工及检查记录一起报送节水管理机构。节水管理机构应对节水设施进行竣工验收，并形成验收结论。

建设项目节水设施通过竣工验收之后，节水管理机构依据水资源论证、建设项目节水验收结论等相关文件，核定建设项目投产运行后实际取水量或用水量，发放取水许可或纳入城市计划用水管理。

7.8 相关制度

相关制度是建设项目节水设施管理制度实施时不可缺少的制度基础、制度条件，对建设项目节水设施管理制度起着重要支撑作用。主要包括节水产品认证制度、取水许可制度、计划用水管理制度和用水计量制度。其中，通过取水许可和计划用水管理，可以在制度上保障建设项目节水设施正常投入运行使用。

7.8.1 节水产品认证制度

节水产品认证制度是建设项目节水设施管理的前提和基础。只有明确节水技术、工艺、设备的具体范围和具体产品，建设项目才能够安装、使用节水设施。

节水产品认证制度是依据国家相关的标准和技术要求，经认证机构确认并通过颁发节水产品认证证书和节水产品认证标志，证明某一产品为节水产品的活动。《水利发展“十一五”规划》中明确指出：“鼓励节水产业发展，建立节水产品认证和标识制度，严格市场准入。”具体内容包括以下几个方面：

（1）节水产品认证机构授权制度。明确节水产品认证组织管理、技术认证机构、认证程序等有关内容。

（2）节水认证标准和规范。明确节水认证分类、范围、标准，同国际标准的关系等。

（3）节水认证产品和生产企业目录发布制度。

（4）强制性节水标识制度。对工农业节水设备和生活节水产品进行认证，新建、改建、扩建项目强制使用经过标识的节水设施和节水器具。

（5）节水产品生产和使用优惠待遇。

7.8.2 取水许可和计划用水管理制度

从管理上，建设项目节水设施管理需要同取水许可和计划用水管理制度结合起来。以建设项目环保“三同时”、水土保持“三同时”等制度在执行过程中的经验教训为借鉴，在建设项目节水设施管理上，应将竣工验收审查制度同取水许可和计划用水管理制度紧密衔接起来。取水许可和计划用水管理制度成为建设项目节水设施管理的关键后续制度，保障竣工后建设项目节水设施可以正常运行使用，并得到有效的维护管理。

取水许可制度和计划用水管理制度是建设项目节水设施管理的重要相关制度，对建设项目节水设施管理可起到控制手段的作用。只有建设项目节水设施审查合格，实现节水设施与主体工程同时设计、同时施工、同时投产使用目标，才能在城市供水管网范围内被纳入计划管理范围，并对其分配年度用水指标；或在城市供水管网范围外获得取水许可，按照有关要求取用一定的水资源，并缴纳水资源费。

7.8.3 用水计量管理制度

《取水许可和水资源费征收管理条例》对计量管理做出了明确规定：“取水单位或者个人应当依照国家技术标准安装计量设施，保证计量设施正常运行，并按照规定填报取水统计报表。”计量制度包括节水管理机构定期检查用水计量设施，质量技术监督部门针对不同地区和行业及时出台或更新国家技术标准等内容。

用水计量管理是建设项目运行阶段节水设施管理的重要内容。用水计量制度同建设项目节水设施管理制度相互支撑，互为实现手段。计量设施是节水设施的重要组成部分，在项目建设期间，建设项目节水设施管理制度是实现用水计量管理的重要途径；安装节水设施的目的是落实总量控制和定额管理相结合的用水管理制度，计量管理是实现用水过程监督管理的重要措施，在项目建成以后，为保障建设项目的节水设施正常运行和损坏后及时维修，需要通过计量监控用水户的节水设施使用状况，计量制度成为落实建设项目节水管理措施的重要保障。

7.9　严格管理的实施方案

7.9.1　建立完善的法律、法规、规章和标准体系

国家和地方陆续出台的相关配套法律法规和标准规范是执行建设项目环境保护、安全设施“三同时”管理制度的保障。《中华人民共和国环境保护法》对环境保护“三同时”管理制度进行了原则性规定，《建设项目环境保护管理条例》对环境影响评价制度等进行了规定，《基本建设项目环境保护管理办法》《建设项目环境设计规定》进一步把“三同时”管理制度纳入了基本建设程序，并在建设项目实施阶段将“三同时”管理制度具体化。此外，我国还先后制定发布了水环境质量标准、大气质量标准、土壤环境质量标准、噪声标准等，为审核环境保护设施建设和环境保护实施成效奠定了基础。目前，《中华人民共和国水法》已经对建设项目节水“三同时”管理制度进行了原则性规定，但在行政法规层级缺乏对节水措施方案评审制度的规定，在部门规章层级缺乏对建设项目各阶段节水管理措施、节水措施方案管理办法、建设项目节水设施技术标准的规定。

7.9.2　建立专业的评价机构

环境保护部对编制环境影响评价的机构进行评级和资格认证，以此为依据开展环境影响评价制度和环境保护“三同时”管理制度的管理。国家安全生产监督管理总局也要求编制安全预评价报告和安全设施竣工验收报告的机构具备相应资质，以这些机构编制的相应报告作为依据开展安全设施预评价、竣工验收和后续监督管理。目前，缺乏建设项目节水措施方案评审专业机构，应由水行政主管部门明确编制节水措施方案的具体条件和业务机构范围。

7.9.3　纳入基本建设程序

建设项目从立项、设计、施工到竣工验收都有一套严格的程序，实行建设项目环境保护和安全设施的规范化管理，是以与建设项目的基本建设程序结合执行为前提的。实行建设项目节水设施“三同时”管理，也需要按照建设程序制定具体管理办法，明确关键环节和控制手段，将节水设施管理纳入基本建设程序。

第8章 用水计量管理制度

用水计量是水资源管理的重要内容和手段，也是水行政部门落实取水许可、水资源论证、水资源费征收和取用水、排水等管理制度，行使管理权的重要基础。建立和加强用水计量管理制度建设是水资源管理形式的要求，是有效实施相关制度的重要保证，是进行水资源及相关规划的基础。

8.1 管理现状及存在的问题

8.1.1 我国用水计量管理及其发展历程

1993年国务院颁布的《取水许可证制度实施办法》、1998年国务院批准的《城市节约用水管理规定》、2002年颁布的新《水法》、2005年的《中国节水技术政策大纲》以及2006年颁布的《取水许可和水资源费征收管理条例》中都对取水计量作了相关规定，依法管理水资源、安装计量设施已有法可依。

8.1.2 我国用水计量及考核评价存在的问题

总体上，我国用水计量管理计量方法和手段还较为原始，主要以逐级统计上报方式为主。用水计量制度不完善，缺乏先进的量水设备，安装自动计量设备的取用水工程拥有率低，缺少供、用、耗、排水量有效监控手段。反映在水资源公报等用水统计数据中，各行业用水定额会出现无规律性变化，出现某些行业用水户增加或产品产量、产值增加而用水量不增加或增加幅度不匹配，有些常规用户用水量变化趋势不合理等现象。

1. 用水计量设施的立法不完善

《中华人民共和国水法》未对用水计量设施的管理作出任何规定。国务院发布的《取水许可制度实施办法》(以下简称《实施办法》)，山东省发布的《山东省取水许可管理办法》《山东省取水许可管理办法》，水利部发布的《取水许可监督管理办法》(以下简称《管理办法》)对用水计量设施的安装和监督管理作出了规定，但不完善，具体操作性差。主要表现在：①没有明确规定用水计量设施由谁来实施安装和维修，安装在什么位置，何种情况下应当安装何种设施；②没有规定计量设施不正常或损坏期间的取用水数量如何确定；③对未在规定期限内安装计量设施，故意损坏用水计量设施和安装的量水设施不合格或者运行不正常等违法行为，只作出了责令纠止或限期改正违法行为的规定，制裁力较差，缺乏像罚款、封闭水源等制裁力强的处罚规定，即使有报县级以上人民政府批准，吊销其取水许可证的处罚规定，在实际中也较难操作。

2. 用水计量设施的安装、维修管理不顺畅

由取用水单位自行安装、维修用水计量设施，难免会出现安装、维修不及时，易造成用水计量设施运行不正常、计量不准确，甚至在用水计量设施上作弊等问题的发生，给用水计量设施的管理带来许多困难。而由水行政主管部门统一安装用水计量设施，因无统一的法律法规规定，取用水单位不易接受。

3. 水行政主管部门缺乏对用水计量设施的校验手段

受机构、资金和技术等条件的限制，大多数市或县（市、区）水行政主管部门未建有校验用水计量设施的设备，不能按《管理办法》第 27 条的规定，定期对用水单位或个人的用水计量设施进行校验。

4. 用水计量设施容易作弊

目前，常用的用水计量设施如水表、分流表，构造简单、拆装容易、防作弊功能较差。因而，有的取水单位在用水计量设施上做手脚，导致用水计量设施漏跑水，给计划用水、节约用水、征收水资源费和日常监督管理带来困难。

8.2 国外用水计量管理情况

8.2.1 美国

美国的用水计量审计起源于 20 世纪 70 年代，作为一项重要的节水措施被提出和开展。其用水计量审计主要以用水户和供水系统为审计对象：前者是对用水户用水的核算，常用来确认减少水资源消耗、节约用水和提高用水效率的潜在领域；后者是对供水系统水资源的生产、输送、配置的核算。用水审计通常由供水企业负责，主要通过检查水表、渗漏监测和量化、系统清单三个步骤对供水企业供水进行核算和对供用水系统进行全面彻底调查，以控制未计量的水。

审计工作开展主要包括准备阶段、实施阶段和评价阶段三个阶段。准备阶段主要是建立工作表、确定权责审计时段、确定计量单位等；实施阶段主要是确定供水量、确定计量用水量、确定未计量用水量、计算损失水量和审计结果分析等；评价阶段主要是建立工作表格、评价潜在问题、更新审计结果、更新规划等。审计方法主要有直接估算法、运用统计模型法和构建对比组法等。

8.2.2 澳大利亚

澳大利亚的用水审计主要以流域为对象开展工作。墨累—达令河流域部长会议在 1995 年明确指出要“针对未来增加的用水设定限额”；1996 年成立了独立审计机构负责用水限额的研究与制定，对流域内各行政区域用水指标执行情况进行审核；为监督限额执行情况，从 1997 年起每年发布流域用水审计监测报告。

流域用水审计监测报告主要包括：用水量、数据精度和气候条件；各州用水量与限额对比；用水信用及累计信用；水权交易；水资源可利用量；用水量与水资源可利用量对

比；河流实际流量与天然流量对比；结论、意见与建议；对用水审计报告的反馈等。

同时，当河流的超用水量超过长期限额的20%时，独立审计机构将对其开展特殊用水审计。特殊审计内容包括：用水记录数据；灌溉面积、蓄水量、粮食生产、灌溉技术、水资源联合调度数据；地方政策对年度用水期望模式的影响；是否每年用水都超过长期限额。如果审计结果表明被审计的州的用水量超过限额，流域管理委员会将对此进行公布，并向下届部长会议报告。在下届部长会议上，被审计的州必须报告超额用水的原因，提出节水行动计划及具体的时间安排。

8.2.3 加拿大

加拿大用水审计主要由环境部负责，对象主要面向用水户。审计任务主要包括：统计用水设备，列出设备清单；评价现状用水是否存在水浪费现象，并进行节水经济分析；计算节水成本和回收期，提出实现节水和提高用水效率的具体建议。根据《联邦机构用水审计和提高用水效率规划手册》，用水审计的主要程序包括：确定供配水系统组成；编制用水详细档案；水平衡分析；提出可能节水措施；编制提高用水效率规划。

8.2.4 印度

印度用水审计由水利部监察局审计组负责，主要面向用水户和供水企业。审计任务是记录供水量、有计量设施用水户的用水量、未安装计量设施用水户的用水量和损失量，具体内容包括：研究水资源可利用量和不同部门用水模式；分析供水水质，设计处理系统、配水系统和渗漏控制方案；查明不同用水部门用水现状、用水效益；研究分析居民生活污水、灌溉退水、工业污水是否达标排放和循环利用的价值；编制用水报告等。

8.3 管理制度构成

从管理体制上来说，完善和提高水资源计量与统计管理还需要充分发挥各级水行政主管部门的作用，明确国家、流域、省（自治区、直辖市）三个层面的主要管理内容和职责。

8.3.1 国家层面

在全国层面，以宏观指导、加强考核为主，需要重视水资源计量与统计管理工作。加强对用水计量的监督管理，制定出台取水计量、用水统计、水资源监测管理办法，明确取水户用水计量的责任和义务，规范用水统计与水资源监测管理工作。完善各类计量设施技术规范，出台供用水统计和水资源监测技术标准。建立水资源管理统计数据库，提高信息共享程度，组织开展取水计量、监测和用水统计规范化建设。

8.3.2 流域层面

在流域层面，主要任务是平衡流域内各省（自治区、直辖市）水资源计量和统计工作的推进状况，推动落后地区的计量和统计管理工作，重点对流域内用水大户进行计量管理。编制流域水资源管理信息系统实施方案，对流域内规模以上工业企业、大型灌区、中型灌区计量全面实现计量设施的安装。对流域机构负责审批的建设项目取水许可，流域机构须检查项目是否安装了符合标准的计量设施，计量设施不符合要求的不得发放取水许可证，而且要对流域机构已审批的取用水户逐一排查，重点排查规模以上的工业企业取、退水计量设施的安装与完好程度。结合流域的水环境实际情况，提出限排意见，合理设置省界、流域干流以及重要支流口的水质监测断面，根据监测断面的监测结果，对各级政府进行监督评估。

8.3.3 省级层面

省级层面是水资源计量与统计管理制度的执行者，逐步建立覆盖省、市、县三级的计量与统计体系。首先，省级水行政主管部门要合理利用经济杠杆，促进取水计量设施的安装，可以根据各省行业发展特点、经济发展情况，在充分调研的基础上，通过适当提高水资源费，推动取水户积极安装取水计量设施。其次，利用行政手段，加强取水计量设施的安装工作。各级水行政主管部门在审批取水许可证时，要重点审查取水计量设施的安装情况，并要求各供水单位应当加强供水范围内用水计量设施安装工作的管理，逐步实现所有用水户按计量用水和交费。再次，采取政府补贴等多种手段，加大农业领域的水资源计量和统计管理工作，省级主管部门需要根据管辖内农业发展现状和趋势，采用政府补贴、以奖代补等多种形式，鼓励各类型灌区安装和维护计量设施。最后，加大监督力度，强化处罚措施。要长期坚持对取水计量设施的安装和运行情况进行监督检查，发现问题及时处理。特别要加强用水大户和特殊行业的取水计量监督管理，全面实现对规模以上工业取用水户的在线监测，实现对80％工业取用水和大型灌区、重点中型灌区取水口的取水计量与复核，实现公共供水单位取水的在线监测。省级水行政主管部门负责对辖区内的取水口、退水口和向水体排污的排污口以及水利水电工程、水环境治理工程的前期设计阶段及施工期的水质实施监督性监测，为取水许可证的发放和年度审查中的取水及退水水质提出核实意见。

8.4 严格管理的实施方案

8.4.1 完善以取水计量管理为主要内容的规章制度体系

在现有法律法规框架内，结合取水计量管理的现状，制定一些操作性强的制度、办法，增强取水计量管理的效果。借鉴江苏、辽宁等省的做法，应制定取水计量设施使用管理办法，主要对取水计量设施从选型、安装、监管和校准、维修等做出明确的规定，从制度上规范取水计量设施安装、使用和管理工作。

8.4.2 建立取水计量产品推广与应用体系

取水计量产品种类繁多。加强对不同类型的取水计量产品备案管理，遴选先进适用的取水计量产品，通过购置补贴等政策性手段进行推广应用。各级水行政主管部门应根据当地条件和经济实力，有计划、有步骤、有重点地开展取水计量产品的推广应用工作。

8.4.3 开展教育培训，提高工作人员专业素质

组织技术专家对取水计量管理人员进行相关理论和专业技术培训，覆盖取水计量器具选型方案制定、安装技术规范与后期运行监管等内容，使得取水计量管理工作稳步提升，为取水计量设施的后续维护和长效管理打下良好基础。

第9章　水平衡测试管理制度

水平衡测试正是用水单位节约用水、科学管水的一项基础工作和行之有效的最基本方法。它通过对用水户的管网状况，各部位或单元的用水现状调查测试，画出水平衡图，并依据测定的水量数据，找出水量平衡关系及水的合理利用程度，指导被测试用水户采取相应的节水措施，达到为用水户节约用水成本、为国家节约水资源的目的。

9.1　水平衡测试的工作内容

9.1.1　水平衡的含义

水作为工业生产中的原料和载体，在任一用水单元中存在着水量的平衡关系，通过对用水单元的实际测试，确定用水部门和用水类型，根据水量平衡原理分析用水合理程度，称之为水平衡测试。水平衡测试是工厂企业加强用水科学管理、合理用水的一项基础性工作。

9.1.2　水平衡测试的目的和实际作用

水平衡测试主要有以下四个目的：

（1）摸清工厂企业用水现状、工业用水水量之间的定量关系。

（2）进行合理化用水分析，找出节约用水潜力，根据实际条件，制订切实可行的合理用水规划。

（3）建立工业用水档案，健全工业用水计量仪表，培养一批熟悉本企业工业用水现状的管理人员。

（4）为制定企业工业用水、产值、产品、供水排水等定额标准积累基础数据。

水平衡测试是对用水单位的取用水进行科学管理的一种行之有效的方法，也是进一步做好节约用水工作的基础。水平衡测试的意义在于，通过水平衡测试能够全面了解用水单位取用水现状，依据测定的水量数据，找出水量平衡关系，对用水合理性进行分析，有针对性地采取节水措施，挖掘节水潜力，加强用水管理、提高用水效率。随着节水型社会建设的深入开展，对水平衡测试工作的深度与广度提出了更高要求。全面推动和规范水平衡测试管理工作，对加强用水管理、提高用水水平、促进节水型社会建设以及落实最严格水资源管理制度具有十分重要的意义。

9.1.3 水平衡测试的步骤和内容

水平衡测试一般分为三个阶段：准备阶段、实测阶段和汇总分析阶段。从时间上看，准备阶段所用的时间最长，汇总分析阶段次之，实测阶段最短。

1. 准备阶段

准备工作做得好坏直接影响整个测试工作的进程、效率和质量，必须在人力、物力和财力等方面给予充分的保证。此阶段所需要的时间依企业的规模和用水复杂程序不同相差较大。个别企业如化工厂、电厂等，由于平时不能停产，只能利用检修机会突击安装水表，因此准备阶段所需时间可能较长。

(1) 组织落实。为了确保测试工作的顺利进行，首先要制订水平衡测试的测试方案，抽调专人具体负责此项工作，明确任务并进行职责分工。必要时，由企业分管领导组织协调，向有关部门落实各项任务。测试方案主要内容包括：组织机构设立，具体实施部门，参加人员，人员的培训，测试日程安排，明确测试要求、测试方法、测试项目、测试仪器选择等项要求。并根据测试对象下达测试任务，以保证各车间（部门）密切配合测试人员开展各项测试工作。

(2) 历年用水情况调查。主要包括工业产值、主要产品产量、职工人数、历年用水台账、用水指标等。

(3) 企业现状用水普查。全面摸清企业用水情况及其特点。内容主要包括：各类供水水源、水质情况、提水供水能力；各车间或部门取水情况、跑冒滴漏情况等；整个供水系统的供水方式、特点及各子系统的相互关系。主要用水设备基本情况以及水表配备、外供水等情况。

(4) 设备检修。在进行测试之前要检查用水设备及辅助用水设备运行是否正常，如果发现异常，应予排除，以免影响测试工作。

(5) 摸清管路走向及各管路供水对象。根据调查情况绘制给排水管网简图，制定测试方案及汇总所需有关表格。

(6) 现状节水措施调查。内容包括：供水成本、节水项目投入运行时间、复用水方式、节水量或复用水量、工程投资、各项运行成本费用（包括折旧费、电费、管理费、维修费等）、节约的水费等。

2. 实测阶段

企业规模不同，采用的测试方法不同，所花费的时间也有较大差异，一般在 10d 左右。水平衡测试的方法主要有两种，即一次平衡法和逐级平衡法。这两种方法都要在查漏堵漏工作完成后进行。下面对两种测试方法作简要介绍。

(1) 一次平衡测试法。首先做管道泄漏量测试（即静平衡测试），然后在 24h 内对全厂所有的生产用水设备、辅助生产设备、附属生产设施及全厂生活设施的供水、复用水、排水、耗水等情况进行测试。由于一次平衡测试法是在同一时段内对全厂所有的用水点进行测试，其优点是：总表和分表及各种设备水量之间比较容易平衡；时间短，人力集中，便于组织领导。水量计算单位为 m^3/d。一次平衡测试法作为瞬时测试，精度较高，是比较理想的测试方法，对于生产周期小于 24h 的用水设备以及辅助生产及生活设施均可适用，对生产周期大于 24h 的均匀用水设备也适用。缺点是：对生产周期大于 24h 的不均匀用水设备其误差较大，不能反映这类设备的实际情况。同时由于全部测试任务集中在 24h 内完成，需要组成庞大的测试队伍，一般适用于中小企业或用水比较简单的企业。若企业大、测点多、分布范围广，测试可分组进行。但测试必须统一各水表的抄表先后顺序、抄表时刻、抄表的注意事项等，发放统一的记录表格。无法装表的大管径及其他排水渠，可采用便携式超声波流量仪或流速仪测试；可不装表的小用水户取水量可采用容积法进行测试和估算。

（2）逐级平衡测试法。首先做管道的泄漏量测试，然后在生产情况稳定的条件下，先进行设备水平衡，再做车间的水平衡，最后是全厂水平衡。逐级平衡法是建立在用水点的基础上，能比较好地反映出各个不同用水设施的用水情况，特别是一些生产周期长、用水量不均匀的设备或设施更为适用。由于逐级平衡法是在若干天内完成的，参加测试的人员可以大大减少，测试组织工作比较好做，水量计算单位是 m^3/h，最后再折算到 m^3/d。其缺点是：测试时间拉得较长，在设备运行工况不稳定以及企业职工流动性较大的情况下，企业内的各种水量之间难以平衡，这一点在实际测试时不可疏忽。在分析测试结果时，可参考日常统计数据，如用水台账等进行修正，使测试成果能代表测试季节的实际水平，并为全年统计得出调整参数。管道泄漏量测试除了必须生产的工厂以外，一般都采取静态平衡法。企业水平衡测试的误差，不得超过企业总取水量的 5%。要防止个别企业为了人为减少误差，采取以分表推总表的错误做法。

3. *汇总分析阶段*

汇总分析阶段主要是整理、汇总调查资料及实际测试结果，计算有关用水指标、各级水表配备率和监测率，按照国家及省部有关标准和文件，填写水平衡测试报告书，编写水平衡测试总结与合理化用水分析报告。此阶段对于小型企业半月足够，用水比较复杂的大型企业若能充分利用计算机，有关方面能密切配合，一月内即可完成。在进行汇总分析工作时，根据前两个阶段中发现的问题，继续查找部分用水车间和非生产用水指标过高的原因。同时还要绘制包括所有水源在内的企业给水排水管网图，绘制企业水平衡方块图。根据历年用水台账和本次水平衡测试成果，完善历年有关用水指标，完善用水计量台账。并在进行同行业比较、工艺合理化分析、耗水状况分析、专业化生产分析、节水潜力分析等的基础上，制定各用水单位的用水定额或用水计划。制定节水规划或节水方案主要内容包括：管理措施、技术改造措施、设备更新规划、调整产品结构等。

9.1.4　企业水平衡测试的方法

企业规模不同，采用的测试方法不同，所花费的时间也有差异。企业水平衡测试方法主要有在测试管道泄漏量基础上的一级平衡测试法、逐级平衡测试法和综合平衡测试法。

1. *管道泄漏量测试方法*

管道泄漏量的测试是水平衡的重要内容之一。测试方法有两种：

（1）静态测试法。即关闭所有分表的阀门，打开总供水阀门，使总水表处于运行状态，经过 2h 以上总水表如果不运行，管理的泄漏量视为零。如果运行，必须查找泄漏管线及泄漏点，并采取措施进行处理，待不漏为止。

(2) 动态测试法。连续生产的工厂不能停水，可采用动态法，使总水表及各车间（部门）的分水表处于运行状态，经过 2h 以上后读总水表及各分表在这段时间内运行的水量，总水表的水量应等于各分表的水量之和。

2. 水平衡测试方法

一级平衡法只适用于用水系统比较简单、用水过程比较稳定的企业。一级平衡法是在同一时段内对全厂所有的用水点进行测试，连续测试天数应根据企业的用水周期而定，但最低不小于 4d。

逐级平衡测试法是自下而上、从局部到整体逐级进行水平衡测试的方法。各级的各用水系统水平衡测试应在具有相同代表性的各测试时段内按一级平衡方式进行，适用于可以逐级分解的用水系统，且易于选择有代表性测试时段的企业。在分析测试结果时，可参考日常统计数据进行修正，使测试成果能代表测试季节的实际水平，并为全年统计提出调整参数。首先做管道的泄漏量测试，然后在生产情况稳定的条件下，先进行设备水平衡，再做车间的水平衡，最后是全厂水平衡。逐级平衡法是建立在用水点的基础上，能比较好地反映出各个不同用水设施的用水情况，特别是一些生产周期长、用水量不均匀的设备或设施更为适用。由于逐级平衡法是在若干天内完成的，参加测试的人员可以大大减少，测试组织工作比较好做。其缺点是：测试时间拉得较长，在设备运行工况不稳定以及企业职工流动性较大的情况下，企业内的各种水量之间难以平衡。

综合平衡测试法。综合平衡测试法是指在较长的测试周期内，在正常生产条件下每隔一定时间分别进行水平衡测定，然后综合历次测试数据以取得总体平衡的一种方式。它适用于难以确定具有代表性时段的企业。首先做管道的泄漏量测试，然后根据用水单元的实际情况综合利用一级平衡测试法和逐级平衡测试法进行测试。综合平衡测试法能够完成具有复杂用水系统和用水时段不具有代表性企业的水平衡测试，但是因企业用水的不确定度较高，其测试的准确度相对较低，因此在应用综合平衡测试法的时候需要多次测量并根据相应的用水统计数据进行测试结果的修正。

9.2 水平衡测试的设备和技术要求

9.2.1 水平衡测试的量测设备

量测水量的方法分为直接测量和间接测量，直接测量是利用水表等设备直接读出用水量的多少。间接测量是先测量出管道或渠道的流量，再乘以用水时段，通过计算得出在该时段内用水量的多少。

在选用量测设备时，首先要了解各种设备的性能、使用条件、精度、设备的工作环境等。还要知道影响设备精度的因素（如温度、湿度、被测介质的物理化学性能等）。根据管道或渠道的具体情况、水流压力、水质状况等选择适宜的设备。

水表是专门用来量测管道水量的一种仪器，属积算式流量计。目前我国常用的是速度（流速）式水表。水表的工作原理是：管道中的水流通过水表时，冲动水表盒内的叶轮

(旋翼或螺翼)转动,其转速与通过的流速(流量)成正比。叶轮轴再带动一组联动齿轮,传递到记录装置(指针),在水表的标度盘上指示出流量的累计值,即水量。

9.2.2 水平衡测试的技术要求

水平衡测试一般要求在生产正常的情况下进行,否则数据再准确也无代表性。

供、排水管线要明确,特别是一些老企业,由于对工业用水不够重视,基础资料不健全,供、排水管网不清,给测试工作带来很大困难,所以只有在管网明确以后,才能摸清水的来龙去脉,便于装表计量,测出可靠的数据。

计量水表要配齐配全。此项工作是水平衡测试的基础条件,也是企业用水考核的基础工作。国标规定车间用水计量率应达到100%,设备用水计量率不低于90%。另外,根据水平衡测试的要求,装表要达到两分开的要求,即厂区与宿舍区分开,厂区内生产和生活分开。企业职工生活用水(办公室、浴室、职工食堂等)和生活区各公共设施(学校、宿舍、商店等)也必须分别装表。大于 $2m^3/h$ 水量的新鲜水必须装表计量,用水较小的设备或其他用户不要求装表,但也要采用其他方法进行测试。

如果冷却水在企业中占的比重较大,这部分水受季节影响较大,将影响总水量的变化。所以水平衡测试必须按不同的季节进行,才能取得满意数据。

9.3 水平衡测试的管理现状

9.3.1 我国水平衡测试现状

水平衡测试是摸清用水现状、挖掘节水潜力、提高用水效率、降低生产成本的有效手段,是开展计划用水、促进节约用水、加强水资源管理的一项重要基础性工作。目前我国各地开展水平衡测试的启动时间不同,开展深度不同,管理基础不同。

1. *启动时间不同*

我国开展水平衡测试工作是从20世纪80年代开始的。北京、天津、上海、河南、山西、河北等地较先开展了水平衡测试探索。进入90年代,随着探索的不断深入,水平衡测试的法规和标准也不断完善,一些省份把水平衡测试纳入地方性行政法规、规章中,水平衡测试工作逐渐走上规范化。进入21世纪,开展水平衡测试工作的地区越来越多,但由于种种原因仍然有部分地区未开展此项工作。

2. *开展深度不同*

目前各地开展水平衡测试的深度不尽相同,各地之间相差较大。如北京目前80%的用水单位都进行了一次以上的水量平衡测试,河南省已对2000余家企业(或单位)进行了水平衡测试,河北省至今开展了1300多家。有些省份处于水平衡测试工作的起步阶段,测试数量相对较少,开展范围相对较窄。

3. *管理基础不同*

水平衡测试管理离不开法规政策基础,水平衡测试工作开展相对较好的省份都有较为完善的规章制度。如《北京市节约用水办法》《河南省节约用水管理条例》《江苏省水资源管理条例》《天津市节约用水条例》《上海市节约用水管理办法》，都对水平衡测试作出了有关规定，这为水平衡测试管理提供了重要的法规基础。水平衡测试管理机构是开展水平衡测试的组织基础，不同地方管理机构不尽相同。《北京市用水单位水量平衡测试管理规定》中规定，北京市节约用水办公室主管本市用水单位水量平衡测试工作，负责对用水单位的水量平衡测试和验收进行管理监督。河北省根据政府部门职责分工，成立了由省发展和改革委员会与省水利厅共同参加的省水平衡测试工作机构，负责全省水平衡测试工作的组织协调与指导工作。目前各地水平衡测试管理机构大多挂靠水利部门。管理技术人员是开展水平衡测试的人力基础，一些地区已建成了专业化管理队伍。

9.3.2 水平衡测试管理工作存在的问题

1. 政策法规不健全

《水法》第七条规定“国家对水资源依法实行取水许可制度和有偿使用制度”。《取水许可和水资源费征收管理条例》（国务院令第 460 号）规定，取用水资源的单位和个人，应当申请领取取水许可证，并缴纳水资源费，并界定取水“是指利用取水工程或者设施直接从江河、湖泊或者地下取用水资源”。2008 年水利部发布了《取水许可管理办法》，第四十五条规定，“取水单位或者个人应当根据国家技术标准对用水情况进行水平衡测试，改进用水工艺或者方法，提高水的重复利用率和再生水利用率”。从现有国家法规政策来看，取水单位或个人应当进行水平衡测试，但不是强制性规定，没有界定从公共管网取水的单位和个人是否也应进行水平衡测试。地方法规政策：在一些省份建立起了水平衡测试法规基础。如北京市政府出台的《北京市节约用水办法》中规定，“用水单位应当采取措施加强节约用水管理，……定期进行合理用水分析或者水平衡测试”。《河北省城市节约用水管理实施办法》规定，“城市用水单位应当依照国家标准，定期对本单位的用水情况进行水平衡测试和合理用水评价……”。这些地方规章已明确了用水单位进行水平衡测试是法定义务。另外，有些地方还出台了水平衡测试规范性文件，如《天津市水平衡测试管理办法》《北京市用水单位水量平衡测试管理规定》《河北省工业企业水平衡测试方法（试行）》《上海市水平衡测试办法》《深圳市水量平衡测试实施办法》等。从政策法规上看，在法律法规中需进一步明确水平衡测试的内容，制定出台专门政策，使水平衡测试工作更加规范。

2. 经费资金投入不足

水量平衡测试工作的人力物力投入较大，目前大部分水平衡测试费用是企业承担的，没有财政专项投资渠道。为推动这项工作，有些地方也对做水平衡测试的企业给予适当的补助，但只是杯水车薪。水平衡测试属有偿技术服务，目前全国各城市均没有水平衡测试指导价格标准，缺少完善的定价机制也影响了测试工作。

3. 认识水平不到位

通过水平衡测试能够全面了解用水单位管网状况、各部位（单元）用水现状，找出水量平衡关系和合理用水程度，以采取相应的措施，挖掘用水潜力，达到加强用水管理、提高合理用水水平的目的。一些企业和个别部门对水平衡测试工作认识不到位，工作主动性较差。

4. 缺乏技术手段

水平衡测试是一项要求很严格的技术性工作，2008 年由国家发展和改革委员会资源节约和环境保护司、国家标准化管理委员会工业一部、全国节约用水办公室提出，国家质量监督检验检疫局和国家标准化管理委员会发布了《企业水平衡测试通则》，对企业水平衡及其测试的方法、程序、结果评估和相关报告书格式进行了规定。虽然水平衡测试的基本原理较简单，但在实际工作中，需要对测试对象的各个设备、车间、工厂的整个用水管网体系进行收支平衡测试，获取数据进行计算、分析，评价有关技术经济指标，找出薄弱环节和节水潜力，制定可行的技术和管理措施。而在实际工作中，每个用水行业的用水结构不相同，用水管网系统复杂，这对测试技术提出了较高要求。

9.4　严格管理的实施方案

9.4.1　完善相关法规制度

国家应尽快出台有关水平衡测试的有关法规，各地应制定水平衡测试的实施细则和管理办法，对需要进行水平衡测试的用水户和水平衡测试周期进行界定，规范水平衡测试的审查和验收、成果应用办法等，形成较为完善的水平衡测试管理法规体系。

9.4.2　完善相关技术标准

修编现行国家水平衡测试标准，明确细化用水种类的划分、各级水表的安装率、水平衡数据统计分析等技术要求。地方也应出台符合实际的水平衡测试地方标准，建立完善的水平衡测试技术标准体系。

9.4.3　对水平衡测试从业单位施行资质管理

目前各地承担水平衡测试工作的单位普遍缺乏相应资质，应尽快出台相关资质管理规定，明确承担测试工作单位的资质要求及等级要求，其中关键岗位人员需取得相应资质和岗位合格证书。出台水平衡测试工作收费指导意见，规范水平衡测试市场。

9.4.4　加大资金投入力度

水平衡测试工作的人力物力投入较大，企业作为水平衡测试工作的直接受益方，应是水平衡测试工作的主要投入方。但节约用水也带有很强的公益性，政府应建立水平衡测试财政专项，对水平衡测试单位给予补助，逐步建成水平衡测试单位出资为主、政府补贴为辅的资金投入体系。

9.4.5　完善奖励和激励机制

节约用水和计划用水管理部门应鼓励用水单位定期开展水平衡测试工作。对于积极开展水平衡测试，并及时整改、完善用水体系的企业，要优先考虑将其评选为节水型企业，同时在下达计划用水方面可适当增加用水量。

9.4.6　加强宣传和技术培训

政府管理部门应大力宣传水平衡测试的积极意义，使用水单位意识到开展此项工作带来的经济效益、社会效益和环境效益，提高开展水平衡测试的积极性和自觉性。同时要加强对水平衡测试实施单位和相关从业人员的管理和培训，确保测试过程的科学性和准确性。

第10章 定额管理制度

10.1 定额管理的总体定位

10.1.1 用水定额的概念

所谓定额就是规定的数额。“广义地讲，用水定额是在一定期限内，一定约束条件下，在一定的范围内以一定核算单元所规定的用水水量限额（数额）。用水定额是人为规定的一种考核指标或衡量尺度，通常反映某种考核指标的平均先进水平。由此，用水定额应区别实际发生的用水水量统计值”。工业用水定额就是产品生产过程中用水多少的一种数量标准，是指在一定的技术和管理条件下，生产单位产品或创造单位产值所规定的合理用水的水量标准。工业用水定额是随着企业生产工艺的更新、节水技术的改进、节水管理水平的提高而变化的管理指标。企业层次的微观用水定额有着空间上的差异性和时间上的动态性。空间上的差异性表现在同类产品在不同企业有着不同的用水定额。时间上的动态性表现为，同一个企业同一产品在不同时期有着不同的用水定额。影响工业用水定额的主要因素是生产工艺和企业规模。

用水定额有三种形式，包括设计定额、统计定额和管理定额。设计定额，经常出现在各种设计规范和设计文件中，是为了使设计的建筑或设施能够满足使用者的较高用水需求，而应参考的一种要求较“宽裕”的用水定额，侧重于“供”；统计定额，经常出现在统计报表或需水预测中，反映现状或将来的用水情况；管理定额，也就是平常所说的用水定额，是为了计划用水而由政府用水管理部门设定的，侧重于“管”。

10.1.2 制定工业用水定额的目的、意义

行业用水定额编制是配合取水许可制度实施的一项基础性工作，目的是加强水资源科学管理、节约用水、促进水资源合理开发利用、为取水许可制度的实施管理打下坚实的基础，为编制用水计划等各项工作提供科学依据，为区域的水利规划、水资源规划、水资源公报等的编制提供准确的用排水数据。

（1）用水定额是对城市用水单位实施定额管理、标准化管理和用水监督与检查的重要依据。将合理的用水定额明确、透明，有利于企业用水计划的公开、公平、公正，有利于杜绝计划用水管理的漏洞，有利于促进工业企业节约用水水平的提高。

（2）用水定额是企业组织生产、实行计划用水管理的重要依据。科学、合理又有一定

先进性的用水定额的推行，能提高企业节水意识，积极改进生产工艺，促进节水技术的推广应用和企业节水水平的提高，有利于提高节约用水管理的科学性和规范性。

(3) 用水定额是制定城市供水、节水规划，实行科学、合理管理水资源的依据，也是考核和衡量节水水平的尺度。它有利于促进工业企业完善节水指标体系，落实以承包为中心的、包括用水在内的各种形式的经济责任制，有利于进一步促进科学管理和节水工艺的应用，有利于深入挖潜降耗，降低企业产品成本，创造良好的经济效益。

10.2 我国用水定额管理的现状

我国从20世纪70年代开始逐步实施用水定额管理，主要集中在城市用水领域，并以城市工业为主。1984年，由原城乡建设环境保护部和国家经委联合发布了《工业用水定额（试行）》。1999年，水利部下发了《关于加强用水定额编制和管理的通知》，首次在全国范围内系统、全面地部署开展各行业用水定额编制和管理工作。2002年颁布实施的《水法》正式确定了用水定额管理的法律地位。同年，国家发布了《工业企业产品取水定额编制通则》，并相继编制发布了火力发电、钢铁、石油炼制、棉印染、造纸等10个高用水行业的取水定额国家标准。随后，全国各省份陆续编制和发布了一系列用水定额标准。迄今为止，全国31个省（自治区、直辖市）已经全部出台了省级用水定额，并进行了多次修订。但是从管理角度还存在着以下几个方面的问题。

(1) 制定的用水定额横向可比性较差。以工业企业来说，用水包含生产用水、辅助用水和附属用水，对制定的产品用水定额应包括哪些项目用水没有统一规定，对用水定额的表述也不统一，而且由于制定的定额单位和界定的前提条件不一样，不仅导致对某一个具体产品或具体行业来说，省际之间用水定额的可比性和参考性较差，而且很难与国外先进用水定额进行比较，从而不能准确判断我国用水的先进程度。

(2) 用水定额管理的实施、监督不到位。目前，用水定额管理制度的实施缺乏奖励机制，导致在企业层面上缺乏实行用水定额管理的动力，在用户层面存在实行不到位的现象。此外，供水系统计量设施、监测手段不完善等，导致管理部门对用水定额管理实施缺乏有力的监督依据。

(3) 流域机构的管理及指导作用未积极发挥。我国目前的用水定额管理以省（自治区、直辖市）为重点，各省（自治区、直辖市）制定并发布本省（自治区、直辖市）的用水定额标准作为辖区内的管理依据，用水定额的流域管理还相对比较薄弱，未能体现由资源条件差异造成不同的水资源二级区套省单元之间用水定额水平的差异。

10.3 国外定额管理的应用

目前世界上许多发达国家把用水定额作为用水考核的参考标准，将促进节水作为制定用水定额的指导思想，通过完善水权制度，运用政策和市场手段实现用水管理。以色列于20世纪60年代开始实行水资源开发许可证制度和用水配额制度；20世纪80年代初美国亚利桑那州州府菲尼克斯因水资源高度紧缺，针对居民、商业和工业实行差异水价，并规定了用水量与价格递增的关系，制定了定额管理案例；美国、日本等国家通过建立水权市场制度，优化水资源配置，利用价格因素促进节水。近年来，为了应对水资源短缺问题，许多国家采取了多种措施对水资源进行利用与管理，一些发达国家还从单一的节水技术服务逐步向以节水为目标的综合用水审计监督转变。

10.4 严格管理的实施方案

10.4.1 建立总量控制、定额管理制度

《水法》中明确规定："国家对用水实行总量控制和定额管理相结合的制度。"实现总量控制和定额管理相结合，应根据水资源的总量和经济发展的需求，合理确定用水指标并逐级进行分解、层层控制。国务院水行政主管部门将总量控制指标授权给流域管理机构；流域机构根据国务院水行政主管部门授权执行总量控制和定额管理相结合的管理制度，协调流域内的省（自治区、直辖市）水行政主管部门进行总量指标控制；各级水行政主管部门在水量分配方案基础上，考虑水资源条件、生产工艺、节水技术水平、基础设施等因素，制订行业用水定额报省级人民政府批准，并据此对各用水主体实施定额管理。

工业用水定额的国家标准由国家标准化管理委员会制定颁布，是各地制定工业用水的重要依据。城市生活用水定额依据经济发展水平、水资源条件、供水设施、生活习惯等因素制定；农业灌溉用水定额考虑种植种类、水资源条件等因素制定。用水定额的落实监督职责主要在各级水行政主管部门和相关行业主管部门。

10.4.1.1 制度内容

总量控制和定额管理相结合的制度包括以下两个方面的内容。

1. 科学制定定额体系

实施总量控制和定额管理相结合的制度，首先要制定科学的定额体系，然后以此为依据，根据当地的经济社会发展情况和水资源可利用总量，划分总量控制指标，并通过价格激励和市场调节机制，实现水资源优化配置和高效利用。各个地区的水资源状况不同，根据当地水资源状况和社会经济状况，分区、分类制定用水定额。

定额包括反映区域综合水资源利用效率的综合定额和反映单一行业或产品用水状况的单项定额，综合定额又分为区域综合定额和行业综合定额。首先，用水定额应涵盖各类生产、生活与生态用水量。目前比较完善、推行面较全、实行比较好的是工业用水定额制度，而其他用水定额制度仅在个别地区刚刚开始推行，范围极其有限。因此，应将定额制度从工业供水扩大到其他领域。其次，行业用水定额应充分体现单位产品用水量标准。当前用水定额一般以万元产值或增加值用水量为标准制定，不易于反映产品生产的水资源利用水平，应在重要用水行业或企业中，以单位产品用水或耗水为依据，考核其节水水平和节水工艺改造进步情况。再次，在缺水地区，迫切需要推行定额制度，并将定额管理应用于节水管理实践；在丰水地区，也应逐步推行用水定额管理，实现水资源的可持续利用。

定额制定要合理化和超额阶梯化。一方面，用水定额在水资源管理过程中是重要的参

数，以用水定额确定用水指标，实行超定额累进加价的水价制度。因此，定额以内用水是合理合法的、是必保的。另一方面，用水定额要起到促进用水单位提高用水效率的作用，要以比单位产品社会平均用水量偏高些的标准确定。

2. 分配总量控制指标

依据经济社会发展规划和不同用水部门的特点，确定用水的优先次序，在此基础上将可分配总量逐一分解，形成年度供水计划。根据不同用水户上年的用水指标和定额标准，节水管理部门在单位年用水指标总量确定的前提下，充分考虑各方面影响因素，遵循用水变化规律，将年度总体用水计划分解到各行业、各区及各用水单位。

按照分级管理权限，对区域内一定用水规模以上的非居民用水单位进行总量指标管理，参考用水户的用水历史、生产计划、定额变化趋势等因素，同时考虑到季节性用水等特殊情况，按照年度生产过程，在每年年初分配用水指标。

分配总量控制指标还需要考虑一些特殊情况，对于季节性用水或其他临时性用水实行单独管理。如果用水中包含园林绿化、游泳池用水等，在年初下达用水指标时扣除季节性用水，按照正常生产制订计划。年内需要季节性供水时，由节水管理部门按不同季节、不同行业核定用水情况，用水指标经过审批后加在本单位正常用水中，通过供水管网供给。

10.4.1.2 需要完善的内容

（1）总量控制和定额管理相结合的制度是节水管理制度的核心。目前，在《水法》中对该制度规定的作用不明确、地位不突出。应在《水法》中明确界定该制度的地位。

（2）在内容上，《水法》的规定也需要进一步细化。应出台专门的部门规章或行政法规，对分类实施总量控制和定额管理的范围、内容、手段进行详细规定。包括以下几方面的内容：①对于城市管网范围内的机关院校、企事业单位，纳入计划用水管理，贯彻总量控制和定额管理原则，通过制定年度用水计划、下达用水指标、动态考核监督、实施超计划累进加价制度等办法实现节约用水；②对于城市管网范围以外的自取水源和工程取水工业企业，加强取水许可管理，通过安装计量设施，考核其取水情况，征收水资源费并执行耗水行业惩罚性收费、超许可取水量累进加价制度，逐步纳入计划用水管理范围；③对于城市管网范围内的居民用水，通过水价制度进行管理，加强用水计量，逐步实行阶梯式水价制度；④对于农村农业取水，通过水权制度或定额管理制度，规定单位面积作物的取水权利或用水定额，并控制供水总量，通过水权流转制度提高水资源利用效率。

10.4.2 推进水资源统计计量管理制度

对于计量制度，《取水许可和水资源费征收管理条例》规定：“取水单位或者个人应当依照国家技术标准安装计量设施，保证计量设施正常运行，并按照规定填报取水统计报表。”对于统计制度，尚缺乏明确的规定。

1. 加强水资源统计管理

应出台部门规章或暂行规定，明确水资源统计的责任主体和工作内容。首先，建立专门的统计机构，为统计部门依法行使节水统计调查、统计执法和数据发布等工作提供必要的保障，充实必要的统计人员；其次，完善水资源统计制度，改进统计方法，建立完善能够反映各地区节水水平、节水目标责任和评价考核制度的节水统计体系，强化各地区生产总值用水定额指标的审核；最后，建立统计数据及时更新制度，确保统计数据准确。

2. 加强用水计量管理和信息系统的建设

在《取水许可和水资源费征收管理条例》的基础上，出台部门规章或管理办法。明确以下内容：由水行政主管部门定期检查用水计量设施，督促企业合理配备用水计量器具，加强用水计量管理；各级质量技术监督部门针对不同企事业单位的实际情况，及时出台或更新国家技术标准。此外，还应加强市场信息服务体系建设，及时准确地提供节水技术和产品的信息，提供节水辅导和咨询。

10.4.3 完善计划用水管理制度

计划用水管理包括两个层面的内容：一是区域层面年度用水计划的制订；二是对微观主体用水计划的管理。

1. 区域层面的用水计划

各级政府发展和改革部门会同水行政主管部门，根据国民经济和社会发展年度计划、节约用水规划、水资源和供水状况以及用水需求，组织制定全区域年度用水计划。用水计划是总量控制的重要方面，是以整个区域用水总量为边界条件。

2. 对单位用水户的用水计划

单位用户用水计划由年度计划用水总量和月度计划用水量、用水性质等组成。对单位用户根据用水量规模大小分为重点用户和一般用户，对两者实行分级管理。用水计划包括用水计划的确定、申报、核定、备案、实施、监督等内容。

（1）用水计划的申报。单位用户年度计划用水总量，根据水量平衡测试确定的合理用水水平系数、用水平均增长率以及最近三年年度实际用水总量的平均值确定。用水户应根据行业用水定额、水量平衡测试确定的合理用水水平、年度用水总量等内容申请年度用水量，并提交每月的用水计划。

（2）用水计划的核定和备案。各级水行政主管部门应当根据当地年度用水计划、行业用水定额以及相应的产业政策、单位用户的合理用水水平和发展需求等核定单位用户的用水计划。单位用户的用水计划每年核定或者备案一次。新建、扩建、改建建设项目的首次用水计划，在节约用水设施验收合格后按设计用水量核定。

（3）用水计划的实施。供水企业按核定或备案的用水计划向单位用户供水，超定额、超计划用水实行累进加价收费制度。必须严格控制开采地下水和自建取水设施。确需开采地下水和自建设施取水的，应当经过科学论证，并依法办理取水许可手续。所取水量一并纳入该单位用水计划管理。

3. 计划用水指标动态考核制度

对用水大户和容易产生浪费水的行业，节水管理部门应建立指标执行情况监督预警制度，采用严格的动态考核方式管理用水过程。

（1）用水指标动态考核。在年度考核的基础上，划分考核期，按照考核期对计划用水单位分期分段进行用水考核，并对自来水、地下水分别考核。在考核期期中，如果用水户超过计划用水情况严重，节水管理部门应给用水户下达通知，警示其在考核期内有可能超计划用水，督促用水单位考核期余下时间内厉行节水，以保证不超计划用水。如果在考核期结束时，用水单位仍超计划用水，则进行超计划累进加价收费。

（2）年内指标调整。用水单位还可以根据年度生产需水过程对指标总量年内分配进行调整。根据实际用水情况，在年度总用水量不变的前提下，可对不同考核期的指标量与不同水源指标量进行调整，并在被调整考核期到来前期进行申报，节水管理部门根据申报情况和年度用水总量核定不同考核期的指标量。

（3）用水指标动态调整。年度用水指标应根据变化需要，对用水指标进行适当的调整和完善。调整一般分为临时、长期两种方式。在正式用水指标之外，因为临时施工、生产订货增加等原因需要增加用水指标的（包括施工性临时用水、园林绿化和环卫临时用水），依照行政许可事项审批规定，到水行政主管部门申办临时用水指标，临时用水指标有效期不超过一年。新增用水建筑（如厂房、办公楼等），在建筑项目工程竣工后需要到水行政主管部门申请办理验收，验收合格后需向市节水管理部门申请长期用水指标，节水管理部门按照水行政主管部门行政许可事项决定书批复的水量，核定长期用水指标。

（4）用水指标压缩。节水管理部门根据上年用水计划执行情况、上年节水力度及当年的生产计划，结合当年的节水措施和节水挖潜预期，充分考虑各方面影响因素，采用行政管理与市场机制相结合的手段，调整压缩计划指标，并在下一年的用水计划中予以体现。

第3篇

工业节水激励机制

第11章 水 价 机 制

11.1 工业水价制度现状

11.1.1 我国水价制度

我国水资源开发利用历史悠久，用水收费制度相伴而生。早在公元前2世纪，四川都江堰灌区就执行了每亩水田缴纳5kg稻谷的水费制度。中华人民共和国成立后，水价制度的建立先后经历了从公益性无偿供水到政策性低价供水，从低价供水到按供水成本核算计收水费，从收取水费到明确供水是一种商品、进而按照商品价格管理等四个重要阶段。

1. 第一阶段：中华人民共和国成立初期至1965年

中华人民共和国成立初期以公益性供水为主，基本不收取水费，无水价可言。1964年，原水利电力部提出《水费征收和管理的试行办法》，开始改变无偿供水的状况。1965年10月13日，国务院以国水电字350号文批转水利电力部制订的《水利工程水费征收使用和管理办法》，这是中华人民共和国成立后第一个有关水价制度的重要文件，它确立了按成本核定水费的基本模式。

2. 第二阶段：1965—1985年

“文化大革命”期间，大多数水利工程均不计收水费。党的十一届三中全会以来，水利的改革与发展发生了深刻变化。1980年我国实行财政体制改革，国务院提出：“所有水利工程的管理单位，凡有条件的要逐步实行企业管理，按制度收取水费，做到独立核算，自负盈亏。”各省对水利工程管理单位开始实行“自收自支，自负盈亏”的管理方式，水价改革工作开始起步。1980年，水利部组织了大型水利工程供水成本调查，在调查研究中首次提出了“水的商品属性”概念，为有偿供水奠定了理论基础。1982年，中共中央第一号文件指出，“城乡工农业用水应重新核定水费”。1985年，国务院颁布《水利工程水费核定、计收和管理办法》（以下简称《水费办法》），规定“水费标准应在核算供水成本的基础上，根据国家经济政策和当地水资源状况，对各类用水分别核定”。《水费办法》从理论上确定了水利工程供水属于商品的概念，将供水定位为一种有偿服务行为，将水费定位为行政事业性收费。《水费办法》仍是我国目前中央和地方各级有关政府部门规范管理水利工程有偿供水行为的主要法律依据。

3. 第三阶段：1985—1997年

《水费办法》颁布以后，大部分省、自治区、直辖市人民政府先后制定了本地的水利工程水费核定、计收和管理实施办法、实施细则或其他相应文件。1988 年颁布的《中华人民共和国水法》规定：“使用供水工程供应的水，应当按照规定向供水单位缴纳水费。”这是我国最高立法机关对水利工程供水实行有偿收费的重要法律规定，是依法制定水利供水水价制度的基础。1990 年国务院办公室下达了《关于贯彻执行〈水利工程水费核订、计收和管理办法〉的通知》，1991 年水利部制定了《乡镇供水水价核订原则（试行）》，推进水价改革工作。

1997 年，国务院发布的《水利产业政策》规定：“新建水利工程的供水价格，按照满足运行成本和费用、缴纳税金、归还货款和获得合理利润的原则制定。原有工程的价格，要根据国家的水价政策和成本补偿、合理收益的原则，区别不同用途，在三年内逐步调整到位，以后再根据供水成本变化情况适时调整。”“根据工程管理的权限，由县级以上人民政府物价主管部门会同水行政主管部门制定和调整水价。”此后，我国的水价改革步入了快速发展的新时期。

1985—1997 年，我国平均水价有了大幅度提高，但 1997 年水价水平仍未达到供水成本，供水成本回收率依旧很低，这主要由农业供水成本回收率太低所致。

4. 第四阶段：1997 年至今

近年来，在国家价格主管部门和水利部的领导下，水价改革工作有了很大进展，力度不断加强。主要表现在以下方面：

（1）水利工程供水价格纳入了国家商品价格管理体系，国家计委已明确由价格司负责具体管理水利行业的水价、电价，国家综合经济管理部门对水价的管理体制逐步理顺。同时，水利行业内部的价格收费管理关系也在逐步理顺。

（2）制度建设取得进展。在国家《水利工程供水价格管理办法》未出台前，各地在认真贯彻《水费办法》的基础上，根据市场经济体制改革的要求，不断探索适应新的经济体制的水价办法。许多省已将“水费标准”改为“水价”，为正式出台水价办法奠定了基础。

（3）水价几经调整，水价水平逐步提高。

（4）水利工程水费转为经营性收费管理。2000 年财政部两次发文，明确将水利工程水费转为经营性收费管理，不再作为预算外资金纳入财政专户管理，这是我国水价改革的一个重要转折点。如今，水利工程实行有偿供水已被社会普遍接受，其商品属性得到各方面的认可，水价水平得到不同程度的提高，水费收取办法也逐步完善，水费收取率平均由 1984 年的 30％提高到目前的 70％～80％，水费已成为水管单位的重要经济来源，水管单位工程运行、维护和管理经费不足的矛盾有所缓解。

11.1.2 国外水价制度

1. 研究概况

国际对水价的研究总体上是从 20 世纪 80 年代开始的。进入 80 年代以后，资源与环境问题更加严重，各国政府、多种组织研究机构、环境学家、经济学家也越来越重视。

在国外，直接探讨水资源价值和水价的文献并不多见。有代表性的是 1974 年秘鲁对灌溉用水的水资源价值进行了估算，其实质就是影子价格法。80 年代后期，水资源危机加剧，许多学者考虑用经济杠杆调节水资源供需矛盾。价格是节约用水的重要参数。1984

年 Fakhraei 研究了在随机供水情况下的价格稳定性和水量配给规律。到了 90 年代，采用经济杠杆管理水资源的研究日趋活跃。1991 年，Schneider 研究了一定用户的需水量弹性，它为进一步研究节约用水提供了有益的经验。

美国在 1991 年对水资源价值的研究具有一定的开拓性，美国德克萨斯州格朗德河下游河谷的水市场与水权转让的实践为水资源价值的实现开辟了新的空间。水市场建立的主要目的是提高供水利用效率，进行水资源的重新分配。大城市用水户购买农民的水权以增加用水量，这是水资源管理的一种新模式，水市场机制应予以肯定。水价是当今水资源研究的热点之一，1995 年在瑞典召开的城市地区水综合管理国际研讨会上，水资源和废水定价被列为重要的一项议题。

总之，国际水价研究已完全摆脱就资源而论资源的狭窄境地，现已将资源放在社会经济大环境中进行考察，不仅研究资源数量，而且正在研究资源的价值量，以便从宏观的角度考察资源变化以及它与经济相互影响、相互作用、相互耦合的关系，并运用经济手段管理资源。而且从水价制定理论、方法和依据、水价制定和实施的影响因素、实施方式、水价的水资源管理作用等方面提出了理论与现实的模式及政策框架。

2. 美国水价制度

美国水资源开发管理及利用由联邦政府机构、州政府机构和地方水管机构三级负责。由于市场比较完善，全国没有统一的水价审批机构，水价完全由市场调节，这些机构都根据自己的政策和自己的实际情况制定各自的水价，水费等级和种类繁多且差别很大。美国水价制定原则总的来说是：供水单位不以盈利为目的，但要保证偿还供水部分的工程投资和承担供水部分的工程的维护管理、更新改造所需开支；各类用水实行不同水价，考虑农业承受能力，对农业用水水价实行优惠政策，但对农业供水造成的损失明确有补偿渠道；水价按单个工程定价，即每个工程制定每个工程的水价；水价随供水成本的变化每年都要进行调整。

美国制定水价政策时主要考虑的因素有水的供求关系、水资源的紧缺状况、用水户的排污能力、水的综合利用与补偿等。美国所采用的水价结构随水资源状况不同各地有很大不同，但近年来都逐渐采用有利于节水的水价结构，如累进水价。目前最广泛使用的水价结构是统一水价、累退水价和累进水价。

3. 加拿大水价制度

加拿大水管理体制并非全国统一，水价主要由各省和地方政府制定。联邦政府权力很小，除对其直辖的地区负责外，对省和地方只起宏观指导作用。各省由于实际情况不同，水价制度也不尽相同。

加拿大水资源丰富，人均用水量在世界上居第一位，然而水价却一直较低，是发达国家中最低的。由于加拿大经济为市场调节和公共需要两者混合的经济，因此加拿大人习惯于享受由政府补贴的低价水，而政府也只强调供水方面的管理，忽视用水方面的管理。加拿大水费过低造成了水资源的滥用浪费，水污染状况日趋严重，并由此造成水处理设施建设费用不断增大，使政府财力难以承受。

加拿大政府认识到过低的水价不利于节省水资源、回收投资和技术进步，更不利于可持续发展的经济发展战略方针。为此，1987 年联邦政府颁布了《加拿大联邦水政策》。该水政策的两个中心问题是水价和水环境保护。

在水价方面，联邦政策主要提出了以下几点：

(1) 运用经济杠杆作用，采用金融方面的鼓励、刺激性措施（回扣、税收和信贷等）和抑制性措施（高价、罚款等）来调节水需求，促进水的有效利用。

(2) 深入研究水定价方面的问题。

(3) 提倡按水的实际成本收费，以促进节约用水。以实际水费作为控制需求的直接措施，增加水费收入，以满足工程开发与管理经费的需求。

(4) 考虑提高水价以及其他节水措施对未来用水量的影响。

(5) 在水费上体现出对水资源保护的概念，合理收取排污及污水处理费、超额用水费，以促进生活及工业废水的循环利用。

4. 英国水价制度

英国迄今尚无国家一级专职管理水务的政府部门，而由政府的有关部门分别承担，这些部门通常只起宏观控制和协调作用，主要负责制定和颁布有关水的法规政策及管理办法，监督法律的实施，并宏观控制地区或流域一级水管理机构的财务。地区一级的水务管理则由相应的管理机构承担。

英国水价的制定基本上按照市场经济条件下的投入—产出模式运作，其基本供水水价大致由两部分构成：一部分是输送水的运行成本，另一部分是固定资产折旧，然后根据投资回报率和通货膨胀率加以确定。水价制定的具体操作是：水务公司根据公司及服务对象的情况，按照制定水价的上述基本原则自行制定各自公司的供水价格。水务公司在确定水价后，要公布供水收费计划，提出各供水收费款项和条件，与广大用户和用户服务委员会(CSC）洽谈征求意见，然后予以实施。需要说明的是尽管水务公司有权制定价格，但它们必须服从政府的宏观调控（即价格限制）。

5. 法国水价制度

法国的水管理分五个等级，即国家级、流域级、地区级、地方级和国际级。水务局是流域委员会的执行机构，其董事会主席和局长由国家环境部指派。法国的一切水资源均为国有，对水的管理广泛采用合同管理制度，无论是私营公司还是政府机构及公共行政管理部门，只要是合同规定的或授予的权力都受法律保护。

法国水管理的民主化，形成了三级管理的对话制度：国家级水管理模式是设立了国家水资源委员会，负责对法国水政策及相关法律、法规的制订、执行和解释提供咨询；在流域设立了流域委员会，密切关注流域开发利用的发展趋势，与有关部门协商后，帮助其提出并实施流域水质和水量供需的水开发管理的全面规划，也为水务局提供有关取排水收费标准、水价结构及分析优先投资项目计划的咨询；地方水管理委员会负责实施水开发管理方案，其任何决议由成员投票表决通过，因此其成员的构成体现了水管理权限的分配。

在法国，公共供水服务和污水处理属工商业范畴，实行企业化管理，无论是公营还是私营，其水价的制定首先必须保证成本的回收，一般都有盈余。法国水价的构成包括偿还贷款与银行利息、运行管理费、维修费、设备的技术改造费等。法国水投资的筹集除前述因管理方式而异外，总的筹资来源为两大项：一是水税（较少），二是水费（较大）。各供水单位的收入主要靠水费。目前法国平均水价约为 15 法郎/m^3，其中约 45% 为生产水的工程成本费、40%为输水费、13%为各水管局征收的税（管理费）、1%为水基金（给贫困乡村地区）。水账单每月寄达用户，详细分类表明各项费用的构成与用途，增加财务透明度。

11.2　能源领域价格机制特点

11.2.1　能源价格形成机制的基本方式

与一般竞争性产业不同，能源产业中存在的垄断（尤其是电力工业中的输配电环节以及天然气管线等具有自然垄断的特点）及其外部性（对能源的不可恢复性破坏、造成的环境污染等）是政府干预能源价格形成过程和机制的经济学理由。

无论是垄断还是外部性，都意味着参与能源市场的各主体之间存在着竞争地位上的不平等，如供给垄断会导致需求方处于弱势地位而容易被收取能源高价；在能源生产和使用过程中，对环境的破坏要由居住在资源地的居民来承担。如果不考虑能源行业的这些特性而单纯由市场机制形成能源价格，那这一价格的内容就是不完全的，即不能完整反映供给-消费成本，市场调节实际上是处于低效状态的。能源产业的这一特点决定了能源价格的形成不是一个完全的市场过程，而是一个必须要有政府参与和干预的过程。政府要为价格的形成培育竞争的市场环境，通过各种行政手段和税收政策将外部性尽可能地内部化，在政府和市场的共同作用下，形成相对公平和真实反映供给-消费成本的能源价格。

11.2.2　不同领域能源价格形成机制的特点

能源品种不同和同一能源品种不同环节的定价机制存在不同特征。

石油行业中无论是在原油开采、成品油炼制，还是批发零售环节，引入竞争机制就会出现多个供给者和消费者，会在供需竞争的基础上形成最有利于资源配置的市场价格。

天然气如果没有液化，则须经专门的管道运输才能流通，因而该行业的技术、经济特性与电力行业（有专门输电的电网）较为相似。就天然气行业各环节的价格形成来看，在“井、网、售”分离的基础上，天然气井口价格和终端用户价格应该市场化，而管道运输价格则需要在政府监管下形成。

在电力行业，发电环节完全可以实行竞价上网，发电企业与用户（包括配电公司）在合理的市场交易规则下竞争形成价格，可以促进发电企业降低成本、提高效率、优化资源配置；售电环节同样不具有自然垄断性，通过引入竞争性零售商制度，让用户对供电方享有充分的选择权，在销售电价与上网联动的机制下，实行竞争性可中断电价；由于电网经营具有自然垄断特性，不适合引进竞争机制，因此需要政府对输配电环节的价格进行管制，按照成本加利润的方式形成有利于电网健康发展的输配电价格。

我国煤炭的勘探和开采领域已经实现了市场定价，但由于煤炭产地和煤炭消费区在地理位置上的不一致，导致煤炭必须经长途运输才能进入消费领域，煤炭的运输费用构成了煤炭价格的重要组成部分。此外，由于我国煤炭大部分用于发电，而电力价格的管制和电力产业的高度集中使得电力企业有较强的市场势力，电煤价格仍没有实现彻底的市场化。

从煤炭价格的市场化改革方向来看，规范煤运输企业的经营行为，努力构建竞争性的煤炭运输市场是实现煤炭价格市场化的重点改革环节。电力价格的市场化改革是电煤价格市场化的前提，没有电力价格的市场化就没有电煤价格的市场化。

11.2.3 国外能源价格形成机制及启示

在发达国家中，美国和英国是进行能源价格机制改革最早的国家之一，它们在能源价格机制改革过程中，取得了许多宝贵的经验，对其他国家制定能源政策具有重要的参考价值。而在发展中国家，智利能源价格政策的调整较为复杂，它通过建立新的能源价格机制促进了能源的生产和消费效率的提高，以上这些国家取得成功的共同经验在于确定了体现资源稀缺性的产权价格和对接入价格进行合理规制。

1. 美国煤炭价格机制

美国在煤炭等能源初始价格决定上是以可交易的资源产权作为制度基础的。煤炭资源属于私人产品，因此产权为私人产权，即可交易的产权，这种产权的交易通常采用公开透明的拍卖招标方式。在美国，要获得煤炭开采权，就需按竞争性定价先一次付清资源红利。这意味着，谁想占有资源谁就需要一次性付出资源的占有成本。这符合有偿占有的公平原则，同时提高了煤炭的进入门槛，特别是在促使煤炭企业提高资源回收率方面更为科学有效。政府在确定煤炭资源的开采红利时，主要根据煤炭资源量、禀赋条件、煤质、开采条件、地理位置、交通运输条件和勘探程度等因素，并考虑煤炭资源最大回收率等指标。将煤炭资源回收率作为重要指标确定煤炭资源红利，可以促使投资者主动提高资源回收率来降低成本，获得最大的收益。这与我国在开采后按煤炭销售量确定资源税不同，美国煤炭资源红利是在开采前通过竞价的方式一次性缴纳的。

与我国煤炭资源的绝对地租用1%的销售收入加上按资源面积缴纳不同，美国的煤炭资源绝对地租按销售收入或净收入的一定比例收取，如井工矿开采收取净收入的8%，露天矿开采收取净收入的12.5%。在确定绝对地租时，考虑煤炭资源丰度、煤种、煤质、煤层厚度、稳定性、埋藏深度、开采条件和运输条件等因素。美国煤炭资源矿业权的获得相对透明、公平。煤炭资源矿业权出让过程包括三个关键环节：一是煤炭资源价格定价方法有明确的规定，有计算方法如售价类比法和收益现值法；二是招标公告通过报纸新闻媒体发布，做到公开公平，透明度高；三是有反垄断措施，由司法部进行反垄断审查。美国煤炭资源管理有专门的机构，不但联邦政府有煤炭资源的管理机构，负责煤炭资源价格的确定和招标，而且州政府也有协调组专门负责煤炭资源管理。美国煤炭资源的市场化配置管理体制和机制，从组织、人员、办法、程序到招标等方面都建立了规范的管理体系。

2. 美国天然气价格机制

美国是当今世界上最大的能源消费国，其能源接入价格形成机制主要体现在天然气工业。2003年，美国的初级商品能源消费达到23亿t油当量，天然气年消费总量约占世界总消费量的1/4，美国国内的天然气生产集中在南部路易斯安那州和德克萨斯州的海湾地带，但天然气的消费集中在东北部和沿太平洋地带，因此天然气的供应必须通过长距离的管道运输。天然气接入价格对天然气的生产和消费具有重要的影响。

管道公司由于面临竞争，需要解决基础设施更新改造带来的费用上涨的问题，因此放弃了长期以来实施的统一费率。统一费率规定无论运输距离远近都收取相同的费率，而新的费率以距离为基础，由管道公司与天然气生产企业协商确定。联邦能源管制委员会向签订长期合同的销售商提供了部分因为减少持有长期管道容量带来的解约成本，并在2002年9月30日前取消了对短期释放容量（即少于1年的释放容量）的价格上限规制，并允许管道公司对高峰和非高峰容量实施差别定价，但必须提供更透明的定价信息。

在费率确定上，政府根据每个地方分销公司的业绩确定费率的变化，以保证地方分销公司能够以最低价格购买可靠的天然气，防止地方分销公司借此获利。根据法律，地方分销公司可以调整成本价格，但在调整中不得牟利。

其中运输费用是根据先前年度天然气成本复原与实际成本差异向用户返还或征收的调整额，并对每位用户未来12个月内承担的运输费进行估计；总收入税是分销公司根据天然气的消费量计算的；地方销售税是供给者依据法律要求根据销售的天然气量估定的。地方销售税税率按预期总成本的6%收取。预期总成本包括向生产企业和管道公司支付的天然气价格、税金、月度服务费和本地运输费。

3. 智利电力价格机制

智利是发展中国家里实施能源价格改革比较成功的国家之一。智利能源价格改革的成功经验主要体现在电力工业的价格形成机制上。智利在能源价格改革过程中，借鉴英国经验对能源生产企业和分配企业进行分割，能源的交易价格以成本核算为基础，在能源接入价格确定方面采用法国的边际成本定价方式，在交易领域采用比利时的交易体系，通过订立合同来满足消费者的需求。

在这一原则下，经营商建立起许多独立的区域电力市场。全国有两家主要的区域电力市场SIC和SING，其中SIC覆盖包括圣地亚哥在内的南部和中部地区，SING覆盖北部地区。这些市场内的生产者需要提供生产数据和每小时边际成本的资料。这些数据被汇总以作为分配电力企业产量和制定基准能源生产成本价格的基础。电力生产者根据基准价格调整产量的分配来满足消费者的订单。在通常情况下，机会成本等于大多数火力发电厂的成本，当水资源短缺时，消耗成本是消费者愿意接受弥补消耗成本的价格。当需求约束低于10%时，这一成本大约是正常发现价格的4～5倍。电力生产的规制价格以四年的平均预期价格为基础并且价格在4—11月6个月时间内是固定的。接点的价格以规制价格为基础，根据每个变电所的电力消耗情况作相应调整。

智利建立了有效竞争的能源生产市场。智利的能源生产系统由许多小规模的发电企业组成，区域电力市场如SIC和SING规模也相对较小，但有效的竞争形成了较低的价格和合理的投资收益率。由于生产企业可以自由进入该行业，能源交易市场制定的基于边际成本的价格规制，限制了主要生产企业在短期内对市场的操控行为。对于进入规制的放松，导致三家主要能源生产企业的市场份额由1993年的79.7%下降到2003年的59.1%。其中，最大的企业的市场份额由47.7%下降到27.6%。这种市场结构的变化部分是由于新的企业的建立，部分是由于运输基础设施的改善。智利的能源生产价格是建立在基于成本的市场定价机制的基础上，而美国等国家的能源生产价格是建立在竞价基础上。从理论上看，竞价机制有利于使企业的生产价格体现能源的稀缺价值，从而作为制定长期投资计划的依据。

4. 英国电力价格机制

在输电领域，英国建立了国家电网公司，拥有所有的高压输电系统。高压输电系统主要是275kV和400kV的输电网和调度中心，控制与法国、苏格兰的互联工程以及两个抽水蓄能电站。在配电领域，英国分为经营配电设施的配电网和负责供电的供电公司。各区域售电公司可向输电公司或直接向两家发电公司及其他发电设备运输公司购买电力售给用户，它们可以拥有自己的电厂。发电公司将按与输电公司及区域售电公司的契约来执行发电。较大的用户可以直接与电力公司签订购电合同。任何购得的电力均可通过本地区输电网运输。

英国政府电力主管部门是国家工业与贸易局，主要宏观调控职能包括制定国家电力工业发展规划、法规以及政策；执行监督，保证电力供应安全。在1998年，根据产业融合的趋势，电力规制部门与天然气规制部门合并为燃气电力市场办公室，强化了电力监管。新部门的职能主要集中在以下几个方面：使天然气和电力市场有效运转，有效地监管垄断业务，保障天然气和电力的安全供给以及满足不断增长的社会和环境责任。

英国电力供应是发电厂商生产的电力经由高压输电线路和区域性低压配电系统输送给用户。燃气电力市场办公室实施电力许可证制度，许可证可分为四类：发电许可证、输电许可证、公共供电许可证以及二次供电许可证。

英国的输电市场包括从发电厂以高压电方式进入国家高压输电网。国家高压输电网在英格兰和威尔士由同一家公司经营，在苏格兰由两家公司共同经营。在对输电价格的管制上实施价格上限管制，管制期限为4～5年。国家电网公司管理的输变电设备和各个地区配电公司管理的配电设备，必须对任何电力公司开放。使用者只需要缴纳过网费。

在英国电力市场中，发电、输电和供电完全分离。电力市场的交易方式分为参加电力库的交易和签订合同直接交易两种类型。参加电力库的交易中，发电厂直接将电卖给电力库，大用户直接从电力库购买电力；采用签订合同直接交易中，发电厂可以与大用户、地区电力公司或持有许可证的单位直接签订合同，用户可以选择从地区电力、持许可证单位购电，或从本地及其他电网的电厂购电。相应的电价也有两种方式：一种是电力库价格，一种是合同价格。

在电力库定价中，各发电单位向管理部门报出未来24小时可供电量的分时电价和可用电力。管理部门根据次日电力供求匹配程度和保持电网系统平衡运行的备用电量的要求，确定次日的电力生产能力和相应的边际报价。报价低于边际报价的机组投入运行，并一律按边际报价结算；报价高于边际报价的机组则退出运行。电价随电力需求浮动，促进发电单位降低上网电价。从构成来看，电力库电价可分为发电电价、销售电价和供电电价三个部分。其中发电电价是竞争后形成的市场边际电价，由系统边际电价和容量费用确定。电网公司在市场边际电价的基础上，附加相应的成本、输电损失、利润、系统发电容量等因素后，形成销售电价。供电公司从电力市场拿到销售电价和电量后，根据公司的成本和利润目标，综合确定供电电价。由于输电线路由英国国家电网公司垄断，因此燃气电力市场办公室对输电的费用执行价格控制，并要求价格上涨幅度要低于通货膨胀率。1997年10月，燃气电力市场办公室改变传输控制的做法，对输电价格实行价格上限规制。对年用电量不超过12000kW·h的用户，实际输电费用每年至少要降低2%～4%。

另一种方式是合同价格。因为发电单位希望有一个稳定的市场，配电公司和电网公司也希望有一个相对稳定的电价，并掌握一定量的电力，来保证用户的需求。因此双方往往采用签订购电合同的方式，来稳定销售渠道和电价。双方确定一个平均电价，当电力库电价与该电价的差值超过一定限度时，取两个电价的中间值作为最终电价。

5. 国外能源价格机制的启示

国外的能源价格机制对我国有如下启示：

(1) 建立了完善的矿产资源税费制度和能源资源产权交易市场。国外在初始能源价格形成机制上的重要经验是建立了完善的矿产资源税费制度和能源资源产权交易市场。根据哈特维克准则，如果开采耗竭性资源所获取的超额收益全部用于实物资本和人力资本的投资，则消费不下降意义上的可持续发展仍可以实现。但在自由的市场机制下，这些超额收益并不会自动投入到实物资本和人力资本中去，这就需要政府对资源的开采征税，以回收这部分价值作为未来可持续发展的补偿。

国外主要对矿产资源开发征收三种费用：第一种是矿产地租金，是矿产地质勘探和采矿单位租用土地需要预付的年租金。年租金根据探矿和采矿许可证获准的土地面积乘以每亩年租金计算的，而每亩年租金是根据土地的用途、使用期限、矿产资源种类进行规定，并在投标过程中调整租金。第二种是权利金，是向矿产资源所有者（国家或个人）定期交纳的按矿产品销售价（销售量）计算的开发费用。第三种是红利，它是对已知矿产资源的矿业权出售的价款，一般通过口头竞标取得。

国外确定了矿产资源补偿费和采（探）矿权使用费的合理征收比例，且允许其随矿产资源价值、市场情况变动。美国对石油、天然气、煤炭（露天煤）的权利金定为12.5%，而且矿产资源补偿费费率可以调整。如美国的权利金征收标准只是联邦和州政府按矿山生产矿产品的产值百分率征收矿产使用费的最低标准，实际收费标准要根据招标和投标中矿产品价格、市场行情、矿产资源条件而变化。正因如此，1954—1979年美国实现的权利金数额占矿业产值的14.22%，超过其最高征收上限标准12.5%，同样，澳大利亚的矿产使用费收费标准也只是各州规定的标准值，实际要随矿山生产条件（开采方法、开采深度、沿海石油开采水深等）和工程投标而浮动。

可见，在发达的市场经济国家，实际权利金是矿产资源所有者向矿产资源使用者有偿转让开采权的协商议定价格之一，是能源初始价格形成机制的重要组成部分。同时，国外也通过建立能源矿产资源的产权交易市场体系，利用市场机制提高能源资源的资产化管理水平。

与国外相比，我国自1994年开征了矿产资源补偿费，这种费用相当于国外的权利金。自1998年2月起开征采（探）矿权使用费和采（探）矿权价款，前者类似于国外的矿产地租金，后者类似于红利。这样基本上实现了我国矿产资源勘查、开发收费与国际通行办法相衔接。但是探矿权、采矿权价款都是补偿政府作为勘探工程的投资者向矿山企业收取的地质勘查成果补偿费。由于资源税和资源补偿费征收的额度太小，且实际上国务院作为资源所有权人的代表没得到任何补偿。

(2) 结合各国国情和能源市场发展水平确定各具特色的接入价格形成机制。从各国能源基础设施接入价格机制来看，有不同的模式和不同的目标。有以坚持公有制为主体，强调国家宏观控制的国家，如挪威；也有以私有为主的国家，如美国。不同发展阶段价格形成的目标也是不同的。对于成熟的发达国家，目标是使接入价格反映成本水平和投资回报率，在这种情况下，基础设施接入价格形成机制应体现降低电价、提高效率、为客户提供优质服务的目标；对于发展中国家，目标是吸引能源领域投资，扩建并完善基础设施，维护基础设施的稳定性。

具体来看，能源基础设施接入定价目标与经济效率之间的联系体现在多个方面：

1）通过基础设施接入定价可以提高动态效率和生产效率。竞争或竞争威胁是鼓励厂商进行创新、提高生产率、降低成本以及改善产品品种和质量的最有效的方法。为此，基础设施接入价格应定得足够低，以使更多有效率的厂商能够进入下游市场。同时，基础设施接入价格又不能被人为压得过低，因为这样做，一方面会使低效率的厂商也得以进入下游市场，另一方面，过低的基础设施接入价格不利于能源基础设施所有者回收全部成本，从而在长期打击了厂商投资于基础设施的积极性。

2）为鼓励对能源基础设施的有效利用和投资，能源基础设施接入价格中应包含正常的投资回报，这会为厂商做出“建设或购买”决策提供正确的信号，从而促进长期动态效率的提高。这要求基础设施接入价格应足够高，以使厂商能够回收谨慎投资所带来的成本并获得正常的商业利润。同时，基础设施接入价格又不能人为提得过高，以免扭曲厂商“建设或购买”的决策。

3）基础设施接入价格通过鼓励具有更低成本或更高质量的厂商进入市场，可以起到提高生产效率的作用。此外，基础设施所有者也激励采用最适当的技术，以提高生产效率、降低成本。

4）基础设施接入价格通过鼓励对能源设施的有效利用和投资，可以提高配置效率。这又包含两方面的含义：一方面，基础设施接入价格应导致对能源基础设施的利用既不存在过度也不存在不足，如果能源基础设施接入价格高于所有者提供能源基础设施接入服务的成本，一般会导致基础设施利用不足；反之，如果能源基础设施接入价格低于基础设施接入成本，又会导致对基础设施的过度利用。另一方面，基础设施接入价格应该使基础设施使用方面的扭曲最小化，也就是说，不应该通过人为扭曲基础设施接入价格而使厂商选择某种技术而不是另一种技术或者生产某种产品而不是另一种产品。

能源基础设施接入定价的长期目标和短期目标总的来说是相互一致的，但也存在矛盾。例如，能源行业在生产经营过程中往往具有较强的规模经济特征，这使得在制定能源基础设施接入价格时陷于两难的境地：在短期，为促进对基础设施的有效利用，能源基础设施接入价格应等于所有者提供能源基础设施接入服务的直接增量成本，但这样制定的能源基础设施接入价格无法使所有者补偿全部长期成本，因而从长期来看，不利于促进对基础设施的有效投资。

一些国家在实施过程中，为保持对能源基础设施的激励，在确定能源基础设施接入价格时，基于前向增量成本来确定能源基础设施接入价格，具体地，就是基于前向长期平均增量成本来确定能源基础设施接入价格。所有者的实际资产价值取决于产品的市场价格和未来厂商对产品的预期需求。计入产品价格的成本就应是保持这一体现实际资产价值的生产设施能力所必须支付的成本。因此，能源生产企业在长期要想始终占据有利地位，就需要采用现实可行的技术方法中最有效的方法进行生产。

(3) 采用优化策略，实现多重目标的平衡。在确定接入价格形成机制的问题上，往往需要实现多目标平衡，这些目标包括：用户希望获得低价格、高质量、安全稳定的服务；能源公司及所有者希望企业快速发展，技术不断更新，获得较高的投资回报；政府希望国家的能源政策能够得到贯彻，能源发展与经济水平相适应，并且希望在改革的过程中保持社会稳定。

能源监管部门希望通过竞争机制实现资源的最优配置，通过监管保证市场的公平与规范。因此，为实现上述目标的平衡，采用机制设计进行策略优化在这些国家能源接入价格机制改革中具有非常重要的作用。

(4) 对能源基础设施接入价格形成机制进行严格的监管。能源基础设施，如电力工业的高压输电等都由国家公司垄断，防止能源基础设施运营者滥用垄断地位，保护能源生产企业和消费者利益，成为确保接入价格机制有效运作的不可或缺的组成部分。确定合理的基础设施接入价格是规制的重点。在竞争性的市场中，市场机制会自动形成合理成本并使资费向成本靠拢。在垄断的市场结构中，必须借助管制来决定网络使用费。美国和英国的经验说明，费率水平既要防止基础设施运营者赚取垄断租金，又要保证其在弥补成本的基础上获得适当利润，以鼓励能源基础设施的充分使用且使运营者有持续投资的动力。

11.3　工业水价管理管理发展方向

11.3.1　我国工业水价改革面临的问题

工业决定着国民经济现代化的速度、规模和水平，在国民经济中起着主导作用，它还是国家财政收入的主要源泉。工业的发展离不开对水资源的开发和利用。目前，我国工业用水中存在着许多问题：一方面，工业用水的利用效率低下，浪费现象严重，节水意识淡薄；另一方面，工业用水、排水和污水处理等相关基础设施落后，发展缓慢。水资源的短缺和工业用水的供需矛盾日益加剧。既然水是一种商品，那它必然具有商品的属性，即商品水价。商品水价一般应包括三个部分：资源水价、工程水价和环境水价。资源水价受到水资源总量、可供水资源的数量和结构、水资源的需求数量和结构、用水效率和效益及经济发展状况等多种因素的影响。因此，只有资源水价才能真正和完全地反映水资源的稀缺程度，反映水资源的供求关系。工程水价主要是用于弥补生产成本和为投资者提供合理的资本报酬，它包括工程费、企业运行、经营、管理、成本（利息和折旧）费用及企业的经营利润等。环境水价包括两个部分：一部分是用于弥补污水排放处理的成本费用，属于污水处理企业的合理收入；另一部分则是用于引用水资源使用对生态环境产生影响的补偿，用于水环境和生态环境的恢复。

水价同其他资源性产品价格一样，其主要问题是价格市场化程度不高，价格不能真实反映市场供求关系和资源稀缺程度，由此对资源造成严重浪费，与“节约型社会”理念背道而驰。在价格背离成本的定价机制下，由于机制的扭曲，社会所付出的总成本费用实际更大。

11.3.2　推进水价形成机制改革与企业经营管理体制改革

坚持两项改革相互促进的方针，实行政企分开，努力发挥市场机制对于水资源配置的基础性作用。要坚持市场化、产业化改革方向，使水价能够反映水资源的稀缺程度和供应成本。逐步扩大水资源费征收范围，提高征收标准，加大征收力度。全面实行工厂污水处理收费制度，把污水处理费纳入供水价格中，保证污水处理设施能够正常运行。企业也应该充分认识到节水与企业息息相关，把节约用水纳入企业的日常经营活动中去，把用水价格列入企业的生产成本中。

11.3.3 按照水资源条件调整优化产业结构

要坚决淘汰浪费水资源、污染水环境的落后工艺、技术设备和产品。国家应该对工业用水实行宏观上总量控制和微观上定额管理相结合的制度，实行工业用水超计划、超定额加价制度，拉大价差，促进工业用水结构的调整。缺水城市应该率先实行高额累进加价制度，适当拉开高耗水行业与其他行业用水的差价。要严格限制缺水地区高耗水行业发展。一方面，充分发挥价格杠杆在水需求调节、水资源配置和节约用水方面的作用；另一方面，水价要充分体现资源的稀缺性，进一步理顺水资源费、自来水价格、污水处理再生水及各类用水价格的比价关系。

11.3.4 建立和完善节约用水制度

国家应该尽快出台节约用水的法律和法规，建立健全用水总量控制、定额管理、取水许可、水资源论证、用水计量与统计、节水产品认证等制度。国家应该对区域的用水进行合理的分配和调节，确定流域内各省（自治区、直辖市）的用水权指标；对工业用水单位实行用水计量收费；制定和实施各类用水产品和设备的节水标准，大力推进节水产品的认证制度，建立节水产品市场准入制度，对达不到节水标准的产品禁止生产和销售。

11.3.5 实行季节性水价和分时段水价相结合

对于钢铁、冶炼、煤炭等用水大户，实行阶梯式计量水价和超计划超定额用水加价制度。逐步建立高耗水落后工艺、技术和设备的强制淘汰制度，定期发布限制、淘汰落后高耗水工艺和产品（设备）的目录。对于国家产业政策明确的限制类、淘汰类高耗水企业实施惩罚性水价，加大水资源费征收力度，制定支持再生水、海水淡化水、雨水开发利用的优惠价格政策。

11.4 工业水价制度内容

11.4.1 我国工业水价改革的途径

第一，积极推进水价形成机制改革与企业经营管理体制改革。坚持两项改革相互促进的方针，逐步扩大水资源费征收范围，提高征收标准，加大征收力度。把污水处理费纳入供水价格中，保证污水处理设施能够正常运行。

第二，实行季节性水价和分时段水价相结合。对用水大户实行阶梯式计量水价和超计划超定额用水加价制度。对于国家产业政策明确的限制类、淘汰类高耗水企业实施惩罚性水价。

11.4.2 工业水价内涵与定价

长期以来，学术界主要从水资源的公共品属性和供水企业的公用事业性质着手研究生活用水定价，尤为关注居民生活用水的需求价格弹性、成本收益均等的供水定价方式和低收入群体的生活用水保障等问题，但对工业用水的研究不多。为了适应水资源日益紧缺的变化趋势并满足经济社会的发展需要，水价研究开始转变视角，从以资源配置效率为目标转为兼顾经济效率、社会公平和环境保护等多重目标。

1. 水价构成

学术界一般认为水价应包含三部分：体现水资源所有权的水资源费（或水资源税）、水作为商品的价格和为治理水污染及保护水生态所支付的环境水价（或水环境税）。在可以不断增加供水量来满足用水需求的情况下，按照供水企业制水的边际成本定价是水资源有效配置的最优定价方式，但供水企业制水的固定成本远高于可变成本，所以平均成本定价或两部制定价是能够保证供水企业收回成本的次优定价方式。

两部制定价包含两个部分：一部分是与使用量无关的、定期支付的基本费或容量水价；另一部分是按使用量支付的从量费或计量水价。作为公共品的水价应遵循服务费用原则或自融资原则：用水户应为所享受的服务支付足够的费用，但不应超出供水企业在提供这一服务时所产生的支出。在水量丰裕的季节、用水较少的时段或距离水源地较近的地段，供水成本较低，按照服务费用原则，水价应较低。因此，即便在同一地区，水价也可随用水季节、时段和地段作出调整。

为应对水资源日益紧缺和水污染依然严峻的现实，社会日益关注水的生态价值、用水的负外部性和水的稀缺价值。因此，水价开始包含生态水价、污染水价和资源水价等部分。除了供水企业的生产成本以外，引入基于水循环和水环境自净化过程的水资源生态价值共同构成供水的总成本，根据成本收益分析的均衡条件可得

$$p=\frac{\mathrm{d}C(Q)}{\mathrm{d}Q}+v$$

式中：p 为水价；Q 为供水量；$C(Q)$ 为供水企业的生产成本；v 为水在生态环境中的影子价格。影子价格反映的是为满足用水需要所抽取的水资源在生态环境中的边际价值。当水资源紧缺或者取水对生态环境造成负担时，水的生态价值显著为正，其影子价格也为正。从水价等于社会供水和生态环境供水总边际成本的角度看，这是一种最优定价方式。换一个视角，把 v 视为治理水污染的边际成本，并按照污染者和使用者付费原则根据污染程度向污水排放者收取相应的污染水价，这就使用水的负外部性内部化，此时它是一种次优定价方式。生态水价和污染水价都是环境水价的组成部分，它们分别衡量用水环节的上端和下端（即原水抽取和污水排放）对水资源生态环境的负面影响，这种负面影响越大，相应的水价越高。

还可以将 v 视为体现水资源稀缺价值的资源水价。按照需求侧管理原则，当水资源紧缺时，水价应提高至供水能力容许范围之内的价格水平上，通过水价杠杆降低用水需求达到控制用水总量并实现供需平衡的目的。也就是说，按照制水的边际成本定价仅在供水企

业的生产能力和可用水资源充足时有效，当供水能力不足或水资源紧缺时，根据稀缺程度加价才能提高水资源的配置效率并实现供需平衡。其中，递增的阶梯定价是降低用水需求的主要加价方式，这是因为随着用水量的增加，水资源的稀缺价值越来越高。水资源稀缺不仅意味着生产和生活用水稀缺，也一定意味着生态用水稀缺，所以资源水价应包含生态水价。

环境水价（包括生态水价和污染水价）和资源水价（包含生态水价）都表明，水价政策已经不仅是水资源管理的重要方式，而且是水生态和水环境社会化综合治理的重要手段。水资源日益紧缺的现实使得不同经济部门、不同地区、不同产业和行业甚至生态环境都竞争性地利用水资源。不恰当的水价政策会带来经济、社会和环境的多重损失。无效的水价政策一方面使供水或用水的“跑、冒、滴、漏”现象严重，导致原水抽取过度和利用效率低下，无法准确反映水资源的稀缺价值；另一方面还使污水排放过量，导致水环境恶化并加剧水资源短缺，不能有效内部化污水排放的负外部性。所以，无效的水价政策会带来全社会用水的福利损失。

2. 水价内涵

从水资源价格的组成来看，水资源费、商品水价和环境水价对工业用水的影响相互交织又各自独立。

首先，由于工业水价政策具有供水系统选择效应，所以工业节水的水价内涵重在水资源费和环境水价（包括生态水价和污染水价），它们应对选择公共供水或选择自供水的工业企业同等有效。由于商品水价主要衡量公共供水企业的制水成本，而工业企业可以通过选择自供水系统降低并内化这部分制水成本，所以商品水价对工业节水的影响有限。

其次，水资源费是水资源使用者为了获得水资源使用权而向水资源所有者（包括国家和集体）支付的费用，它是水资源所有权在经济上实现的重要形式。因此，在工业用水中，无论公共供水企业抽取原水还是自供水企业抽取原水，都应缴纳同等费率的水资源费。

再者，生态水价是社会生产和生活同生态环境竞争使用水资源的价值体现，是水资源使用者向水生态环境或水生态保护者支付的补偿费用。污染治理水价是水资源使用者用水后直接向环境排放污水或向城市污水集中处理设施排放污水需要缴纳的费用。在使用者和污染者付费原则下，生态水价和污染水价是内部化原水抽取和污水排放负外部性的重要经济手段。

由于原水抽取对生态环境的负外部性是由原水取用数量决定的，即取水只有数量效应，所以无论选择公共供水的企业还是选择自供水的企业，无论工业用水用途为何的企业，都应按照同样的费率结构支付生态水价。在这一意义下，生态水价和水资源费一致。

污染水价的含义有所不同。不同企业的废水类型、浓度和数量不同，废水处理成本和污染危害有差别，即废水既有质量效应又有数量效应，所以原则上用水企业应按照与其废水种类相应的费率支付污染水价。当前，依照环境保护法律法规规定，企业需在工业废水处理达标后再予排放。这样，污染水价主要由用水企业承担，以实现负外部性的内部化。但是，无论其用水来自公共供水系统还是自供水系统，工业企业仍应按照废水处理后的排放标准支付相应费率的污染水价。在这一意义下，污染水价的定价费率相对不同工业产业、行业和企业具有可变性。不过，需要注意的是，污染水价的制定应依据污染者和使用者付费原则，并不直接以节水为目的。

3. 水价定价机制

理论上讲，水价是由不同的部分组成的。水价的理论构成为

$$p=p_1+p_2+p_3+p_4+p_5$$

式中：p 为水价；p_1 为供水和制水工程成本；p_2 为制水企业利润；p_3 为污水治理成本；p_4 为水生态保护补偿成本；p_5 为水资源所有者收益。

在相当长的一段时间中，在劳动价值论的指导下，我国的水价仅仅体现供水和制水工程成本 p_1 和制水企业利润 p_2。随着水环境污染问题的加剧，水价中增加了污水治理成本 p_3。至今，总体上还较少考虑水生态保护补偿成本 p_4 和水资源所有者收益 p_5。

供水和制水工程成本 p_1 同水资源禀赋和制水工艺与技术相关，但不是调控工业水价的变量。

制水企业利润 p_2 一般按照成本加成法确定，但是需要政府价格管理部门的管控。从目前自然垄断行业职工收入普遍偏高的角度看，这一部分总体上被高估。从维护工业企业利益的角度，这一部分应该是能降则降。

污水治理成本 p_3 已经被纳入绝大多数地方的工业水价之中，也就是说部分实现了外部性内部化。但是，污水治理成本被严重低估，导致污水治理不充分，达不到环境功能要求，尚未做到充分的外部性内部化。这一部分可以成为工业水价调控的重要指标，其极限是达到污水治理的完全成本。

水生态保护补偿成本 p_4 是指给定的水资源是由于其他地区或其他主体实施生态保护的结果，由于他们保护了水生态，放弃了经济发展的机会，因此需要用水户对其进行补偿。目前，在工业水价中这个因素考虑极少。这也是一个外部性内部化的问题，补偿的极限是水生态及其保护者的机会成本。

工业用水的水资源基本上属于国家所有，但是目前国家所有者的权益几乎没有考虑。目前收取的水资源费实际上是水资源管理部门对水资源的管理维护费，而不是体现所有者权益的收益。因此，水资源所有者收益 p_5 要纳入工业水价之中，这是一个调控空间比较大的变量。

可见，污水治理成本、水生态保护补偿成本、水资源所有者权益是工业水价中发挥价格杠杆作用、促进工业节水的主要部分。

11.4.3 有利于节水的工业水价制度

利用水价杠杆实现工业节水同时具有经济、社会和环境三重含义。在水资源日益紧缺的情况下，恰当、合理的水价政策可以促进工业节水效果，进而保证工业经济的持续健康增长，提高社会各部门的用水效率，促进水资源生态环境的不断改善。这三重含义在工业节水的水价中是一个有机整体。

边际成本定价、平均成本定价和两部制定价都不适用于工业节水定价。边际成本定价虽然最优，但要求水价费率变化极为灵活，可操作性差，在实践中并不可行。单纯以供水企业的边际生产成本定价忽视了基于水循环和水环境自净化过程的水资源生态价值，当用

水需求不能得到有效抑制时，这一定价方式难以实现工业节水和水生态保护目标。平均成本定价和两部制定价尽管操作性较强，但并不能达到工业节水目的。所以，适用于工业用水的定价方式应是内含生态水价、污染水价和资源水价的阶梯定价，并且为了达到控制用水需求的目的，应以递增的方式予以加价，即递增的阶梯定价。

早在20世纪90年代，在水资源不充裕的国家和地区就已广泛使用递增的阶梯水价作为工业节水的定价方式，比如意大利、墨西哥、葡萄牙、西班牙和美国中西部地区（表11.1）。在西班牙，受水资源稀缺的限制，大多数地区水价按照递增的两阶梯设计。美国洛杉矶地区全年少雨而冬季降雨较多，为了节水，其工业水价不仅采用递增的阶梯水价，而且联合使用季节性水价和超额用水加价，其中超额用水加价部分根据工业用水户的历史平均用水量核定。

总之，依照需求侧管理原则，实施科学合理的水价政策有利于综合实现环境保护、经济发展和工业节水目标。工业水价应当准确地反映经济发展中遭遇的水资源紧缺危机，反映水资源在生产、生活和生态环境中的稀缺价值，反映工业取水和污水排放对生态环境的负外部性影响。尽管依照社会和生态环境供水的总边际成本制定工业水价政策是最优定价方式，但其可行性差。递增的阶梯定价是较好的次优选择。明确区分水资源费、商品水价、生态水价和污染水价等各组成部分的递增阶梯水价既能针对原水抽取的数量效应起到减量化用水作用，又能针对废水排放的数量和质量效应起到降低污染排放数量和强度的作用。

表11.1　　部分国家的工业用水定价方式（以公共供水为例）

国家	工业用水定价方式			
	接入费	基本费	从量费	阶梯定价方式
意大利	无	水表费	阶梯定价	递增
墨西哥	无	有	阶梯定价	递增
葡萄牙	无	按水表口径	阶梯定价	递增
西班牙	多种方式	多种方式	阶梯定价	两阶梯递增
美国	有	无	阶梯定价	多数地区递增 少数地区递减
加拿大	无	无	固定费率或阶梯定价	递减
法国	有	有	阶梯定价	递减

进一步完善工业用水超计划累进加价机制，需要从以下几方面加以明确。

(1) 明确加价载体。各地主要以水资源费和基本水价（或终端水价）为加价载体。吉林、内蒙古、山东、甘肃、广东、河南等省（自治区）规定，从自备水源或水利供水工程取水的非居民用水户，用水超计划（定额）后，对水资源费进行累进加价。北京、天津、上海、河北、江苏等省（直辖市）规定，不但对从自备水源或水利供水工程取水的非居民用水户，在用水超计划（定额）后进行水资源费累进加价，而且对从公共管网取水的非居民用水户，在超计划（定额）用水后对基本水价（或终端水价）（即对自来水水费）也实行累进加价，其累进加价费收缴程度如图11.1所示。

（2）明确加价标准。具体包括加价阶数和加价倍率。加价阶数一般划分为3～5级，各级的上下限略有差异。加价倍率除北京、天津等个别省份偏高外，均为0.5～5倍（表11.2）。

（3）确定加价费的性质和用途。各地均把累进加价费定为行政事业性收费，作为政府非税收入纳入财政预算管理。加价费一般用于推进水资源节约工作，包括节水技术研发、推广，节水设施建设、水平衡测试补助，节水科研、培训、管理、宣传、奖励等。山东、甘肃、江苏等省的加价费还可用于水资源保护，水资源综合考察、调查评价、监测、规划，调水、补源、水源等重点水利设施建设。上海、河南等省（直辖市）的加价费还可用于自来水设施和管网、污水处理设施及管网建设。

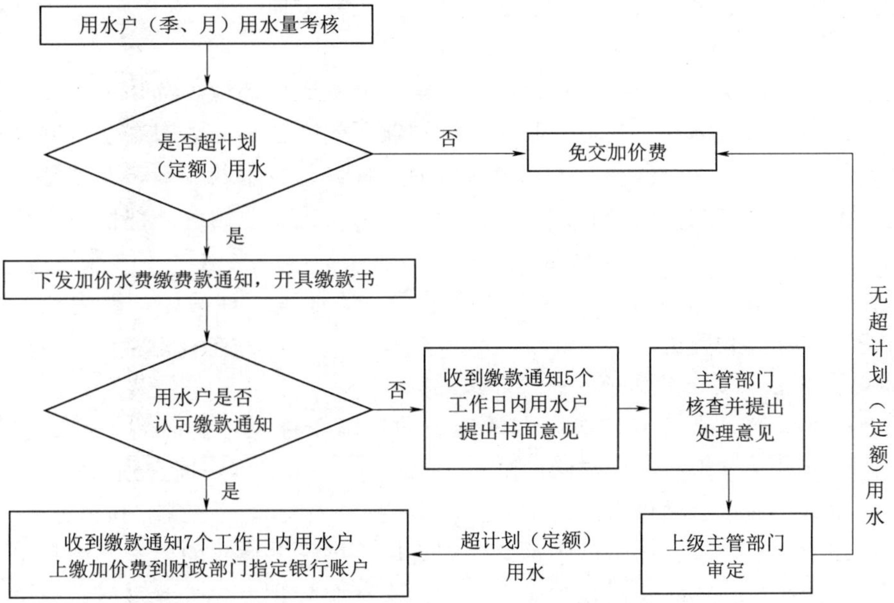

图11.1 非居民用水超计划（定额）累进加价费收缴程序

表11.2 部分省份非居民用水超计划（定额）累进加价标准

省份	加价载体	加价阶数（下线和上线）	加价倍率
天津市	自来水费和水资源费	5（10%～40%）	1～10
吉林省	水资源费	4（10%～30%）	0.5～3.0
内蒙古自治区	水资源费	4（20%～60%）	1～4
山东省	水资源费	3（10%～30%）	1～3
甘肃省	水资源费	3（10%～50%）	1～3
上海市	自来水费和水资源费	—	2～10
江苏省	自来水费和水资源费	4（5%～30%）	1～5
北京市	自来水费和水资源费	3（20%～40%）	1～15
广东省	水资源费	4（10%～30%）	1～3
河南省	水资源费	4（10%～30%）	1～4
河北省	自来水费和水资源费	3（20%～40%）	1.5～3

11.4.4 水价调控战略

价格机制是市场机制的核心。水价调控在促进工业节水中具有关键作用。促进我国工业节水的水价调控战略是一个战略体系。

1. 体现资源稀缺程度的工业水价调控战略

在工业水价的内涵组成中，体现水资源稀缺价值的资源水价和体现水资源所有者权益的水资源费是工业节水价格调控的主要变量。当前，我国工业水价调控应以充分体现国家作为水资源所有者的权益为重点。在未来一段时期，我国工业水价政策的制定应把资源水价和实行阶梯式计量定价作为深化工业水价改革的主要方向。

2. 体现外部性内部化的工业水价调控战略

在工业用水的污染水价和生态水价中，完全、准确的外部性内部化定价政策不直接以工业节水为目的，但足额到位的排污收费机制和兼顾效率公平的生态补偿机制具有重要的工业节水效果。随着水生态保护和水环境污染的产权界定技术的突破，尤其是水资源和污水的计量成本的下降，在使用者和污染者付费原则下实现工业用水外部性内部化已经成为可能。在工业用水的上端——取水端，要实施“谁保护，谁受益”和“谁使用，谁补偿”的生态补偿机制，在工业用水的下端——排水端，要体现“谁污染，谁治理”和“谁污染，谁付费”的排污收费机制。

3. 体现产业管制要求的工业水价调控战略

制水企业的管控是水价调控战略有效实施的保障条件之一。商品水价是主要管控变量，其调控思路是“该涨的涨，该降的降”：一要管控制水成本，通过创新管理出效益；二要管控供水品质，通过多样供水降成本；三要管控水厂利润，通过控制收入促公平。水厂要想方设法降低制水成本、增加供水种类，满足用水需求多样化的要求，满足工业用水价廉达标不超标的要求。要防止出现工业水价与供水企业的收入齐头并进但工业节水效果不明显的现象。

4. 体现各种供水统筹的工业水价调控战略

工业节水的价格调控战略不仅要反映在公共供水的水价之中，更要反映在自备供水的水价之中。如果对自备供水不加控制，工业节水最终会一场空。因此，必须要加强自备供水的监管。首先，对于自备供水的企业都要申请登记，取得取水许可；其次，取水数量要纳入区域社会的总量控制之中，绝对不能游离于总量之外；再次，政府部门要加强企业取水和排污的检测监管，坚决杜绝偷采偷排现象；最后，根据企业取水和排污的情况收取体现水资源所有者权益的水资源费、体现水生态保护的生态补偿费、体现水环境治理的污水治理费等。

如此，自备供水的水价调控应从四方面深化改革：取水许可收费（基本费和管理费）、取水计量收费（水资源费和生态补偿费）、总量控制收费（递增的阶梯定价和超额用水加价）、排污计量收费［（分级的）污水治理费］。

5. 体现因地制宜原则的工业水价调控战略

工业节水的价格调控战略须因地制宜，注重调整水价结构，细化水价组成功能。水资源严重短缺的地区实施递增的阶梯式水价制度重在体现用水的稀缺价值和用水的公平原则，即以资源水价中的生态水价部分对给定的由其他地区或其他主体生态保护的水资源进行生态补偿。水资源短缺情况不严重或水生态脆弱的地区也应实施递增的阶梯式水价制度，但重在通过提升水价努力实现本地区的水资源供需平衡和工业经济良性发展。水资源比较富余同时水生态又良好的地区既可以采取固定费率的计量水价，也可以采取递增的阶梯式水价，灵活的水价政策重在协调地区工业经济发展和水生态保护的正外部性。如果正外部性高于地区工业经济的直接发展收益而，且正外部性又能通过受益地区的水价政策得到补偿，那么水资源富余且水生态良好的地区应采用递增的阶梯式水价制度。

这样，基于大调控观的差异化政策，可发挥水价调控的全国性作用。在统一推进节水的前提下，合理调配水资源供给那些节水潜力有限但工业用水效益突出的地区和省份，应从整体上提高全国的工业用水效率。从用水地区补偿供水地区的角度，应深化水价中的生态补偿水价改革；从国家大调控的角度，应在水价中深化国家作为水资源所有者的权益改革，即水资源费改革；按照两步走的观点，工业用水的水价改革应先进行水资源费改革，再进行生态水价改革。

11.5 水价调整对策

11.5.1 完善工业用水水资源费制度

(1) 明确水资源费构成，提高水资源费征收标准。水资源费对于工业公共用水与自备用水都有着显著的影响，是工业节水的关键。地方政府需要进一步提高水资源费征收标准以释放更多的节水红利。工业水资源费偏低的原因主要在于没有明确水资源费的构成。水资源费应该由三个部分构成：水资源所有权价格、稀缺性价格和劳动补偿价格，而大部分地区的水资源费构成并不完整。一些地区的水资源费仅仅是以劳动补偿费用来定价，如陕西、湖南、北京、江西等；一些地区如内蒙古并没有对水资源费作出说明，而更有甚者认为水资源费仅是一种象征性的资费标准。地方政府在提高水资源费过程中可以通过立法的形式明确水资源费的构成，进一步提高水资源费。

(2) 理清水价结构，提高水资源费占水价的比重。水资源费占水价的比重会通过影响水资源费弹性进而影响工业用水。因此，在提高水资源费时，需要进一步理清水价结构，提高水资源费占水价的比重。地下水水资源费比重已发挥作用，但地表水水资源费由于占水价的比重较低，对工业用水需求的影响还不甚明显。而且由于地表水与地下水之间存在“替代效应”，提高地表水水资源费对水资源的节约可能更为明显。因此，地方政府应着重提高地表水水资源费占水价的比重。

(3) 建立健全工业水资源费征收的运行机制。水资源费对工业节水的影响不仅取决于用水需求的弹性，还取决于水费征收的运行机制。但实际中，地区政府对水资源费征收工作重视性较低和积极性相对较弱，从而大大降低了水费的节水绩效。按照规定，我国水资源费由省级政府价格部门会同财政、水行政部门制定，由县级以上政府水行政部门向取水单位和个人征收，征收资金按照 1：9 的比例分别上缴中央和地方国库。从这里可以看到，地方政府只有决策和管理权，没有使用权。水资源费权责不统一的体制大大降低了地方政府对水资源费征收工作的重视度与积极性。针对这一问题，中央政府需要对现行的水资源费征收的运行机制进行完善。一方面需要适当“放权”给地方政府。比如，在水资源费资金的使用上，可以抽取小部分留作地方政府水资源管理工作的自主使用资金。另一方面，中央政府可以实行水资源费征收工作考核制度。对水资源费征收率高的地方政府予以奖励，而对水资源费征收率低的地方政府予以一定量的处罚。总而言之，中央政府既需要实行一定的强制措施，又需要建立相应的奖励机制，以建立起水资源费征收工作的有效运行机制。

11.5.2 完善超计划定额累进加价制度

为进一步深化水价改革，加强节水工作，建议尽快由国家发展和改革委员会、水利部、全国节约用水办公室联合制定出台有关政策性文件，加快完善并进一步推进实施非居民用水超计划（定额）累进加价制度。

(1) 全面落实城市供水价格分类改革。《关于做好城市供水价格管理工作有关问题的通知》（发改价格〔2009〕1789号）已明确提出“逐步将现行城市供水价格分类简化为居民生活用水、非居民生活用水和特种用水三类”。因此，对于尚未按要求开展供水价格分类改革的城市，应尽快修订城市供水价格分类，明确非居民用水具体范畴，即非居民用水超计划（定额）累进加价费的征收对象是工业、经营服务业和行政事业单位用水。不论是自备水源取水还是公共管网取水，都应统一实施超计划（定额）累进加价。

(2) 授权地方水行政主管部门统一归口管理。明确地方水行政主管部门对非居民用水超计划（定额）累进加价制度负有统一管理职责。进一步规范用水计划制定下达、用水量核查、加价费测算和收缴等管理流程，强化对取用水全过程的监督管理。建立取用水统计信息管理系统，实现供水企业的供水基础信息和节水管理机构联网共享，搭建用水单位欠缴加价水费公示平台。完善加价水费收缴机制，探索实行银行托收或供水企业代收等收费模式。

(3) 尽快修订行政事业性收费项目目录。非居民用水超计划（定额）累进加价不是市场行为，应属于行政事业性收费。在国家层面，尽快将非居民用水超计划（定额）累进加价费纳入国家行政事业性收费项目目录。地方层面，各省发展改革部门和水利部门应积极与财政、物价部门沟通协调，尽快将其列入各省级行政事业性收费项目目录。

(4) 明确水资源费为累进加价主要载体。非居民超计划（定额）用水是指超量使用水资源指标，在我国实行取水许可制度和用水总量控制制度的条件下，这种水资源指标的超量使用实际上是超用了水权指标。征缴加价费的目的更多的是实现节约用水目标、珍惜水资源，因此把水资源费作为加价载体更契合这个宗旨，并且具有法律依据（《取水许可和水资源费征收条例》）。因此，应明确规定水资源费作为非居民用水超计划（定额）累进加价的主要载体。

(5) 严格规范加价费的使用和管理。参照水资源费征收和使用管理规定，充分考虑非居民用水超计划（定额）累进加价费的地方特性，明确规定加价费全部解缴地方国库并全额纳入财政预算管理。明确规定加价费主要用于水资源的节约、保护和管理，重点是节水技术研发和推广、节水设施建设以及水平衡测试补助、节水先进单位和个人奖励，不得用于城市经营性基础设施建设。

（6）改“超计划（定额）”为“超计划”为主。《水法》和《取水许可和水资源费征收条例》规定，取用水户按照批准的取（用）水计划取（用）水，并实施超计划（定额）累进加价制度。但实践中，绝大多数地区主要根据用水计划完成情况，实施超计划累进加价。对于超定额用水，由于制订的用水定额一时还难以满足所有产品的用水管理需求，且定额普遍明显偏大（高），超定额累进加价操作难度较大。为此，近期非居民用水超计划（定额）累进加价的重点，应明确以“超计划”为主。

第12章 用水权交易机制

科斯定理指出："只要允许市场自由交易，无论零交易成本还是正交易成本，只要进行清晰的产权初始界定，资源的配置总是可以达到有效的配置。"将科斯定理运用到水资源管理中，就形成了水权交易，即通过水权交易提高水资源的利用效率和配置效率。在水权的初始分配完成以后，就出现了水权交易的问题。进行水权交易就需要建立水权市场。水权市场是运用经济杠杆和政策调节水的供需关系，促进水资源的合理配置和高效利用的手段。通过水权转让的市场机制，交换双方的社会福利同时增加。而任何对人类有价值的自然资源在市场经济中都有价格，短缺资源的价格就应依短缺程度不断变化，不可再生的短缺资源就应有更高的价格，从而达到保护该资源的目的。水是对人类有极高价值的自然资源，在市场中应有其价格，就是水价。

从经济理论分析，水权、水价、水市场具备了商品市场的一般经济特征，但是由于水资源经济特征的特殊性，与商品市场又有所区别，水权的交易、水价的制定、水市场的监管和协调都要依靠政府的宏观指导，需要政府的政策扶持和法制保护，因此，水权、水价、水市场又不具备完整意义上的商品交易属性特征。

从三者的关系看，水权是基础，它是深化水价改革、完善水权市场的必要前提。因此，要建立和发展水权市场，首先要明晰水权，明确水权是可以交易和转让的，而且是有偿的。"有偿水权的提出是建立水市场的理论基础"。建立发育完善的水权市场是优化配置水资源的目的。水价是配置水资源的重要手段，是水权转让的有效形式，是水权市场发育的杠杆。不断调整的水价，对于水权交易和水权市场的发育与完善至关重要。

12.1 用水权管理内容

水权是产权理论渗透到水资源领域的产物。水资源本身是不可专有的资源，社会可以通过建立财产共有的权利，建立和实施规定谁在什么条件下可以使用水资源的法令来保护水资源、防止滥用并保障生产者获得合理的和有保障的收入，从而达到水资源配置和使用的较好效果。这些关于使用的规定并不具有不减弱的财产权所有的高效率特点，但可以在专有财产权无法建立的地方建立一套切实可行的权利体系。从经济学角度分析，世界各国的水权制度实质上就是这类共有权利和使用规定。

所以，水权制度就是划分、界定、配置、实施、保护和调节水权，确认和处理各个水权主体的责、权、利关系的规则，是从法制、体制、机制等方面对水权进行规范和保障的一系列制度的总称。

根据不同的水资源状况和不同的制度背景，使用水资源的权利又具有不同的性质和结构，从而形成了不同的水权制度。水权制度又分为正式制度约束和非正式制度约束，正式制度约束是指对水资源使用具有强制约束力的控制，包括水法、水行政法规和水资源管理政策等；非正式制度约束是指由不同文化背景所形成的用水习俗和习惯。在正式制度约束和非正式制度约束中，正式制度约束的地位尤为重要，它决定了水权界定和水权运作规则，但是，正式制度的实施需要非正式制度约束的支持，从某种意义上说，非正式制度约束决定了正式制度约束的实现程度。

大多数国家的水权制度通常包括申请水权和用水许可的程序、范围，许可用水的条件，期限用水权的等级，用水权的丧失、终止与转让，以及有关奖励和处罚的原则等内容。

根据国外的经验，水权制度一般应包括下列内容：对水权构成中各项权能的权益、责任和义务进行规范，对水权的内容、取得方式、转让条件和程序等一般原则作出规定；在水资源调查评价、水资源开发利用规划的基础上，完善水资源宏观配置制度和定额管理等各项水资源管理制度；建立流域水资源配置制度和民主协商的决策机制，规定流域水资源的分配原则，完善取水管理制度和水资源的总量控制及定额管理制度；根据水资源的经济内涵和定价原则，合理确定有关税费，完善水资源的有偿使用制度；建立水权流转制度，规范水权转让的内容，特别是对于水权的归属、权限范围和取得水权的条件在程序性规范、组织法规范、实体法规范等方面建立完整的制度，即对各种水权的获得和流转均规定出严格的程序，对各种水权的获得和流转的实施人应有严格规定，对各种水权的获得和流转应有明确的条件和法律规范，对水权的转让价格也应有一定的管制，规定价格不合理上涨时应采取的必要措施。

12.2 国内外用水权管理典型案例及启示

12.2.1 国外用水权交易案例

国内外已有水权交易案例大多都属于取水权交易，没有在城市管网范围内的用水权交易案例。因此，本书不得不选取农业用水权交易案例，即加州水银行和张掖水权交易的案例进行深入分析，从中总结对城市用水权交易的启示。

在水资源供给小于需求的条件下，水权转让是进行有限水资源重新配置的重要手段，而美国的水银行制度为水权转让提供了有效的途径。水银行制度开始是专门为农业用户设立的，为农业用户的水权转让提供了良好的场所，为实现高效用水与节约用水发挥了积极的作用。

1991 年是加利福尼亚州发生连续干旱的第五年，州政府（水资源局）建立了早期水银行。这年春天，该银行订立了 348 个购买合约，约有 8.758 亿 m^3 的水进入水银行。水银行的水有三种来源，即由于耕地休耕而减少的用水、抽取的地下水和其他水库释放的蓄水，其中大约 80%来自休耕耕地和地下水。为支付从农业灌溉等渠道转让而来的水资源，州政府将收购价格从平时 0.89 美分/m^3 上涨到 4.05 美分/m^3，这个价格足以达到鼓励土地休耕的目的，并偿付所有固定成本（包括在土地上的投入和因休耕而失去的收入）。水银行有十个买方，多数买方还拥有其他供水水源，他们利用水银行的水只是补充其供给。1991—1992 年，水银行共销售输出 4.934 亿 m^3 供水，考虑到转让水资源的输水损失和项目管理成本，水银行的售价是 13.78 美分/m^3，如加上买方各自的变动成本，其单位供水总成本在 14.59～19.05 美分/m^3。加利福尼亚州水银行水权交易过程分析如图 12.1 所示。

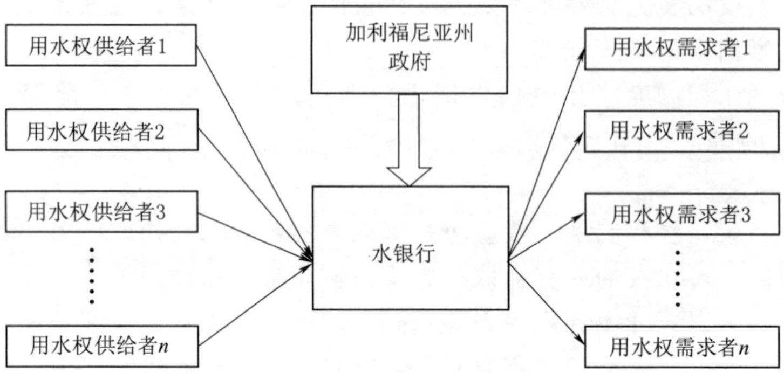

图 12.1 加利福尼亚州水银行水权交易过程分析

早期水银行水价较高，对农业用水区而言，主要是为了维持那些资本投入高的常青树和藤蔓作物的生长。与水银行相关的是水市场的形成和州与州之间相互调剂余缺机制的建立。加利福尼亚州都市水管理局于1994 年与 PALOVERDE 灌区签订了一项协议，在 PALOVERDE 灌区试验休耕。都市水管局支付农户 2500 万美元，要求农户在 8187km^2 的土地上休耕，以此交换 2.3 亿 m^3 的水量。1998 年 4 月，帝王谷灌区与圣地亚哥签署了一项协议，在 45 年内，帝王谷灌区从节约的水量中每年向圣地亚哥出租 3.7 亿 m^3 的水使用权，并得到相应的付费。因为帝王谷灌区向圣地亚哥输水必须通过都市水管局的渠道，所以州政府拟投资 10 亿美元资助都市水管局进行设施维护和更新，以体现政府对水资源再分配的支持和投入。

水银行按照股份制的形式建立，股东分别为公共工程投资的出资人，但具体事务仍由国家水资源管理局管理，这主要是基于他们对水资源信息的掌握与多年管理的经验。由于加利福尼亚供水工程设施对卖方的水资源输送很重要，州政府往往成为协商与协调水权转让的机构。由此可见，水银行是在国家水行政主管部门宏观调控下建立的以水资源为服务对象的类似于银行的企业化运作机构，它主要是一个集中统一水资源买卖的购销中介机构。因此，水银行制度是关于拥有特定水的使用权的个人或组织，按照合理的运作模式将多余的水存入水银行而获益，而需水方在需要时只需付款即可取得水使用权的制度。

12.2.2 国内用水权交易案例

国内水权交易大多为取水权交易，用水权交易实践较少，张掖洪水河灌区的水票交易可以作为用水权交易的案例。

张掖地区的洪水河灌区最早开始进行用水权交易的探索。灌区首先要求各乡、村和灌溉受益单位在实地测量的基础上，如实向水利部门上报灌溉面积，以此作为“判定配水面积”，作为初始用水权分配的依据。20 世纪 80 年代初开始，灌区判定用水权面积逐渐向生产小组进而向各农户分解落实，用水权面积层层分解保证了水资源配置能直接到达终端农户手中。每个农户都拥有比较稳定的用水权预期，而且可以根据各用水单位之间用水效率的不同，开展用水权的交易。在用水权面积过户的同时，用水权利和相应面积所承担的水利义务也一并过户。

伴随着灌区管理体制的改革，洪水河灌区的用水权分配采用了“灌溉管理单位＋农民用水者协会＋用水户”的管理体系。在斗渠口以下渠道，以村为单位组建用水者协会，迄今已组成“农民用水者协会”45 个。协会由农民选举产生，负责将用水权分至各农户，向农民出售水票、养护配套水利设施、调节水事纠纷等。

在开展节水型社会试点以来，洪水河灌区在原有初始用水权明晰、用水权面积交易的基础上，进一步进行用水户间水权交易的探索。如图 12.2 所示，由于用水权管理不再仅仅依靠村干部等行政力量，也不再依靠灌区管理单位，而是有了用水户自己直接参与的农民用水者协会在其中发挥积极的协调机制，使得用水户拥有了管理的自主权，水权使用和用水权交易中的种种矛盾得以顺利化解，因此大大节约了交易成本。

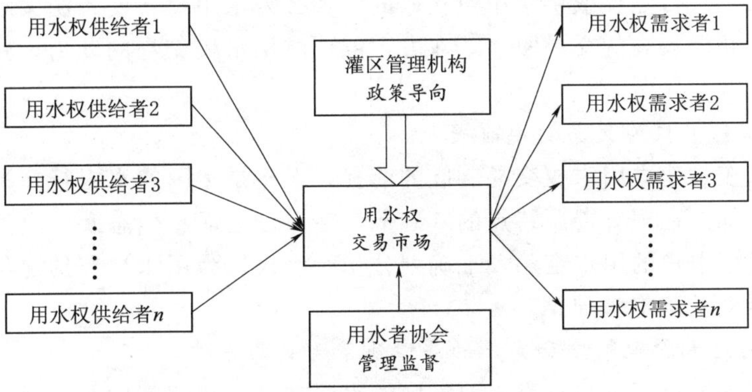

图 12.2　张掖地区农户用水权交易实例分析

在用水权市场建立以后，市场主体变为需求者和供给者，政府不再直接干预，而是变为制定规则、为用水权市场创造政策环境，这样市场机制在水资源的二次分配中发挥了基础性的作用。灌区管理机构代表政府行使管理职能，在初始水权的分配上扮演“裁判员”的角色；而农民用水者协会作为一种社会自治组织参与用水管理，在水资源二次分配即用水权交易上扮演“裁判员”角色。这样的管理者身份较为明确，大大降低了政府和全社会的管理成本。

张掖灌区农民用水实行“水票制”。水票是用水水量和用水水价的集中体现，在这种情况下每次交易的用水量数量较少，但总体上看其交易规模就很可观，可以起到有效优化用水结构的作用。核发用水户水权证以后，对初始用水权的分配基本完成，即由用水户持水权证向管水单位购买每灌溉轮次的水量，供水机构凭票供水。农民以持有的水权证核定的水量作为依据购买水票，用水时先交水票后放水。水票成为控制各用水户年度用水总量的手段，也是进行用水权交易的载体。根据规定，如果初始水权分配后仍存在用水户之间的丰缺不平衡状况，则须通过用水权交易市场进行用水权再次分配，即通过市场交易从水票节余者手中购买水票。农户节约的水票在同一渠系内可以转让，一般情况下转让价格不超过基本水价的2倍。

12.2.3 经验借鉴

通过对上述案例的分析还可以看出，用水权交易需要一定的形成条件。它是一种利益驱动机制，水资源短缺是基本推动条件，明晰初始水权是交易的制度条件，必要的基础设施是交易的平台与硬件条件，规范的用水管理制度和配套的法规体系是交易的保障条件等。

1. 水资源短缺是用水权交易的动力

在水资源禀赋和利用情况方面，城市用水权交易是有前提条件的。只有在水资源短缺的条件下，才有可能产生用水权交易的实践。加州水银行和张掖灌区都处于干旱地区，工农业生产受到有限水资源的严重制约，通过水权交易，促使有限水资源获得更为优化的配置，支撑区域经济社会的可持续发展。

在丰水地区的城市，各部门之间用水矛盾冲突不大，水资源的获取是随时随地的，而且是无偿或低成本从自然界或供水单位获取的，那么需水用户不受资源紧缺的限制，节余用水用户也不能获得较高的交易收益，双方不能形成用水权交易的动力，就不会产生用水权交易行为。

2. 以明晰初始水权为交易制度前提

明晰初始水权是建立用水权交易制度的前提。无论是美国的水银行还是张掖洪水河灌区的水票交易，都是在现有资源特点的基础上，在保证生活、生态及一定的生产用水条件下，合理界定各用水户的用水定额，准确划分初始水权，为用水户节约定额内用水、进入用水权市场进行交易奠定基础。

3. 以规范的用水管理制度和完善的法规体系为交易保障

无论是美国水银行还是张掖洪水河灌区的水票交易，政府都建立了税收、价格等多方面的法规、政策，以规范交易秩序，使交易活动成为制度化、经常化的行为。制度建设是用水权交易活动健康发展的基本保障，只有在法律、法规有利于终端用户转让用水权的氛围下，交易行为才能发生。

4. 以必要的基础设施建设为基础

美国加利福尼亚州和我国张掖灌区的供水设施和拦控工程都相对完善，供水管网、渠系末端都设有较为精确的量测工具，为转让水量的计量提供了较好的技术手段，便于用水权实现快捷的流转。相对完善的工程及配套设施是用水权交易的必需条件，在调水技术、输水条件、测水手段较为先进的基础上，用水权交易制度才能发育起来。

12.3 用水权交易制度框架

建立城市用水权交易制度，需要明确制度创新的指导思想和基本原则，理清推进建立城市用水权交易制度的基本思路，制定交易制度各项措施和方案，形成科学合理的制度体系，保障制度设计和制度实施的顺利进行。

12.3.1 指导思想

以科学发展观和可持续发展水利思路为指导，根据社会主义市场经济体制改革的要求，围绕节水管理制度体系的建立和完善，明晰初始用水权，健全用水管理、水价及水市场等相关制度体系，建立城市用水权交易制度，形成城市用水权自由流转的市场机制；形成以水权交易为载体的节水激励机制，充分发挥市场在水资源配置中的基础作用；形成政府宏观调控与市场机制相结合的节约用水机制和资源配置机制，不断提高水资源的利用效率和效益，实现水资源优化配置的目标。

12.3.2 基本原则

在建立城市用水权交易制度的过程中，需要遵循以下几项原则。

1. 节水行政管理与市场激励机制相结合

目前的节水管理主要依靠政府行政管理手段，通过削减计划指标的方式实现。城市用水权交易制度并不是完全取消节约用水的行政管理方式，而是对其进行有效补充。用水权交易是在市场中完成的，但并不是完全的市场竞争过程，而是需要在政府鼓励、指导、管理、监督下完成的“准市场”过程。政府部门需要建立用水权供需信息交流平台，保证转让的用水量到位，确定用水权交易价格，在整个过程中，政府都需要起到积极的引导、监督、管理作用，以保证每一个环节正常运行。为建立完善的城市用水权交易制度体系，政府必须加强城市用水管理体制的市场化改革力度，同时强化政府对涉水事务的宏观管理职能，克服市场机制中的弊端，理顺体制，健全各项法律法规，提高城市用水管理水平。

将政府宏观调控和市场调节两种手段有机结合在一起，通过完善定额内与定额外的市场化节水机制，促进在总量控制下的定额管理制度，在城市计划用水管理体制的基础上，经过完善可以逐步探索建立定额管理制度，增强用水管理的科学性。

2. 效率与公平兼顾

自然资源尤其是有限资源的合理配置，从政府决策的角度必然涉及公平与效率两大准则。资源配置与个人分配原则不同，个人分配原则是“初次分配注重效率，再分配注重公平”；而自然资源分配则恰好相反，遵循“初次分配注重公平，再分配注重效率”。

用水权初始分配和交易过程正是如此。居民基本需求和生态环境需求用水一般不参与用水权交易，要由国家根据公平和保护原则进行配置。而在初始用水权确定以后，着眼于经济效益和资源利用效率，在生产性用水户之间开展用水权交易，就可以通过经济手段实现节约用水、调剂余缺、优化配置的目的。

3. 制度创新与实践试点相结合

为加速培育水权市场、推动节水型社会建设，需要完善现有法规政策，促进制度创新，积极建立完善用水权交易所必需的制度体系。用水权交易对于城市用水管理实践是一种有效提高利用效率的激励机制，在试点过程中必须坚持制度创新与实践结合的原则，实现水资源优化配置和使用结构调整。

首先选择条件成熟的试点城市，通过积极引入市场机制，建立合理的水价形成机制，设计相应用水权交易制度体系，推动配套基础设施建设，完善相关政策法规，通过实践检验市场交易机制的作用；在试点的基础上，总结其成功经验和存在问题，并上升到制度层面对原有用水权交易机制进行补充、完善，逐步扩大试点范围，由点到面，在全国范围内推进以城市水权水市场为核心的节水型社会建设，保证城市水资源管理事业持续健康发展。

用水权交易受不同地区、不同季节等时空条件影响较大，水市场只能在有限的领域内发挥作用。用水权交易市场的建立和发展需要完整科学的理论体系进行指导，建立用水权交易制度是一个逐步实践探索的过程，需要在大量的交易实践中不断健全、完善。

12.3.3 基本思路

贯彻《水法》建立节水型社会的要求，改变主要依靠行政措施压缩用水指标、推动节水的做法，依据定额分配初始用水权，建立城市用水权交易制度，通过行政、工程等多种措施搭建城市用水权交易平台，构建以市场交易为基础的用水权流转机制。

1. 以完善城市计划用水管理制度为目的

建立和完善城市用水权交易制度，其目的不是为了废除原有的城市计划用水管理制度、另建一套管理制度和组织体系，而是要完善原来的计划用水管理制度。城市用水权交易制度是针对计划用水管理中缺乏计划指标内节水激励机制的问题而探索建立的，与超定额用水累进加价等计划指标外节水激励制度一起构成完整的节约用水激励机制，将起到完善节约用水管理制度的作用，而不是瓦解、破坏原有的计划用水管理制度。

计划用水管理制度同时也是城市用水权交易制度的前提和基础，两者是相辅相成、互相促进的。在选择试点的过程中，只有在那些计划用水管理制度成熟的地区才宜推进建立用水权交易制度。如果原有计划用水管理体系不完善，组织体系和基础设施不完善，是无法建立城市用水权交易制度的。

2. 先试点，再完善

城市用水权交易制度建设是具有开创性的事业，目前国内成熟的案例很少，国外也缺少现成的经验可循，其经验只能来源于实践。在可持续发展水利和新时期治水思路的指导下，选择水资源较为短缺、计划用水管理制度运行较为成熟的城市进行试点。通过试点示范、经验总结、制度推广，探索建立城市用水权交易制度的方式方法，完善基础设施建设和用水权交易规则，推动节水型社会建设。

3. 逐步探索，稳步推广

在试点探索的基础上，以节约水资源和高效利用水资源为导向，以水资源的合理配置和节约、保护为核心，兼顾经济效益与环境影响，有步骤地实施工程措施与非工程措施，逐项实现法律、行政、经济、科技、宣传教育等用水管理手段，逐步落实用水权流转的各项准备工作，在条件成熟的城市优先建立城市用水权交易制度，并通过不断总结经验教训，在全国范围内稳步推广城市用水权交易制度。

12.4 我国城市用水权交易过程分析

城市用水权交易制度是一个制度体系，在明确交易定位的基础上，通过交易组织明确交易管理职责、权限，制定交易程序，通过交易价格形成机制形成用水权的市场价格，并充分发挥政府的监管、协调职能，最终完成用水权交易的全过程。

城市用水权交易制度必须以初始赋权机制和超定额累进加价制度为基础，建立明确的交易规则，明确交易过程中各类主体的职能。以科学定额为标准，参照以往用水指标分配初始水权，按照水资源优化配置和高效利用的政策导向，界定可交易用水权的范围；在合理的水价形成机制基础上，分类制定阶梯水价制度，创造节约用水的价格激励机制；选择用水权交易的形式，完善交易规则，建立用水权交易市场；交易市场遵循已有的交易机制和协调规则，定期公布供需状况，积极促成交易。

城市用水权交易制度需要建立完整的组织体系。在原有的水行政主管部门基础上改组，水行政主管部门代表国家行使对城市水资源的管理，界定用水户的初始用水权，监督交易水权申报、定价、出售、转让的全过程；在原有供水机构基础上改组，供水经营单位为用水权交易提供现实途径，根据交易协议重新编排配水计划，完成供水等环节；在由用水户个体通过自愿买卖行为完成用水权交易的情况下，交易协商组织是用水权交易组织体系中的关键，是用水户自我组织、民主管理的非盈利性机构，起到信息桥梁的作用，将用水户意愿进行有效集中，使节余用水户和需水单位及时了解信息并达成交易意愿，促成交易实施。

实现用水权交易制度，必须根据用水权交易的要求对水管机构及其职能进行调整和重新设计，建立起与市场交易机制适应的服务和管理机构体系。

12.4.1 交易过程分析与程序设计

1. 交易过程

城市用水权交易的总体过程如下：

（1）结合计划用水和定额管理，由城市水行政主管部门负责，完成初始用水权的分配。

（2）由水行政主管部门主导，选择用水权交易的形式，如市场交易、定价收购等方式，完善交易规则，建立用水权交易市场。

（3）各用水户根据当年的用水指标及节水措施实施力度确定预期交易量，做出购买或出售决策，向用水权交易市场发出交易信息。用水权交易市场公布供需状况，遵循已有的交易机制和协调规则进行交易。

（4）在年末，城市水行政主管部门整理交易记录，总结当年用水户的用水量、交易量和超额用水量等情况，给出下一年的初始水权调整意见。

城市用水权交易的总体过程详见图 12.3。

2. 交易程序

城市水行政主管部门要给用水户创造一个良好的交易环境，使用户可以将多余的或节约下来的水权方便快捷地转让出去。用水权转让一般为阶段性转让，节余用水者将本年度或今后几年的用水权转让给需水者。

用水权交易可以由双方私下协商进行转让，在达成用水权转让协议后，到水行政主管部门登记办理过户手续，需水方可以以此为依据，向供水单位索取用水指标进行使用。类

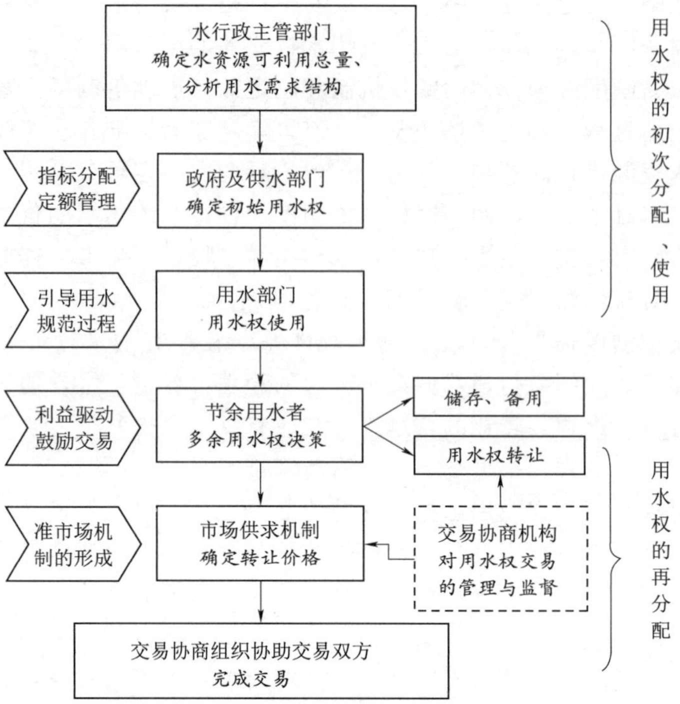

图 12.3　城市用水权交易的总体过程

似的交易可以多次进行，为使用水权市场长期稳定、交易价格不发生剧烈波动，也可以对用水户交易频率作出限制。

除了到水行政主管部门办理过户手续这种形式以外，用水权交易也可以在一个公共水权交易中心或交易大厅中进行，这一般需要建立一个网上交易平台和交易系统。交易系统根据价格优先、时间优先的原则（交易者同时提出要求，视价格高低而定；交易者提出同样价格要求，视时间先后而定），由系统自动安排完成交易。为了缩短交易时间，保持交易的公平性，用水权交易系统还可以建立一个协商机制，待双方或几方达成协议后，再通过报价系统进行交易。此外，还可以建立网上拍卖系统，由节余用水者提供自己的可交易水量，提出自己的交易期望价格，由需水者报名参加竞拍，在预定时间内按照最高价成交。

城市用水权交易的具体程序（图 12.4）如下：

（1）由水行政主管部门指导协调各方用水户，组建成立城区用水户协商组织。主要负责搭建平台，建立用水权交易大厅（可以作为用水户协商组织的办公地点；一些城市如天津已经建立了水费交易大厅，可以在此基础上进行改造），并涉及相应管理规范、制度，把握宏观交易体制顺畅。

（2）用水户形成过剩水量需要进行交易。进入交易大厅，由用水户协商组织完成交易主体资格确认和可交易水权数量确认。

（3）建立用水权供需公示信息系统。用水权供给者和需求者在交易大厅中登记后，通过信息系统互相联系，确认交易意向，然后进行交易意向登记，由市场监管机构确认是否

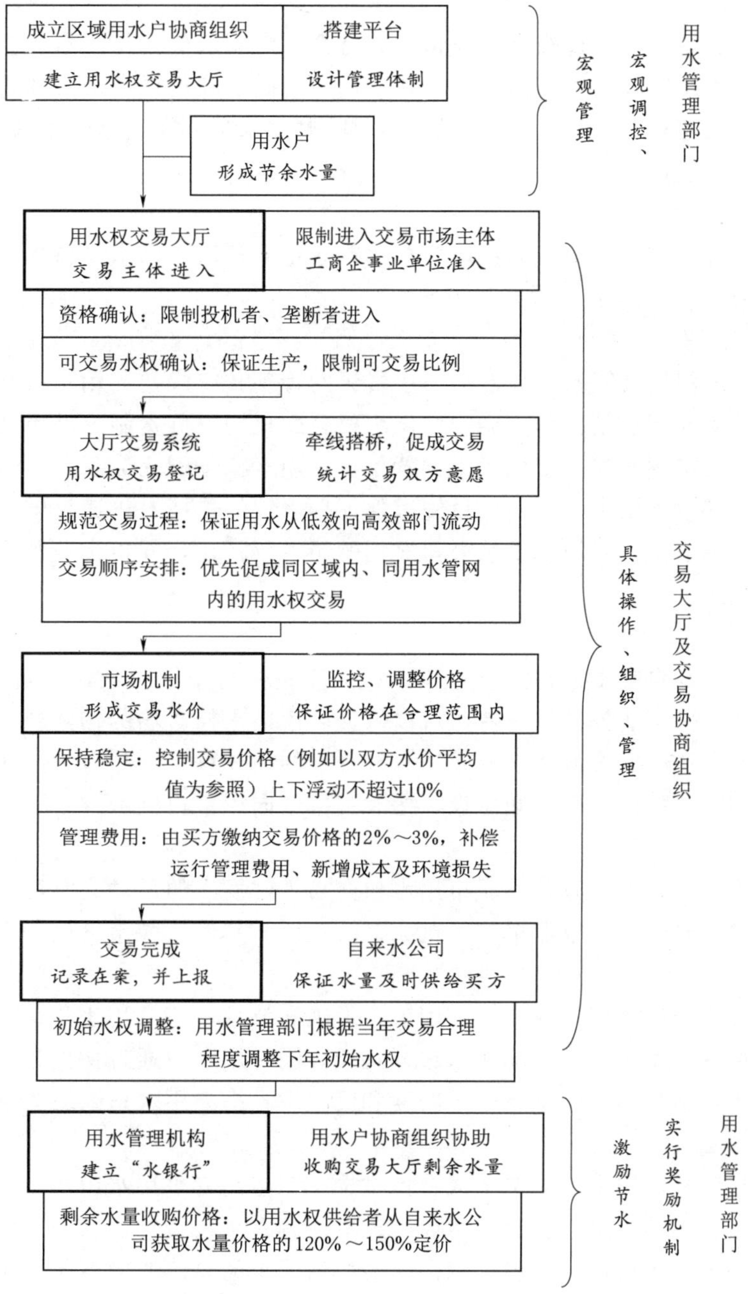

图 12.4 城市用水权交易的具体程序

属于规范交易，并确定其交易的优先程度。

（4）双方协商。参照市场价格和交易大厅推荐价格确定最终交易价格，由用水协商组织进行监控，调整价格在合理范围内，并保证价格市场稳定。

（5）完成交易过程。记录交易水量、交易价格及金额，由用水协商组织上报水行政主管部门，并通知自来水公司及时向买方供水。同时，水行政主管部门还要根据当年用水权交易合理程度制定下一年的用水计划或对用水户初始用水权进行调整，使之基本合理。

（6）用水权交易大厅统计交易完成情况。将大厅内剩余待交易水量规模等情况上报水行政主管部门，由水行政主管部门出面，在一定的基础设施建设和必要的管理制度建设的基础上，建立“水银行”，以一定的奖励价格收购剩余水量，完成整个用水权交易过程。

12.4.2 交易组织

城市用水权交易市场的组织体系应包括水行政主管部门、供水经营单位和用水户协商组织等几个部分。

1. 水行政主管部门

水行政主管部门代表国家行使对城市水资源的管理，完成初始用水权从国家到用水户的出售过程。其主要职责是：作为城市内用水权分配机构，负责制定城市初始水权分配方案并采取一定方式将用水权分配到供水经营单位；用水权分配完成后，负责制定城市用水权交易规则，负责改善城市公共基础设施以保证用水权的快捷、迅速流转，负责向用水户提供有关的水资源信息，组织各供水公司之间的用水权转让，并负责监督交易者，保证交易过程的顺利完成。

2. 供水经营单位

供水经营单位是自来水公司或其他供水机构，是具有企业独立法人资格的经济组织。供水经营单位作为供水业务的经营者，可以依据城市用水权市场的构建要求，根据城市水资源的实际情况，从政府获取用水权及用水权分配的指导意见；与有关的用水单位签订合同和协议；根据有关的用水合同和协议，按时、按量向用水户供水。

3. 用水户

用水户是水权交易的主体，是城市用水权交易事件发生的源动力。可以参与城市用水权交易的用水户主要包括企事业单位、机关、学校以及其他从城市管网中取用水资源的社会组织。

用水户通过积极提高用水效率、采用节水设施和技术，节余用水指标，在水行政主管部门的宏观调控下向用水交易市场或水银行转让。同时用水户通过协商组织，积极参与水市场的运行管理，增强用水权交易的透明度和民主性，提高用水户组织的自我管理水平。

4. 交易协商组织

交易协商组织是由用水户自愿组成、民主选举产生的管水用水组织，属于民间社会团体性质，例如成立用水户协会。交易协商组织也应具有法人资格，实行自我管理，经济上独立核算，是一个非盈利性的经济组织。交易协商组织的总体职能就是协助完成用水权的二次分配，帮助用水户完成用水权交易过程，对其中的所有行为进行监督。交易协商组织的主要工作是：代表各用水户的意愿向水行政主管部门和供水经营单位提出修改用水计划的要求；负责提供有关水资源信息，协助组织用水户之间进行用水权转让的谈判或拍卖，完成用水权交易过程。

这种通过交易协商组织进行用水权交易的方式以用水者之间的平等协商、相互尊重与制约为主，以行政手段为辅。它既突出了作为民事主体的用水者相互间对彼此财产权的尊重，充分发挥了用水者的管理积极性，又更多地运用了市场的力量来优化水资源配置，减少了政府部门对相应水事的管理，这对水资源的保护、节约并最终提高用水效率具有十分重要的作用。

5. 交易平台及水银行

在水行政主管部门的组织和交易协商组织的协助下，通过逐步完善相关基础设施建设，搭建起城市用水权交易的平台。

首先要完善基础设施建设，安装测量仪表对供水管网供水进行精确的量测；其次，完善供水管网监测、维护系统，保证对用水过程和用水权交易过程的有效监控；再次，建立城市用水权交易大厅或水银行交易大厅，建设用水权交易信息系统，为及时、便利地进行用水权交易提供基础平台；最后，健全交易大厅剩余水量收集制度，调节交易供需不平衡现象，及时回收交易剩余水量，并通过水银行制度，在干旱年份释放用水权，保证城市用水户社会生产活动的稳步进行。

12.4.3 交易管理

城市水行政主管部门应积极加强对交易市场的指导和监管，明确交易主体和客体的资格，确认可交易水权的数量，完善交易登记制度，适当调整用水权交易协议的年限，并及时对用水权交易产生的后果进行评估，逐步形成完善的城市用水权交易管理规范。根据交易的程序，管理部门要履行以下管理职责。

1. 登记

通过登记可以有效管理用水权交易，及时监控用水权的流向，避免用水权从高效部门流向低效部门，同时也可以监督恶意炒作、投机等行为。对于交易前后不改变水的用途、行业内部的用水权交易，可以免去登记，由用水协会自己监管；而对于跨行业、跨部门的用水权交易应该进行登记管理，重点监督其买卖双方的用水效率特征。

2. 公示

交易管理部门要建立公示制度，在法律允许的范围内，将交易者、交易内容、交易价格、节约用水者的节水措施、需水者的主要用途进行公示，允许第三方向交易管理部门提出质疑和申诉，并对可能对第三方造成的影响进行评估，协商确定继续交易、停止交易活动或补偿办法。同意交易后也要公示。

3. 监管

（1）对交易主体的监管。首先是确认用水权交易主体资格，确定用水权出让方拥有用水权数量与可出让数量，确定用水权受让方是否具有购买用水权资格；其次是对受让方用水权使用的监管，受让方在购买用水权之前，应事先向市场管理部门申报其水资源用途，根据水资源的高效配置原则，限制低效的、高污染的用水户从交易市场中购买用水权，确保水资源流向效益高、清洁型生产的用水户。

（2）对交易客体的监管。出发点是确保用水权的正常流动，防止用水权过分集中到少数用水户手中，使其囤积居奇，形成对用水权的垄断，给正常的生产、生活用水带来困难。对于用水户而言，用水权的转让也不应该超过现有用水权的一定比例，不应频繁地买进和卖出用水权，否则就可能不是为了生产而购买用水权，一旦发现这种情况，用水权交易市场监管部门应按照相应规定停止其用水权交易，终止其用水权交易者身份，并同供水经营单位协商，惩罚性削减其用水定额和计划指标。

(3) 对交易平台的监管。由于水资源的特殊性，水权交易的资格审查、交易方式以及水权定价等诸多问题，需要水行政主管部门进行规范与适当干预，建立对“水银行”的宏观调控和监管机制。具体的保障措施有：①拥有“水银行”适量的水权，掌握着水资源配置的主动权，起到调节水商品供求关系、确保城市水安全的作用；②“水银行”是水信息的加工厂，大量供求信息聚集在“水银行”，为防范由于信息不对称造成巨大的市场风险，可通过政府信息发布制度的建设，包括区域经济发展水平、产业结构变化、节水技术提高、气候干旱、水量供求状况、水价涨跌及水权转让价格的调整等信息的发布，使政府的相关政策、意图及时传达到“水银行”的供求双方，实现政府对“水银行”的宏观调控。

(4) 对交易价格的监管。在用水权交易市场上，交易价格是由市场上的供求关系确定的。但为了防止用水权的过度炒作，对用水权交易价格也要进行监控。一般而言，用水权价格由供水成本和机会成本决定，在丰水年份价格低一些，在枯水年份价格高一些，但用水权转让价格不应该过低或过高。为了平抑交易价格，政府可以通过建立“水银行”的形式，建立城市用水基金，在用水权价格较低时回收用水权，在用水权价格较高时卖出用水权，减少用水权转让价格的剧烈波动。

(5) 交易期限监管。一般来讲，用水权交易年限主要在双方达成协议的情况下确定，政府不应过多干预，但是在目前科技进步和经济社会发展的条件下，节水技术发展速度很快，在未来的一段时期内用水定额和计划指标都会发生重大变化，城市初始用水权分配不可能一成不变，因此以其为基础的用水权交易也不宜将转让年限规定太长，尤其在用水权交易制度尚未完善的情况下，应避免永久性转让。同时，为了避免过度投机行为，同一用水权交易也不应该过于频繁，应限制其转让周期的下限。

12.4.4 对第三方影响的评估和补偿

第三方影响主要有以下三类：

(1) 上游用水对下游的影响，特别是上游水权所有者将水权出卖给消耗型用水的用水者，这样必然会影响下游的水量和水质。

(2) 向水体排放污染物对水体的其他使用者的影响。水质的下降必然会降低水的使用价值。如果水权只规定了用水数量，没有注明水质参数，那么政府必须建立水质管理制度并向排污者收费，否则水质的不确定性会增加水权交易的风险。

(3) 对行业发展和就业的间接影响。如果水权交易发生在行业之间，可能会对买水的行业产生积极的间接影响，而对卖水的行业产生消极的间接影响。

在用水权交易中，应完善配套法规，保护第三方的利益，防止对环境造成负面影响。对环境造成影响的交易活动，要通知城市环境主管部门进行环评，通过限制用水或污水处理等手段，达到保护环境或生态的目的。

12.5 交易价格形成机制

结合对城市用水权交易制度的分析可以看出，水资源的稀缺程度、地区经济发展水平、人们的认识水平、政府的管理能力、政策、组织以及技术等因素都会对水权的交易成本和价格产生影响。

12.5.1 一般交易价格

交易价格形成可以用下式表示：

$$E=P+C+F+e \tag{12.1}$$

式中：E 为用水权交易价格；P 为原有水价；C 为用水权交易过程所引起的所有投入成本；F 为用水权交易的预期收益，由大量社会交易行为中用水权出让方的平均收益率确定；e 为随机因素，由交易双方的供求关系、交易环境等偶然因素决定，可正可负。

城市用水权交易过程中的新增投入成本 C 可以用下式表示：

$$C=C_g+C_o+C_e+C_c+C_j \tag{12.2}$$

式中：C_g 为进行用水权交易所付出的管理成本，由政府和水行政主管部门投入的人力、物力耗费费用进行计算；C_o 为进行用水权交易所必需的组织运行成本，由用水户协商组织运行所需的人力、物力费用进行计算；C_e为用水权交易对第三方所造成的损失，由环境价值损失计算，如果管理、引导规范，这部分成本有可能减少为零；C_c为进行用水权交易的工程成本，包括为交易顺利进行所附加的输水、调水工程及其他设施建设投入，城市的水利基础设施建设越完备，相应的用水权交易工程成本越低；C_j为用水权交易的纯交易成本，即为进行交易所付出的签订协议、法律程序、政策法规咨询等方面的费用，城市的市场交易机制越完善，相应的纯交易成本越低。

12.5.2 水权市场不完整条件下的交易价格

如果城市水资源市场机制薄弱，水权价格无法由市场机制形成，或者城市用水权供给者多于用水权需求者，需要建立“水银行”以收购用水权交易后的剩余水量，那么可以由水行政主管部门和用水户协商组织来简单制定交易价格：

$$k_l \cdot E_x \leqslant E \leqslant k_u \cdot E_x \tag{12.3}$$

式中：E_x为交易价格的期望值，可以为用水权供给者从供水单位获取用水水价的1.2～1.5倍；k_l和k_u分别为价格波动下限和上限，分别可以取90%和110%，即以期望价格为中心，上下波动不超过10%。

12.5.3 交易价格约束机制

在阶梯水价条件下，用水权交易价格除服从式（12.1）～式（12.3）的交易价格形成机制外，还要服从特定的交易价格约束机制。假设卖方从水行政主管部门购买的取水权价格为 P_1，买方也有权利继续从供水部门购买取水权，其取水价格为 P_2，这时用水权交易价格应满足：

$$P_1<E<P_2 \tag{12.4}$$

相应环境成本、管理成本应计入买方用水时多产生的环境损失价值。如果用水权买方为耗水多、污染大的低效用水户，这时为了形成正确的城市用水权交易导向，政府及水行政主管部门可以在交易价格形成后进一步增加惩罚性价格，即

$$E^0 = E + E_g \tag{12.5}$$

式中：E_g 为惩罚性价格支出，即低效用水户必须为多用水所必须付出的资源非优化配置代价，直接交给政府或水行政主管部门。

12.6 制度设计

城市用水权交易制度有其完整的、必不可少的管理体系及制度组成，详见图 12.5。

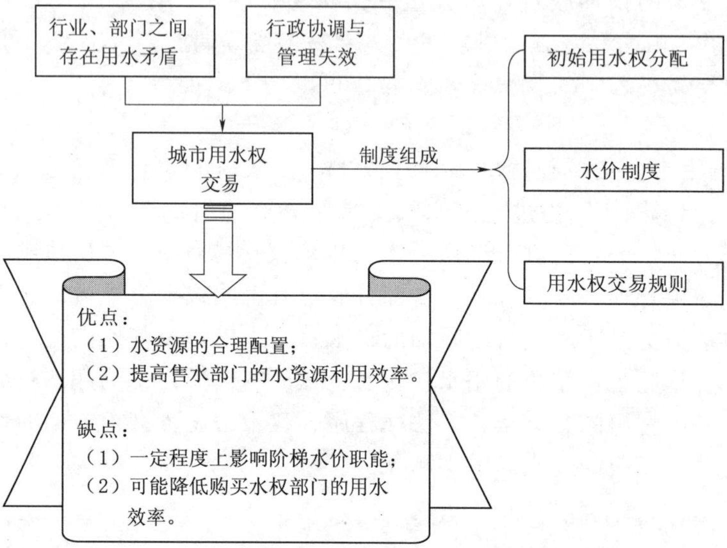

图 12.5 城市用水权交易制度建设

12.6.1 基础制度

1. 初始用水权分配制度

城市用水的初始水权是指以科学定额为基础，根据企事业单位实际的生产经营状况，确定用水单位拥有使用一定用水指标的权利。为避免不同年份径流量的随机性对各部门用水权带来的不确定性，初始用水权的分配可以采用固定水量或比例水权形式，比例水权以当年城市水资源量与多年平均水资源量的比例界定各部门的用水指标，从而形成按比例的用水权分配方案。

制定城市水资源规划，明确初始用水权，是建立用水权交易机制的基础。在用水权分配、调节机制中，需要专门设计一套具体的、可行的、有效的初始水权界定和登记、更新等处理办法。

2. 水价制度

目前我国城市水价仍处于较低水平，水费收取率也不高。如果城市水价不能达到合理水平，水费占生产经营成本的比重过低，水价不可能起到调节水资源优化配置、实现水资源高效利用的导向作用。在充分考虑用水户承受能力的基础上，完善水价核算体系，对现行供水成本核算、水价定价制度进行改革，逐步提高城市水价水平，发挥价格的杠杆作用，建立合理的供水水价形成机制，实行合理的水价分类制度以及用水权交易价格制度，以激励用水权交易行为，促进用水户之间的水资源合理分配使用。

同时，在大部分城市中，阶梯水价体系尚不健全。正常阶梯制水价形成机制是城市用水权交易实现的条件。如果使能节余水的用水户和有用水需求的用水户向供水经营单位取水存在价格差，有用水需求的用水户就可以产生向节余水的用水户协商进行用水权转让的意愿，并通过用水权的有偿转让使得交易双方都产生收益。需水方可能通过水资源的优化配置获得更多的经济效益，节余用水方可能从以较高的阶梯水价为背景的交易水价中获得更高利润，由此促发双方的交易行为。同时，用水权交易中的节余用水方必须为用水效率低下的部门，其用水收益率小于交易受益率；需水方必须为用水效率较高的部门，其用水收益率大于交易损失率。如果这两个条件不能同时具备，节余用水方用水收益较高或需水方用水收益较低，那么用水权交易也不会发生。

12.6.2 用水权交易规则

用水权交易制度的核心是建立一套明确的交易规则和交易程序。一旦各行业、部门的基本水权得到确定，由于初始水权确定采取一定程度的行政分配方式，水资源分配额同实际需要量之间必然会产生一定的偏差，这就要求进一步建立用水权交易制度。通过制定交易规则（包括交易条件、价格等）为买卖双方进行交易提供行为准则，建立起用水权交易管理模式，从而通过交易市场对水资源配置进行优化。

1. 可交易水权规范

可交易水权应符合以下基本条件：①必须是明晰的水权，包括水量（容量或份额）、水质、可靠性、使用的期限（在有效期内）以及输送能力等内容；②必须是没有争议的水权，是通过合法程序取得的水权；③必须是符合转让原则的安全水权，其交易不会对第三方和环境造成损坏或造成的损害小于潜在的收益；④必须经过水行政主管部门同意核准。

2. 建立交易者资格审查制度

水权交易双方要经过资格审查，通过收集有关企业损益、资产及经营活动等信息，同用户建立长期联系以便更好地加强信用风险管理。

水权卖方必须符合如下条件：①必须是可交易水权的合法拥有者，只有水权持有者才能将自己所拥有的水权加以转让，任何单位和个人都无权对不属于自己的水权进行转让；②转让的水权必须是可交易的和没有争议的水权，如果是由几个民事主体共有的水权，则应取得共有人的同意或共同授权；③卖方出售的水是可以利用的；④具备必要的输水能力。

水权买方必须符合如下条件：①符合取水条件；②扩大用水量的买方，要提供实施节水防污措施的证明，说明其是在节水基础上通过购买水权满足用水需要；③具备必要的输水能力。

3. 建立第三方影响的评估和补偿制度

管理机构应对水权交易可能造成的第三方影响进行评估，如果对第三方的损害大于水权交易潜在的收益，交易行为不能得到审批；如果对第三方的损害小于水权交易潜在的收益，必须在对第三方进行合理补偿后，交易行为才能得到审批。

4. 交易程序规定

交易程序应符合如下规定：

(1) 水权持有者和有意接受水权者分别向水权交易管理部门提交水权转让申请书和水权购买申请书。申请书的内容应包括：水权转让方和接受方双方的名称和地址，转让的起始时间和期限，转让的水量，转让价格，被转让的水的用途，申请理由，接受方的取水地点，接受方的取水方式，接受方的节水措施，接受方的退水地点和退水中主要污染物含量，污水处理措施。

(2) 水行政主管部门或其授权的水交易市场管理部门在收到水权转让方和接受方的水权转让申请书及水权购买申请书后，对水权转让申请进行登记；根据水权转让的原则，综合考虑转让双方水权的性质和现有水权持有者的状况，依据有关法律和水权交易制度规定，采取专家咨询等多种方式对水权转让申请进行资格审查、影响评估。

(3) 管理机构资格审查合格、评估通过后，应将交易意向公示；相关各方无异议后，向交易双方发出审查意见；交易双方缴纳相应的管理费用后，发正式批文，并将水权转让交易的结果登记注册，通告社会。

(4) 水权转让双方得到管理机构的同意后，可以实施交易行为。

5. 交易成本与交易价格管理办法

按照市场经济运行规则，水权交易价格应该主要根据市场行情、交易带来的潜在收益及当地的具体特点，由交易双方协商确定，政府进行监管。

第13章　节水技术改造财政激励机制

13.1　概述

13.1.1　工业企业节水技术改造的概念和特点

根据技术改造的理论与实践，企业技术改造可定义为企业采用新技术、新工艺、新设备、新材料对现有设施、工艺条件及生产服务等进行改造提升，淘汰落后产能，实现内涵式发展的投资活动和经济技术活动，是实现技术进步、提高生产效率、推进节能减排、促进安全生产的重要途径。促进企业技术改造，对优化投资结构、培育消费需求、推动自主创新、加快结构调整、促进产业升级具有重要意义，是推进工业转变发展方式，实现科学发展的重要举措。“十一五”期间，全国规模以上工业企业累计完成固定资产投资33万亿元，较“十五”期间增长370%。其中，技术改造投资约14万亿元，占42%，较“十五”期间提高了2个百分点。从2011年全年来看，全社会固定资产投资（不含农户）301933亿元，其中工业投资完成129011亿元，占42.73%。技术改造投资占全社会固定资产投资比重为17%～18%。

按照企业技术改造的概念，工业企业节水技术改造是指按照国家产业政策要求，工业企业以节水减污、调整产品结构为重点，积极采用节水、环保及非常规水源综合利用等技术、工艺、材料，改造企业原有技术、工艺、设备、产品以及相关设施，提高单方新鲜淡水的GDP产出，提高水资源的利用效益，实现水资源优化配置、降低企业用水成本、提高生产经济效益的经济技术活动。工业企业节水技术改造属于国家鼓励的“节能、节水、节材环保及资源综合利用等技术开发、应用及设备制造”项目范围，体现产业和工艺发展改革的发展方向。

工业企业节水技术改造具有以下特点：

（1）工业企业节水技术改造体现企业内涵式发展思路。传统外延式发展造成部分行业产能严重过剩、结构性矛盾突出、水资源水环境压力增大等突出问题。工业企业节水技术改造属于内涵式发展路子，有利于治理长期以来存在的工业产品耗水多、污染大、装备老化、生产不安全等痼疾，可以有效降低工业企业生产成本，长期看将持久增加企业经济效益，体现企业发展的内在需要。

（2）工业企业节水技术改造是优化用水结构、促进节水减污的技术活动。技术改造投资乘数效应大，杠杆作用显著，工业企业经过节水技术改造后水资源利用效率将显著提高，可以促进形成新的经济增长点。

（3）工业企业节水技术改造是建设生态文明的重要内容。工业企业节水技术改造体现着建设节水防污型社会的客观需要，技术改造活动对企业节水与环境保护同时发挥作用，既有利于经济结构调整和产业结构优化，增强工业发展后劲，也有利于环境保护和生态文明建设，促进经济可持续增长。

（4）工业企业节水技术改造不是单纯的量的扩张，而是注重质的提高和效益的提升。企业所采用的节水技术一般较新，相对于其他固定资产投资，工业企业节水技术改造项目实施工期短、见效快、效益好。

13.1.2　财政补贴相关理论

现代市场经济条件下，由市场配置资源通常更有效率，但市场制度并非尽善尽美，一些问题是市场本身不能解决或者不能很好地解决的，需要政府干预。市场失灵是政府进行干预的主要原因。政府干预主要有经济、法律、行政等手段。财政是运用经济手段的物质基础，也是一种有效的调控手段。财政政策与政府的活动密切相关，政府干预的理论基础也是财政政策的理论渊源。市场失灵以及供水产业的特殊地位决定了实现水资源的优化配置需要相应的财政政策支持。

13.1.2.1　市场失灵与政府干预

在充分自由的市场经济中，参与者通过在竞争性市场中进行自愿交易而得益，利用社会资源所产生的产值达到最大化，从而实现了资源的配置效率，即“帕累托最优”。所谓“帕累托最优”可以这样描述：在不使其他人境况变坏的同时，任何人的境况都不会变好。实际上，竞争性市场机制实现“帕累托最优”资源配置所要求的条件和环境（完全市场竞争、不存在公共物品、没有外部性等）在现实中是不存在的。因此，现实生活中市场机制也是缺乏效率的，即市场失灵。正是由于市场失灵政府才有了干预的合理依据。政府财政政策的出现旨在纠正市场失灵。

一般来说，市场失灵主要体现在资源配置、经济稳定、收入分配和经济发展等领域。与水资源产业相关的市场失灵主要体现在资源配置（水资源的资源特性）和经济发展（产业结构的优化）领域。

1. 资源配置领域的市场失灵

市场经济中，不完全竞争市场、公共物品和外部性的存在都会导致市场失灵，需要政府的介入。

完全的竞争市场必须满足四个条件：①市场上有大量的买者和卖者；②市场上每一个厂商提供的商品都是同质的；③所有的资源都具有完全的流动性；④信息是完全的。

完全市场竞争的四个条件非常苛刻。在现实中，特别是在资源配置领域，很难达到完全市场竞争的条件。譬如在水资源相关行业，由于资源的限制，不可能存在大量的卖者，即水资源不是充分供应的；另外，水资源产品的流动性也受到很大的限制，不可能像其他商品那样具有完全的流动性。因此，水资源的配置市场是个不完全竞争的市场，资源配置难以达到最优。

市场提供的一般都是私人物品，有些产品市场并不能提供，或者即使提供，数量也不够，如国防、防洪设施等，一般称为公共物品。很多自然和人工生态系统的用水以及城市公共用水，均属于公共物品的范畴。即人们无需支付相应的价格就可以从中获得益处，这就造成了“搭便车”的行为，需要政府介入进行干预。

外部性是指某人或企业的活动给他人造成了有利或者不利的影响，但他（它）并没有因此而取得报酬或提供赔偿。在水资源配置领域，某企业的排污污染了环境，该企业并没有受到相应的处罚，而让其他人承担了环境污染的后果。

无论是正外部效益还是负外部效益，只要存在这种外部性，市场的资源配置就不会有效：个人不用承担自己所从事活动的全部负外部性成本，譬如对环境污染者不处罚或处罚力度不够，此类活动就会增多；相反，个人不能享受正外部性活动的全部收益，此类活动就会减少。外部性会造成资源配置的无效率，需要政府进行干预。

2. 经济发展领域的市场失灵

在经济发展领域也存在着市场失灵，主要是产业结构优化、市场发育不完善和转型过程中的资源配置达不到最优的状态。

经济的发展一方面体现在国民生产总值的不断增长，另一方面体现在与之相伴的产业结构的优化过程。总量和结构是相互依存、相互作用、紧密联系的两个独立运动的过程。当传统结构下的数量扩张达到一定程度时，进一步经济增长和发展取决于结构的优化。这时，总量增长很大程度上取决于结构的状态。塞尔奎因曾说：“结构转变是经济发展过程的中心特征和解释经济增长的速度与模式的本质因素。如果结构转变的频率太慢或方向无效，它将会阻碍增长；如果结构转变吸纳了现代技术，改善了资源的配置，实现了经济规模发展，则能对经济增长做出根本性的贡献。”在产业结构优化的过程中，技术创新和技术进步是其动力和起点。产业结构的高级化是在科技进步的基础上，优先发展以新技术为基础的主导产业，进而提高整个产业结构的素质，使其在新技术水平上保持持续的增长。在产业结构高级化的过程中，在总量资源中技术要素的比重越高，其结构高级化对经济的推动作用即结构效应越高。在产业结构优化的过程中，单靠市场机制将是一个漫长的过程，同时，由于技术进步成本较大，其过程也将是缓慢的。因此，在产业结构优化的过程中，需要政府以行政手段或财政政策进行干预和支持。工业节水技术改造是工业转型的重要内容，需要政府的大力支持。

13.1.2.2 财政补贴

国家干预经济活动的手段多种多样，其中财政政策手段是一种有效的调控手段。财政手段又包括财政支出手段和财政收入手段。财政支出手段包括财政补贴（包括财政补助和财政贴息）、财政直接投入、政府采购、财政担保和国债投入；财政收入手段则包括税收、收费、企业上缴利税等手段。财政补贴政策是在结构失衡或出现供给“瓶颈”时，提供各种形式的财政补贴，以保护特定的产业及地区经济。

财政补贴政策是国家协调经济运行和社会各方面利益分配关系的经济杠杆，也是发挥财政分配机制作用的特定手段，是世界上许多国家政府运用的一项重要经济政策。中国自20世纪50年代起实行的财政补贴政策，重点体现了国家保持社会政治、经济和人民生活稳定的要求。我国财政补贴主要用于以下两个方向：

1. 支持农业生产发展

中国的财政补贴大部分用于以粮、棉、油、猪为主的农产品价格补贴。西方国家在农产品生产相对过剩的条件下，为了保持国内市场供求平衡和增强在国际市场的竞争力，对农产品实行保护价格和出口补贴同西方国家不同，中国的农产品补贴政策主要立足于扶持农业生产的发展，增加农产品的生产量。这突出地表现在1979年实行改革开放政策以后，国家为了支持农产品价格改革的顺利进行，从而达到支持农业生产发展的目的，在提高农产品收购价格时，对农民实行了加价款补贴政策，并采取了销售价格不提或少提的办法，对购销价格倒挂的价差和企业经营性亏损实行财政补贴。因而，农产品补贴增长很快，在全部财政补贴中占据重要地位。

2. 稳定人民生活

长期以来政府从国家的具体国情出发，实行了保持人民生活基本必需品特别是粮油、猪肉、民用煤等价格基本稳定的政策，并对城市住房、水电、公共交通等实行低租金、低收费制度，因此而发生的政策性亏损由国家给予财政补贴。或者在提高与人民生活关系密切的商品价格后，对职工或城镇居民给予适当的物价补贴。因此，中国的财政补贴具有绝大部分直接或间接用于人民生活的特点。

此外，在中国经济体制改革特别是价格改革的不断深入过程中，适当运用财政补贴政策，在一定程度上可以缓解因价格和利益关系变动带来的矛盾，为价格改革的顺利进行和社会稳定创造条件。

13.1.3　财政贴息的意义与作用

1. 财政贴息的概念与特点

财政贴息是政府为支持特定领域或区域发展，根据国家宏观经济形势和政策目标，对符合一定条件的承贷企业的银行贷款利息由预算安排资金给予补贴。财政贴息是政府提供的一种较为隐蔽的补贴形式，即由政府代企业支付部分或全部贷款利息，其实质是向企业提供了成本或价格补贴。

企业（或项目承建单位）向银行贷款进行项目建设，财政代为支付部分或全部贷款利息，由项目本身负责贷款本金和其余利息的偿还。即在银行按国家规定给某些企业或项目低息优惠贷款时，由财政对银行优惠利率与正常利率之间的差额给予补助。从性质上讲，财政贴息属于财政信用范畴，它通过优惠弥补项目直接经济效益的缺陷，体现国家政策意图，是政策性融资的有效工具。

财政贴息是一种间接投资引导机制，是一种投资杠杆，它通过杠杆启动达到以小拨大的杠杆放大效应。

杠杆效应的表达式如下：杠杆效应＝财政贴息引导社会资本额/财政贴息额＝1/贴息率

财政贴息方式具有杠杆作用和乘数放大效用，具有引导和激励作用，具有低风险的优势，可以避免或减小财政投资的“挤出效应”❶。

❶ “挤出效应”是指政府支出增加引起的私人投资或消费降低的效应。

2. 财政贴息的政策意义

财政贴息与银行贷款结合在一起，具有引导信贷资金投向、调整投资结构、扩大信贷投放的功能。财政投资把一部分原来直接进行投资的财政资金改为以贴息方式安排，能够引导更多的资金按照政府的意图进行投资，发挥出财政资金“四两拨千斤”的杠杆引导和投资撬动作用。

财政贴息在运行上主要有两种方式：一是财政将贴息资金直接拨付给受益企业，由生产企业申请并通过审批获得；二是财政将贴息资金拨付给贷款银行，由贷款银行以政策性优惠利率向企业提供贷款，受益企业按照实际发生的利率计算和确认利息费用。

近年来，财政在支持经济和各项社会事业发展时，十分注重支持理念和投入方式上的创新，着力于形成政府支持与市场机制的结合，以最大可能提高投资效率，并减少对市场的扭曲。财政贴息即是符合这一理念和思路的典型政策手段，目前在很多领域都得到广泛运用。财政贴息，本质上属于财政性补贴，是政府为了宏观调控的需要，运用财政手段对使用某些规定用途银行贷款的企业和个人，就其支付的贷款利息提供的一种补贴，实质是政府财政代替企业或个人，向银行支付全部或部分利息。

财政贴息是政府财政支持企业、项目和社会事业发展的一种有效方式，也是财政实施宏观调控的手段之一。财政贴息具有政策性融资的杠杆功能，对国民经济能够发挥拉动社会投资、引导资金流向、分散财政投资风险的宏观调控作用。近年来，政府财政工作思路的一大转变就是财政要从竞争性领域退出来，财政贴息也体现出了这种积极的变化。对于可以由“市场的手”解决，但在发展初期可能面临资金困难的行业，如中小技术企业，财政通过贴息手段加以扶持，既提高了企业适应市场的能力，也有利于财政“有所为，有所不为”。财政贴息的本金由银行提供，利息的部分或全部由财政进行贴补，对银行而言可以降低金融风险并增加对特定用途贷款放贷的积极性，对财政而言，则起到了“四两拨千斤”的作用。

政府通过贴息这种政策性金融的支持手段，对于市场经济条件下一些具有效用外溢性、政策引导性的商业项目，通过资金补贴，对项目主体实施信用增信，逾越项目可行性研究和投资评估阶段，依靠项目自身技术经济条件难以达到的内部收益率（IRR）、加权资本成本（WCC）、投资回收期等决策指标要求，或者使相关投资评估指标值更优，从而促进这些投资和生产活动的发生，实现政府调控意图。

政府财政贴息是将政府财政补贴与银行融资体系结合、扩大投资规模、调整投资结构的有效方式。在政府宏观调控中，政府通过贴息来实施积极的财政政策扩大投资，如果运用得当，可取得“四两拨千斤”的效果，而且通过相关的机制设计，可避免政府直接投资项目中可能出现的投资效率低、滋生腐败的弊端。另一方面，财政贴息通过财政政策的实施，可以有效地带动信贷资金投向，对于财政政策和货币政策的协调配合，实现宏观调控意图，提高货币政策的有效性等方面也非常具有现实意义。

总体来说，贴息的作用点最终将落在需求和供给两个方面。财政贴息对需求的作用，主要体现在通过对投资项目贷款利息的补贴，吸引和拉动社会资金投资扩大投资需求。财政贴息对供给的作用则表现在利用对企业技改项目的贴息，增加企业生产能力，优化产品结构，扩大社会有效供给。财政贴息对需求的作用主要在于拉动对符合政策支持领域的特定需求，进而通过需求推动相应企业的生产和供给行为。通常，符合贴息的投资项目，必须符合产业政策目标，贴息在扩大投资需求的同时，也引导了社会资金的流向，从而引起产业结构的优化。企业技改项目本身就是一种投资行为，因此财政贴息实际上起着产业政策的引导作用。

财政贴息的本金由银行提供，利息由财政补贴，对银行而言可以降低金融风险并增加对特殊用途贷款放贷的积极性，对财政而言，则可以起到“四两拨千斤”的调控作用。

3. 财政贴息的政策功效

财政贴息的政策功效体现在以下方面：

（1）投资放大效应。贴息政策通过财政投入带动银行信贷的投放，可以起到放大财政政策作用的效果。政策性贴息业务鼓励和引致商业性金融机构参与政策性金融业务的机制，具有“四两拨千斤”式的放大效应，其所贴补的那部分利息率（表现为百分比）的倒数，即是资金放大的倍数（假如贴了 5%的利息，放大倍数是 100/5，即 20 倍，相当于以 5%的财政资金，引致 100%规模的商业性贷款资金进入了政府拟支持的项目）。在社会资金包括商业银行资金比较充裕而投资主体投资意愿不强、政府需要扩大投资拉动经济增长的情况下，财政贴息可以有效地调动投资主体和银行双方的积极性，扩大投资规模，增加投资需求。

（2）提高投资效率，降低投资风险。政府通过贴息政策，引入商业银行作为合作伙伴，利用商业银行的专业性和市场化运作机制，提高投资效率。商业银行因为投放了大量资金，作为债权人承担着投资的主要风险，所以在投资项目的甄别和选择上会充分利用自己的专业人才和信息优势（信用体系），使投资风险降低，保证资金投向那些经济效益高、经营风险低的项目上。同时，作为债权人，商业银行会密切监控投资项目的实施和资金的运用，控制经营风险，能够从更大的程度上保证取得目标收益。

（3）有助于建立起风险补偿和风险共担机制。在市场经济条件下，通过财政贴息、担保等政策手段，使一些原先难以运用财政预算拨款方式介入的领域，却可以通过建立风险共担和政府增信等形式，使原来认为迈不过去的融资门槛迈得过去。这种增信支持是和我国的现代化事业息息相关的。打造风险共担的机制，财政可以并应当介入，但是各方面不应将其视为财政的包揽而形成财政介入的“无底洞”。这样才能使财政介入可持续且市场培育中“风险共担”的融资平台，同时也就是增信平台，可以和现代化战略目标匹配在一起，支持中国的长远发展。

（4）体现政府意图，实现政策功能。财政贴息资金具有吸纳和引导作用。政府实施贴息政策，降低了企业的资金成本，也降低了银行信贷资金风险，如果政府再通过提供信用担保等手段，提高这些企业的信用等级，这样就通过市场化手段解决了信贷配给的弊端。在推动产业调整和升级的宏观调控背景下，政府通过贴息政策，可以引导银行信贷投向，支持诸如节能环保、节水节材、技术创新等有利于实现社会持续稳定发展的高成长、经济社会效率高的产业发展。

（5）提高宏观调控的有效性。通过财政贴息比例的调整，政府不但可以对投资规模和产业、部门进行调控，而且可以对不同的项目、部门、产业的调控力度进行控制，具有较高的政策灵活性。在经济增长低迷时期，单纯实施宽松的货币政策，为经济注入流动性，有时候会造成资产泡沫。因为此时实体经济部门的经营还处在比较困难的时期，经济效益不高，获得信贷资金的实体经济部门和个人从流动性和收益方面考虑，可能将资金投入到证券、房地产等流动性相对好的领域，造成这些资产的泡沫。贴息政策的实施，可以引导信贷资金流向政府希望得到资金支持的领域，提高了货币政策实施的效果，在一定程度上使财政政策和货币政策的实施更加协调。

（6）有助于抑制腐败和权力寻租。如果政府直接投资或补贴，由于财政资金运用存在着“软约束”倾向，容易产生权力寻租。财政贴息将商业银行纳入投资体系，可以通过机制设计，实现政府只规定支持的领域和方向，而不指定具体项目和企业，将选择权放给银行，这样不但政府可以减轻工作量，还可以在一定程度上减少因此造成的腐败和权力寻租问题，避免政府“出力不讨好”，花了钱却不能取得应有的效果。

13.1.4 工业技术改造财政贴息政策

1. 我国工业技术改造财政贴息政策的发展沿革

技术改造是我国工业的优良传统。体制改革以前，国家就实施了一系列支持企业技术改造的优惠政策，如提高固定资产折旧率，把折旧基金大部或全部留给企业用于技改；对石化、石油、有色金属、煤炭、铁路、邮电、民航等行业实行行业投入产出大包干；实行技术改造专项贷款和“税前还贷”。

社会主义市场经济体制改革以来，较为重大的一轮企业技术改造贷款财政贴息政策是为应对东南亚金融危机后续影响而启动的。1999 年下半年，为拉动内需、支持工业结构调整和产业升级，中央做出增发国债、支持企业技术改造的重大决策。1999 年安排 90 亿元国债用于企业技术改造贴息，相当于前 10 年国家技改贷款贴息额的总和。2000 年和 2001 年又分别安排了 105 亿元和 70.4 亿元国债用于技术改造，重点支持冶金、有色金属、石化、纺织、机械、电子信息和造纸七个重点行业的技术改造。1999—2003 年国家技术改造贴息政策，对 512 户重点企业和 120 户试点企业集团和行业骨干企业的技术改造进行贷款贴息支持，共运用 355 亿元国债贴息带动了 4354 亿元投资，支持了 2000 多个技术改造项目，直接带来了 12.26 倍的投资拉动效应。以地方的实践为例，“十五”期间，对江苏省 527 项技术改造项目的分析表明，重点技术改造项目每投入 1 元，可实现新增税收 0.17 元，利润 0.29 元。

2004—2008 年，技术改造专项资金支持政策一度处于实质性中断阶段。一方面，由于机构调整等原因，技术改造多年来没有一个强有力的主管部门，整体工作缺乏统筹规划，对企业缺乏工作指导，技术改造项目管理有所放松；另一方面是受国家宏观调控政策影响。因为 2004—2008 年基本属于经济相对高涨和过热期，国家调控的基调是要控制投资增长，技术改造作为工业投资的一部分自然也很难获得政策支持。此外，思想认识不足、工作力度不大，导致结构严重不合理的局面没有得到根本改善。一些地方和企业囿于传统的思维定式，习惯于铺新摊子、上新项目，对内涵式扩大再生产认识不足、重视不够，没有把技术改造摆到应有的位置来抓。

总之，技术改造是我国在工业发展中形成的一项重要制度，是推动我国工业持续快速健康发展的一条行之有效的宝贵经验。改革开放 30 多年来，工业战线坚持紧紧抓住技术改造不放松，改革创新，奋力拼搏，有力地推动了我国产业结构调整步伐，加速了我国工业化现代化进程，提高了我国工业的整体素质和水平。

目前，企业技术改造投资在我国工业投资中已占十分重要的地位。就全国来看，2011年1—10月，工业投资完成10.3万亿元，同比增长26.6%。其中，技术改造投资完成4.2万亿元，占工业投资比重为41.2%同比增长23.7%，比1—9月增速高1.2个百分点，增速有所加快。从地方来看，技术改造已成为很多地区工业投资、社会固定资产投资的重要组成部分，甚至成为主体。根据国家统计局的统计数据，2012年一季度，工业技术改造投资8275.1亿元，占工业投资的比重达40%，同比增长25.6%，增速比上年同期提高7.3个百分点。

从区域来看，“十一五”期间，江苏省全社会技术改造投资累计完成37700亿元，占全社会固定资产投资比重由2005年的43.8%上升到47%以上。2010年江苏工业投资完成12347.8亿元，其中技术改造投资10971.2亿元，占比达89%。在广东省，技术改造投资每增加1万元，工业增加值相应增加1982元，拉动作用是非技术改造投资的4倍。在湖北省，技术改造投资占工业投资比例始终维持在40%以上的较高水平，2010年，技术改造投资完成1653亿元，占工业投资3917.5亿元的42%。在江西省，“十一五”期间累计完成工业投资13448亿元，其中技术改造投资完成8876亿元，占比65% 。

《国民经济和社会发展第十二个五年规划》中将加快企业技术改造作为经济发展部分的重要内容之一。2011年7月《求是》杂志发表的《关于科技工作的几个问题》的文章中提出：要运用高新技术改造提升传统产业。我国传统产业规模大，总体技术水平比较低。加快运用高新技术改造传统产业，大幅度提高传统产业的科技含量，提高传统产业的质量效益和竞争力，是我国现代化建设必须解决好的一个大问题。国务院《关于印发“十二五”节能减排综合性工作方案的通知》（国发〔2011〕26号）提出：推动传统产业改造升级。严格落实《产业结构调整指导目录》。加快运用高新技术和先进适用技术改造提升传统产业，促进信息化和工业化深度融合，重点支持对产业升级带动作用大的重点项目和重污染企业搬迁改造。

2012年7月30日，国务院常务会议专题部署鼓励和支持企业加强技术改造工作。会议确定了2012年鼓励和支持企业技术改造的重点方向之一是要加快推广国内外先进节能、节水、节材技术和工艺，提高能源资源利用效率，提高成熟适用清洁生产技术普及率。

2. 工业技术改造贷款财政贴息制度优劣分析

在公共财政体制下，财政对企业和工业项目的支持方式，更多地从直接投入转向贷款贴息、以奖代补等具有杠杆和激励引导效应等手段。一方面是最大程度地发挥财政资金效益，建立激励约束机制；另一方面也是要避免政府投资的挤出效应。

技术改造贷款项目财政贴息的制度优势明显体现在以下方面：①贴息支持具有“四两拨千斤”的财政资金放大作用和杠杆效应，并推进产业升级；②财政对项目贷款贴息蕴含的理念是，可以搭银行信贷评估的“便车”，有效降低财政遴选项目的成本和管理成本，提高财政资金支持的有效性和效率；③贷款贴息具有“黏合剂”和“催化剂”功能，把有关资金聚合融汇起来参与信贷调节，为解决支持发展某些特定项目的资金需要提供激励，对调动生产经营者的积极性无疑具有重要的积极作用。

当然，技术改造项目贷款贴息政策也可能存在一些不足，比如：对于中小企业、民营企业技术改造项目来说，因为其本身贷款可得性就不足，而贴息往往以获得银行贷款为前提条件，导致中小企业由于前提条件的缺失，无法迈进政策支持的门槛；对于以自筹资金、自有资金投资技术改造的企业，以及通过发行债券、股权融资的技术改造项目，无法获得贴息支持；还有的企业认为仅仅贴息，支持力度还是不够，企业真正的困难和压力在于获得银行贷款，至于获得银行贷款后一定比例的贷款利息贴补已经不是至关重要。因此，需考虑采取贴息与资金补助相结合的方式。

3. 继续加强工业技术改造贴息政策支持

技术落后导致经济增长方式粗放，必然导致经济结构难以调整，经济增长效益不高，缺乏后劲和可持续增长潜力。我国已成为世界制造大国，但工业大而不强问题突出。特别是近年来一些行业的产能严重过剩，粗放式的增长方式导致环境压力愈增，资源、能源供应越来越紧张。显然，今后我国工业发展的道路不能再单纯或主要靠新铺摊子、上新建项目来发展，必须加大对企业的技术改造，淘汰落后产能，提升产品档次，加快节能减排，提高产业竞争力。

在新的形势下，技术改造已经不再是简单的设备更新和扩大规模，技术改造需与结构调整、节能减排降耗和工业化信息化两化融合、创新成果产业化密切结合起来。企业技术改造必将是今后转变发展方式、调整经济结构、促进产业升级的重要抓手。

在市场经济体制下，财政贴息政策作为重要的财政支持手段和创新方式，可以很好地实现政府支持与发挥市场机制的有机结合，更好地引导、撬动和激励社会投资，低成本、高效率地实现政府调控目标，之前的政策实践也充分表明这一手段应用的积极成效。今后，国家已确定了改造提升制造业、培育发展战略性新兴产业等产业政策，在这些领域，贴息政策有很好的应用空间，因此在加快完善体制机制的背景下，应进一步突出对贷款贴息政策的应用。

13.2 相关领域财政补贴政策经验借鉴

从相关领域的财政补贴政策借鉴经验是建立健全工业节水技术改造贷款贴息政策的重要思路。结合相关领域财政补贴政策的实施背景、实施效果，根据工业节水技术改造贷款贴息政策的实际需求，重点借鉴相关领域财政补贴政策的资金来源、补贴范围、补贴对象、补贴标准、资金监管等方面的经验，得到相关领域的财政补贴政策对工业节水技术改造贷款贴息政策的启示。

13.2.1 节水灌溉贷款中央财政贴息政策

1. 政策背景

发展节水灌溉是缓解我国水资源紧缺、保障社会经济协调发展的需要。我国人均水资源占有量仅是世界平均水平的1/4，且因时空分布不均、水土资源不匹配，进一步加剧了水资源紧缺的状况。据资料显示：我国农业灌溉每年缺水达300亿 m^3，造成粮食减产300亿～400亿 kg以上；由于缺水，导致水资源过度开发，水污染严重，水生态不断恶化。随着社会经济不断发展，用水量增大，水资源供需矛盾将进一步加剧，已成为制约我国经济社会全面、可持续发展的瓶颈因素。我国农业用水量多年平均3900亿 m^3，占全国总供水量的近 70%，其中灌溉用水量达 3600 亿 m^3，占农业用水量的 90%，占全国总用水量的 63%。目前，我国灌溉水利用率相对较低，2007 年灌溉水的利用系数仅为 0.47，按现状估计，灌溉水利用率提高一个百分点，可节约用水 80 亿 m^3。

为促进节水灌溉事业的发展，加强和规范中央财政贴息资金管理，提高资金使用效率，根据《财政部关于印发〈中央财政资金贴息管理暂行办法〉的通知》（财预〔2001〕388 号）的规定，财政部、水利部联合制定了《节水灌溉贷款中央财政贴息资金管理暂行办法》（财农〔2005〕279 号），对节水灌溉贷款支持的对象、标准、流程等内容予以规范。

2. 政策内容

节水灌溉贷款是指各类银行（含农村信用社）发放的，用于渠道防渗灌溉、管道输水灌溉、喷灌、微灌等节水灌溉工程及相配套的节水灌溉措施，节水灌溉水源工程及相配套的设施设备，集雨节灌等节水灌溉项目建设的贷款。

（1）中央财政给予贴息的对象。包括：具有还款能力的地方水管单位、农户、农民合作组织、村组集体及新疆生产建设兵团所属单位、农业部直属垦区所属单位。地方财政可对中央财政贴息的节水灌溉贷款项目给予贴息。

（2）贴息资金安排的原则。包括：当年使用贷款的节水灌溉项目；优先安排曾使用过贴息资金，并且管理、使用效果较好的项目；优先支持贫困缺水地区发展节水灌溉项目；优先支持发展节水灌溉工程规模较大、效益明显的项目。

（3）贷款贴息的标准和期限。中央财政对节水灌溉贷款项目的贴息期限为 12 个月。贷款期限不足 12 个月的，按贷款实际期限计算贴息。中央财政对地方贷款项目的年贴息率，以当年实际利率为限，原则上不超过 3%；对新疆生产建设兵团、农业部直属垦区的贷款项目按照实际利率全额贴息。中央财政结算贴息的贷款额为上年第四季度和当年前三季度期间实际发生的贷款额。

（4）贴息资金的申报和管理要求。贴息资金的申报采取自下而上的程序。地方项目应由项目单位向项目所在地的县级水利（水务）和财政部门申报申请贴息请示，县级水利（水务）和财政部门经审核后联合逐级上报省级财政和水利（水务）部门。省级财政、水利（水务）部门对各地申请贴息请示进行审查并提出贴息资金补助意见后，于每年 10 月 31 日前向财政部和水利部报送中央财政贴息资金申请请示，并附报《××省（自治区、直辖市）节水灌溉贷款中央财政贴息资金申请表》。新疆生产建设兵团、农业部直属垦区的项目，应由项目单位按行政隶属级次逐级向新疆生产建设兵团、农业部申报申请贴息请示。新疆生产建设兵团、农业部对申请贴息请示审查同意后，于每年 10 月 31 日前向财政部和水利部报送申请中央财政贴息资金申请函，并附报《新疆生产建设兵团、农业部节水灌溉贷款中央财政贴息资金申请表》，省级财政和水利（水务）部门、新疆生产建设兵团、农业部应对报送财政部和水利部的申请中央财政贴息资金请示内容的真实性负责。

3. 实施成效

自 1996 年以来，水利部先后启动大型灌区续建配套与节水改造、中型灌区节水配套改造、节水灌溉示范项目、节水灌溉贷款贴息、全国 300 个节水增产（增效）重点县、18 个农业节水示范市、牧区节水灌溉饲草料地建设试点和小型农田水利工程建设补助专项等项目建设，出台了补贴农民购买节水灌溉设备等政策，建成了一大批节水灌溉工程，灌溉用水效率得到较大提高。

1998—2010年年底，国家累计安排492.6亿元资金用于大型灌区骨干工程续建配套与节水改造项目建设，其中中央安排投资276.4亿元，地方配套216.2亿元，改造范围涉及全国416个大型灌区。在中型灌区节水改造方面，国家从1997年开始启动农业综合开发资金对重点中型灌区进行节水配套改造建设。1997—2009年，全国共安排了30个省、自治区、直辖市以及新疆生产建设兵团、黑龙江农垦总局的310个中型灌区节水改造项目，总投资64.93亿元，其中，中央财政农发资金26.37亿元，地方配套资金38.56亿元。2010年，又立项实施了50个中型灌区节水改造项目，总投资9.40亿元，其中中央财政农发资金4.902亿元，地方配套资金4.50亿元。项目实施后，新增灌溉面积1127万亩，改善灌溉面积2223万亩；每年可新增粮食、棉花、油料等主要农产品生产能力约32亿kg；每年可增加节水能力约40亿m^3。

截至2009年年底，全国有效灌溉面积达8.99亿亩，农田节水灌溉工程面积达到3.86亿亩；全国灌溉水利用系数达到0.493，年节水310多亿m^3。截至2010年年底，全国灌溉面积达到9.95亿亩，其中农田有效灌溉面积达到9.05亿亩，占全国耕地面积的49.6%；全国节水灌溉工程面积达到4.1亿亩，其中喷、微灌和管道输水灌溉等节水灌溉工程面积达到1.77亿亩，占全部节水灌溉工程面积的43.2%。

发展节水灌溉的成效主要体现在以下方面：

一是有效缓解了经济社会发展中用水短缺的矛盾。近10年来，灌溉用水总量占全社会用水比例从65%以上降低到55%左右。

二是保障了农业生产特别是粮食生产用水。1980年以来，通过灌区节水挖潜，为新增1.4亿亩有效灌溉面积提供了水源，按照新增有效灌溉面积、节水改造灌溉面积分别增加粮食综合生产能力300kg/亩、100kg/亩计算，到2009年新增粮食综合生产能力约750亿kg。

三是提高了灌溉保证率，改善了作物的水分条件，显著提高了农产品产量和品质，促进了现代农业发展和农村社会化服务体系建设。

四是农业灌溉所节约的水有25%支持了生态需求，塔里木河、黑河、石羊河流域通过加大对中游灌区节水改造，增加了下泄水量，生态出现积极变化。同时，也涌现出了一批节水灌溉技术推广典型，发挥了很好的示范带动作用。

2010年中央对各地10亿元节水灌溉贷款进行了贴息，共落实5000万元的贴息资金，扶持和引导各地节水灌溉工程建设，有力地推动了节水灌溉事业的发展。2010年项目建成后，可新增节水灌溉工程面积45万亩。项目区年增节水能力约3000万m^3，增加粮食及其他农作物生产能力约4000万kg。

13.2.2 重点产业振兴和技术改造项目贷款贴息政策

重点产业振兴和企业技术改造贴息政策可以说是当前国家对工业技术改造最重要的支持政策，2009—2011年，政府每年从中央预算内投资的资金盘子中大约安排200亿元专项资金用于支持十大重点产业符合政策范围的工业技术改造投资项目和中小企业技术改造投资项目，国家发改委和工信部制定印发了《重点产业振兴和技术改造专项投资管理办法

（暂行）》（发改产业〔2009〕795号），同时每年还结合形势发展，相应制定并发布当年度的技术改造投资工作重点。

1. 政策出台的背景

2008年下半年发生的国际金融危机，使我国很多产业和企业都受到巨大冲击，同时国家面临着“扩内需、保增长”的重要任务，在这种背景下，技术改造投资作为拉动投资需求的重要手段和促进产业结构调整、发展方式转变的重要抓手，进入决策层的视野。2009年5月6日国务院常务会议研究了企业技术改造工作。会议提出，加强企业技术改造，要坚持与结构调整、转变发展方式、自主创新、企业重组和加强企业管理相结合，根据产业调整和振兴规划，对以下六个方面给予重点支持：一是支持钢铁、有色金属、石化、轻工、纺织、食品等行业加快研发共性关键技术，调整产品结构，发展循环经济；二是依托国家重点建设工程，推进重大技术装备自主化，提高基础配套件和基础工艺水平；三是发展新能源汽车，支持节能、环保、安全等关键技术开发，发展填补国内空白的关键总成产品；四是支持集成电路设计和先进生产线建设、新型显示和彩电工业转型、TD-SCDMA等新一代移动通信设备研发生产、计算机研发能力建设和下一代互联网推广应用，支持软件及信息服务业加快发展；五是大力发展风电机组关键零部件及核电关键设备、关键组件等；六是支持物流业发展多式联运、转运设施和城乡物流配送等工程。为此，2009年中央以贷款贴息为主的方式，安排200亿元技术改造专项资金。项目实施后预计可直接带动全社会投资4600亿元。会议要求，要进一步加大项目前期工作力度，保证项目质量；向社会公布技改项目目录，加强对项目实施的监督检查，改进和完善项目管理，提高资金使用效益。

为贯彻党中央、国务院出台的扩大内需、促进经济增长的政策措施，充分发挥重点产业振兴和技术改造专项资金的作用，提高资金使用效益，规范技术改造投资项目管理，2009年7月，国家发展和改革委员会、工业和信息化部共同制定并下发了《重点产业振兴和技术改造专项投资管理办法（暂行）》（发改产业〔2009〕795号）和《产业技术进步和企业技术改造投资方向》，对符合目录的技术改造项目给予贷款贴息支持。

同时，为支持工业中小企业应对国际金融危机，加快结构调整，促进产业升级，2009年8月11日，国家发展改革委发布了《关于做好工业中小企业技术改造有关工作的通知》（发改办产业〔2009〕1686号），决定从2009年重点产业振兴和技术改造专项中安排30亿元资金，切块向地方切块用于支持工业中小企业技术改造，重点支持工业中小企业围绕提高自主创新能力、促进节能减排、提高产品质量和改善安全生产条件等方面开展技术改造，并适当扩大到其他行业和地方特色产业、传统手工业。

2. 政策的主要内容

依据《重点产业振兴和技术改造专项投资管理办法（暂行）》（发改产业〔2009〕795号）文，重点产业振兴和技术改造专项资金是指新增中央投资用于支持重点产业振兴和技术改造项目投资的贴息或补助资金。所称贴息是指对符合条件的项目投资使用中长期银行贷款给予的贷款利息补贴；所称补助是指对符合条件的项目投资给予的补助资金。

该管理办法定位为长期性的制度安排，2009年时先行规划了3年。作为贯彻落实科学发展观，促进产业结构调整和发展方式转变的重要抓手。

（1）专项资金支持范围。改进装备、安全生产、节能减排、改进效率的工业技改项目，专项资金主要安排用于钢铁、汽车、船舶、石化、纺织、轻工、装备制造业、电子信息等9大行业符合重点产业调整和振兴规划支持方向的企业技术改造项目。项目单位要具有合理的经济规模，已建立现代企业制度，银行信誉良好，企业无违法违规行为。

（2）技术改造贴息的标准。发改产业〔2009〕795号文第三条规定：专项资金安排方式以贷款贴息为主，原则上按项目贷款的实际发生额两年贷款利息安排贴息资金。贴息率不超过当期银行中长期贷款利率。单个项目获补助资金的最高限额原则上不超过2亿元人民币❶。

（3）资金管理体制。在关于资金申请审核批复下达方面，根据制度规定，国家重点产业振兴和技术改造专项资金预算列入国家发改委的中央预算内投资的资金盘子中，但在管理体制上将资金切块下达到省级。国家发改委、工信部审核地方汇总上报的项目。资金申请报告向省级发改委申请，再由省里汇总上报两部委资金报告，财政部据资金批复报告下达资金。

3. 政策实施的基本要点

申报程序和组织管理如下：

（1）地方企业项目，由省级或计划单列市发展改革部门与工业主管部门共同组织，联合向国家发展和改革委员会、工业和信息化部上报项目申请（附项目情况表）。中央企业项目，由中央企业向国家发展和改革委员会、工业和信息化部上报资金申请报告。

（2）国家发展和改革委员会、工业和信息化部联合对地方上报的项目进行审核，审核的内容主要包括两方面：是否符合重点产业调整和振兴规划的支持方向；是否符合专项资金的安排原则。根据《国务院关于投资体制改革的决定》，需要国家核准的项目，按有关规定程序执行。

（3）审核通过的项目由国家发展和改革委员会、工业和信息化部联合通知省级或计划单列市发展改革和工业主管部门。地方列入项目计划的项目资金额度少于切块资金额度的，可补充申报。

（4）列入项目计划的企业，向省级或计划单列市发展改革部门与工业主管部门申报项目资金申请报告。地方企业项目资金申请报告的评估和批复由省级计划单列市发展改革部门与工业主管部门根据职能自行确定，不得再下放资金申请报告审批权限。

中央级重点产业振兴与技术改造专项贴息资金申报评审流程如图13.1所示。

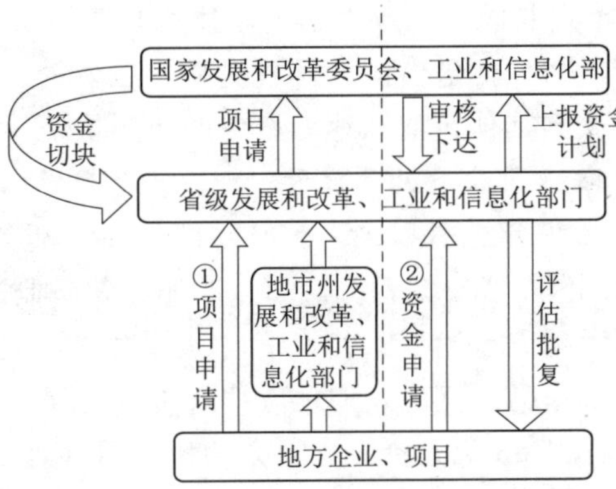

图13.1　中央级重点产业振兴与技术改造专项贴息资金申报评审流程

工信部发布“投资指南”和工业行业技术改造的目录，支持国家鼓励类的项目，大企

❶ 根据《中央预算内投资补助和贴息项目管理暂行办法》（发改委〔2005〕第31号令）第七条：国家发展和改革委员会安排给单个投资项目的投资补助或贴息资金的最高限额原则上不超过2亿元。超过2亿元的，按直接投资或资本金注入方式管理，由国家发展和改革委员会审批可行性研究报告。

业、龙头企业和那些有困难但是有订单、有基础的中小企业，以及专、精、特、新类中小企业。

中央企业和列入项目计划的地方企业，可委托国内相应资质的咨询、设计单位编制项目资金申请报告。

4. 政策实施的重点

2011 年，国家发展和改革委员会办公厅、工业和信息化部办公厅发布了《关于开展 2011 年重点产业振兴和技术改造专项有关工作的通知》（发改办产业〔2011〕622 号），明确 2011 年重点产业振兴和技术改造专项继续执行国家发展和改革委员会、工业和信息化部《重点产业振兴和技术改造专项投资管理办法（暂行）》（发改产业〔2009〕795 号）等办法和规定，按照“资金渠道不变、管理办法和程序不变，加强指导、突出重点”的原则进行组织管理。中央预算内资金仍以补助方式下达，为集中资金支持重点领域，补助资金比例严格按照《重点产业振兴和技术改造专项投资管理办法（暂行）》规定执行。重点产业进一步关注其品种质量、节能降耗、安全生产、装备改善、两化融合、军民结合等产业发展关键环节，突出区域产业发展重点，加快推进工业结构调整升级，促进发展方式转变。

2012 年重点产业振兴和技术改造专项重点支持汽车节能技术和产品的开发能力建设和产业化、装备工业基础能力提升和重点装备产品升级、冶金工业关键产品升级及技术改造、新型绿色环保建材及无机非金属材料、石化（医药）有效能力建设、轻纺工业重点行业技术提升与改造、企业信息化提升、食品安全检验检测能力建设、中西部地区特色产业升级和技术改造（仅限中西部地区申报，不含建设地点在中西部地区的中央企业项目）等 9 个重点专题。工业中小企业技术改造项目支持范围为：重点支持中小企业围绕提高自主创新能力、促进节能减排、提高产品质量、改善安全生产条件等方面开展技术改造，可适当扩大到其他行业和地方特色产业、传统手工业。

5. 政策实施总体成效

2009 年 3 月以来，国家陆续发布了重点产业技术进步与技术改造投资方向（2009—2011 年），涉及钢铁、汽车、船舶、装备制造、石化、有色金属、轻工、纺织、电子信息等 9 大重点行业 。2009 年，中央安排 200 亿元技术改造贴息资金，作为应对全球金融危机的重要举措。其中，向地方切块 120 亿元，中央企业 80 亿元。共下达了 15 个批次，当年安排 188.88 亿元资金，地方切块项目共计上报 2322 项。结转 2010 年安排投资计划的 94 个项目共 41.2786 亿元。200 亿元贴息资金作用明显，启动了技术改造项目共 4441 项，带动社会资金 6326 亿元，拉动效果达到 28 倍。

2010 年，中央安排 200 亿元重点产业振兴和技术改造专项资金，其中安排向地方切块资金 120 亿元。向地方切块的 120 亿元中用于支持工业中小企业技术改造资金 30 亿元，共支持了 5051 个项目。

13.2.3　扶贫贴息贷款政策

1. 政策启动与实施

改革开放初期，为解决贫困人口温饱问题，党中央、国务院在全国贫困地区实施了信贷扶贫政策，扶贫贴息贷款作为国家扶持贫困地区经济、早日脱贫致富的优惠政策性资金，对提高和促进贫困地区的经济发展，增强农业基础建设和农业发展后劲等起到了重要的推动作用。20多年来，它改变了贫困地区资金匮乏的局面，提高了贫困地区群众的生产生活水平。但是随着扶贫贴息贷款向纵深发展，扶贫贷款政策制度性缺陷、资金短缺、资产质量差等问题日益显现，需要进一步研究和探讨。

2001年，中央制定了《中国农村扶贫开发纲要（2001—2010年）》（国发〔2001〕23号）。根据纲要精神，2001年6月，中国人民银行会同财政部、国务院扶贫开发领导小组办公室（以下简称国务院扶贫办）、中国农业银行等部门制定了《扶贫贴息贷款管理实施办法》（银发〔2001〕185号）。扶贫贴息贷款由中国农业银行发放和管理。每年的扶贫贴息贷款计划由国务院扶贫办商财政部和中国农业银行确定，层层下达到各地。政府扶贫部门负责提供扶贫贷款项目，中国农业银行在扶贫部门提供的扶贫项目范围内选择贷款项目，按3%的优惠利率发放贴息贷款。优惠利率执行一年，优惠利率与贷款基准利率之间的利差由财政贴息，财政部将贴息资金拨付给中国农业银行总行。

2. 政策后续改进与发展

自2004年，国务院扶贫办会同财政部和中国农业银行先后开展了两项改革试点：“到户贷款”改革试点和“项目贷款”改革试点。2006年7月，国务院扶贫办、财政部和中国农业银行联合下发了《关于深化扶贫贴息贷款管理体制改革的通知》（国开办发〔2006〕46号）。根据通知精神，将原由中国农业银行统一下达指导性计划并组织发放贷款分为“到户贷款”和产业化扶贫龙头企业和基础设施等“项目贷款”两部分进行操作。

“到户贷款”的贷款对象为建档立卡的贫困农户，主要用于扶持其发展生产。将到户贷款贴息资金全部下放到592个国家扶贫开发工作重点县，由县选择金融机构发放贷款并与其直接结算贴息。贷款所需资金由承贷金融机构自行筹集。贷款期限由金融机构视实际生产周期自主确定，贴息1年。贷款利率由金融机构根据央行规定的基准利率和浮动利率系数自主确定。中央财政在贴息期内按年利率5%的标准给予贴息。贴息方式可以是政府将资金直接贴给农户，也可以是将资金补偿给金融机构，具体方式由各县自主确定。

“项目贷款”集中用于国家扶贫开发工作重点县和贫困村，重点支持对解决贫困户温饱、增加收入有带动和扶持作用的农业产业化龙头企业。贴息方式可以是政府将资金直接贴给项目实施单位，也可以是将资金补贴给金融机构，具体方式由各地自主确定。其他省市的项目贷款仍由中国农业银行承担，由财政部和中国农业银行结算贴息。贷款执行年利率3%的优惠利率。贴息方式是政府将3%与央行一年期贷款利率的差额补偿给中国农业银行。

从2008年开始全面改革扶贫贷款管理体制，将扶贫贷款管理权限和贴息资金全部下放到省，其中到户贷款的管理权限和贴息资金全部下放到县；扶贫贷款的发放由任何愿意参与扶贫工作的银行业金融机构承贷；中央继续保留扶贫贷款财政贴息预算资金规模（每年安排5.3亿元），于年初下达到各省（自治区、直辖市），各省（自治区、直辖市）安排到户的贷款贴息资金不低于贴息资金总额的50%扶贫贷款由实行固定利率（3%）改为固定贴息利率，其中到户贷款按年息5%、项目贷款按年息3%给予贴息。

国务院扶贫办会同财政部和中国人民银行，根据财政贴息预算资金规模确定当年扶贫贴息贷款的指导性总量计划，并于年初下达各省财政贴息资金及对应引导的扶贫贴息贷款的指导计划。扶贫贴息贷款优惠利率与中国人民银行公布的同期同档次贷款利率之间的利差，由中央财政贴息。到户贷款按年利率 5%、项目贷款按年利率 3%。贴息资金可采取直接或通过金融机构间接补贴给贫困户或项目实施单位两种方式，具体采取何种方式，由各省、县自行确定。

13.2.4　青海省节能改造项目贴息及投资补助政策

1. 政策背景

2005 年青海万元国内生产总值能耗为 3.07t 煤，万元工业增加值用水量为 307m^3，分别高于同期全国国内生产总值能耗、万元工业增加值用水量平均水平的 151.6% 和 81.6%，节能（节水）减排工作压力较大。2006 年，青海省地区能源消费总量 1903.22 万 t 标煤，比 2005 年增长 13.95%，其中规模以上工业综合能源消耗 801.28 万 t 标煤，比 2005 年增长 29.80%；单位 GDP 能耗为 3.12t 标煤/万元，增长 1.51%；规模以上单位工业增加值能耗为 3.64t 标煤/万元，增长 5.96%。2007 年上半年，青海省规模以上工业综合能源消耗量 460.27 万 t 标煤，比 2006 年上半年增长 23.39%，单位工业增加值能耗为 3.78 吨标煤/万元，比 2006 年上半年下降 1.53%。

青海省人民政府 2007 年 7 月发布了《青海省人民政府关于进一步加强节能减排工作的若干政策措施》(青政〔2007〕42 号)，共涉及实行全面的节能减排目标责任考核制度等十三个方面的内容，其中第十一条提出对重点节能减排技术改造项目给予贷款贴息，要求“对经相关主管部门认可的重点节能减排技术改造项目，由省财政或省级预算安排的节能减排专项资金给予贷款贴息。加大财政基本建设资金向节能减排领域的倾斜力度”。

2005 年青海省曾制定了《青海省节能改造专项资金管理办法》，青海省进入以财政资金支持和引导企业开展节能与资源综合利用工作实施阶段。2007 年为落实《青海省人民政府关于进一步加强节能减排工作的若干政策措施》(青政〔2007〕42 号)，青海省出台了《青海省节能改造项目贴息及投资补助专项资金管理办法》（青财建字〔2007〕494 号)。2008 年年底出台了《青海省节能技术改造财政奖励资金管理办法》，于 2009 年 1 月 1 日实施，进一步完善了《青海省人民政府关于进一步加强节能减排工作的若干政策措施》(青政〔2007〕42 号）对建立节能减排奖励制度的要求。

2. 政策内容

《青海省节能改造项目贴息及投资补助专项资金管理办法》（青财建字〔2007〕494 号）就节能改造专项资金支持的方向和范围、项目应当具备的条件、专项资金管理机构、专项资金安排和使用程序等内容作出了详细的规定。

资金来源：指省级财政预算安排的，用于推进工业节能降耗，资源综合利用以及支持新能源、可再生能源开发利用的专项资金。

补助对象包括：①节能、节水、节村新产品、新设备和相关先进技术的开发、推广和应用项目；②采用先进技术改造现有生产系统、工艺装置等，能够达到节能、降耗、减污目的的项目；③废弃资源处理和综合利用以及废旧物贤循环利用技术、产品和设备的开发、推广和应用项目；④采取改进设计、改善管理，使用清洁的能源和原料，采用先进的工艺技术、设备等手段，从而实现清洁生产的项目；⑤新能源、可再生能源技术、产品的开发推广和应用项目。

补助标准：对使用贷款的项目，根据项目承担单位提供的银行贷款相关证明，视同期中国人民银行公布的贷款基准利率给予一定额度的贴息；对使用自筹资金的项目，给予一定额度的一次性补助。单个项目贴息额度原则上不超过200万元，补助额度原则上不超过100万元。

3. 政策实施情况和效果

2007年青海省级财政在今年的预算中，安排节能技术改造专项资金1200万元，用于支持工业企业实施节能技术改造项目贷款的贴息和投资补助，其中包括贷款贴息类项目5项，主要是西宁特钢股份有限公司节能技改综合项目、青海物通集团铁合金生产系统节能降耗技术改造项目、青海高原王环保热能设备有限公司节能降耗型全自动燃气（油）铸铁模块锅炉及燃煤锅炉技术改造与开发项目等，贴息资金为780万元。附加节能技术投资补助420万元，共带动节能技术改造项目总投资超过2亿元，完成后年节能量可达到7.5万t标准煤。2008年青海省安排贴息资金1270万元，支持节能改造项目12个，预计节能量达17.94万t标煤。

13.2.5 山西节能贷款贴息政策

1. 政策背景

山西省矿产资源相对丰富，但主要矿产新增探明储量的增长远低于开采耗竭速度，且开采难度越来越大，开采成本逐步增加，有些矿产储量已近枯竭；全省人均水资源不足400m^3，为全国平均值的20%，远低于国际公认的500m^3的严重缺水线。目前地下水超采严重，水位下降，漏斗面积扩大，水资源总量仍处于下降趋势，资源总体供给状况日益严峻，成为经济社会全面协调可持续发展的瓶颈制约。同时，山西经济增长方式仍处于粗放型向集约型转变的阶段，资源利用水平低，能源消耗高、浪费大，环境污染严重。全省单位GDP综合能耗超出全国平均水平近两倍，矿产资源平均回采率仅为44%，煤炭资源回采率平均仅35%左右，乡镇小煤矿回采率更低。

2004年山西省十届人民代表大会常务委员会第十四次会议通过了《山西省人大常委会关于全面推进资源节约与综合利用的决定》，提出了推进资源节约与综合利用的指导思想、目标、任务和具体制度建设要求。2007年山西省人民政府发布了《山西省人民政府关于印发山西省节能减排综合性工作方案的通知》（晋政发〔2007〕32号），其中提出完善促进节能减排的财政政策："'十一五'后四年省人民政府每年在财政预算中安排节能减排资金，用于支持节能减排重点工程、高效节能环保产品和节能减排新机制推广、节能减排管理能力建设、节能减排标准指标体系建设、节能减排监测体系建设以及对节能减排先进单位和个人的奖励。地方各级政府也应在财政预算中安排一定资金，用于节能减排工作，进一步加大财政基本建设投资向节能减排项目的倾斜力度。"2008年陕西省人民政府印发了《山西省节能专项资金管理办法》（晋政办发〔2008〕50号），规定了省级节能资金对节能减排项目主要采用贴息、补助、拨款、以奖代补等四种支持方式。

2. 政策内容

对《山西省节能专项资金管理办法》（晋政办发〔2008〕50号）中财政贴息内容进行

重点分析。

省级节能资金的来源一是省财政预算安排，二是省级煤炭可持续发展基金安排。市、县人民政府也要设立节能专项资金，用于节能降耗工作。

贴息对象包括：

(1) 工业节能。

1) 节能重点工程。包括：改革采煤方法，提高煤炭生产资源回收率；电力生产、输配与热力改造工程；燃煤工业锅炉（窑炉）改造工程；余热余压利用工程；节约和替代石油；电力拖动系统改造；新型墙材节能工程；可再生能源开发利用工程。

2) 重点企业节能。包括：煤炭、冶金、化工、焦化、电力、建材等六大高耗能重点行业和“双百”家重点用能企业。

3) 节能技术研发与推广、高效节能新产品推广与应用、节能示范试点工程项目等。

(2) 建筑节能。

1) 省级行政机关和全额预算事业单位既有建筑的节能改造。

2) 可再生能源在建筑中的应用。

3) 省级机关办公建筑节能改造和大型公共建筑节能改造贷款贴息。

4) 国家机关办公建筑和大型公共建筑监管能力建设。

贴息标准：贴息额度按企业节能降耗项目贷款规模的一年或二年期利率核定。补助额度按企业节能降耗项目投资的3%～10%核定。

3. 政策实施情况和效果

“十一五”时期，山西省按期完成了“十一五”目标任务，节能减排工作取得了显著成效。全省万元GDP综合能耗累计下降22.66%，降幅居全国第二位，实现节能量4000万t标准煤。全省二氧化硫、化学需氧量排放总量分别下降17.6%、13.93%，超额完成了“十一五”目标任务，为全省经济平稳较快发展提供了有力支撑，为实现“十二五”节能减排目标奠定了坚实基础。

13.3　工业节水技术改造贷款贴息范围分析

目前我国工业用水效率总体水平较低。工业节水措施主要有工艺节水改造、废水处理及其回用。绝大部分的工艺改造措施和所有的废水处理措施都可以有效地减少有毒有害污染物的排放，工业节水改造对保护生态环境、保障城镇和农村的生活饮用水安全关系重大。

2011年中央1号文件明确提出，要“加快实施节水技术改造，全面加强企业节水管理，建设节水示范工程”。开展工业节水技术改造贷款贴息政策研究，对全面加快节水型社会建设、落实最严格的水资源管理制度，对实现以水资源可持续利用支撑经济社会可持续发展具有十分重要的现实意义。在这种背景下，加大以财政贴息为主要内容的政策支持，推进工业领域特别是高耗水工业行业节水技术改造，具有十分重要的现实意义和客观必要性。

13.3.1 已有政策对节水技术改造的支持

2010 年 5 月 4 日，工业与信息化部发布了《关于进一步加强工业节水工作的意见》（工信部节〔2010〕218 号），提出：国家在安排中央预算内技术改造资金时，对运用先进技术、符合《重点工业行业取水指导指标》先进企业要求的技术改造项目予以优先支持。各地工业主管部门在安排节能减排资金、地方技术改造项目时，对节水改造项目要给予重点支持。

事实上，重点产业振兴和技术改造专项资金一定程度上已经涵盖了相关重点行业的工业节水技术改造。例如，在《2011 年重点产业振兴和技术改造中央投资年度工作重点》中，就明确将轻工行业、纺织行业中提高废水利用率、水循环利用的技术改造项目列入贴息政策的支持范围❶。

在《2012 年产业振兴和技术改造专项重点方向》中，明确对汽车节能技术和产品的开发能力建设和产业化、装备工业基础能力提升和重点装备产品升级、冶金工业关键产品升级及技术改造、新型绿色环保建材及无机非金属材料、石化（医药）有效能力建设、轻纺工业重点行业技术提升与改造、企业信息化提升、食品安全检验检测能力建设、中西部地区特色产业升级和技术改造（不含建设地点在中西部地区的中央企业项目）等 9 个重点专题予以支持。上述九个专题中明确列明对节水技术改造给予资金支持的领域包括：

（1）轻纺重点行业节能减排技术推广与应用。重点支持食品行业中发酵、淀粉、制糖、酿酒、饮料等领域节能减排、综合利用和清洁生产改造；制浆造纸生产线节水节能减排改造。

（2）黑色金属重点工艺技术。支持煤调湿、风选调湿、捣固炼焦、配型煤炼焦、干法熄焦、导热油换热、焦化废水深度处理回用、煤沥青制针状焦等生产技术的应用，推广应用烧结烟气脱硫、脱硝、脱二恶英等多组分干法脱除，支持冶金固体废弃物综合利用、煤气高附加值利用等。

此外，根据国家规定，工业企业节水技术改造还可享受其他优惠财税政策：根据财政部、国家税务总局财税字〔1999〕290 号文件的相关规定，工业企业节水技术改造国产设备投资的 40%，可抵减当年新增企业所得税。对于以废水为原料生产的产品，可以按照财政部、国家税务总局财税字〔1994〕001 号文件的有关规定，减免所得税 5 年。

13.3.2 已有政策对节水技术改造支持存在着不足

已有关于工业技术改造的综合性政策发挥了促进工业节水的积极作用，对“十一五”

---

❶ 具体来看，较多涉及到节水技改的行业有纺织行业、轻工行业和食品行业，纺织行业涉水技改的方向包括：采用印染废水清浊分流、生物滤池、膜处理、活性炭吸附等技术，印染废水处理和回收利用技术；轻工行业包括制革和毛皮加工中水循环利用；食品行业包括采用新型清洁生产技术替代传统技术，推广副产物和废弃物告知综合利用技术，加强废水处理，提高回用率；印染行业的采用冷轧堆前处理、短流程前处理、酶处理、高效水洗等先进设备和工艺进行前处理改造等。

期间超额完成工业节水目标做了重要贡献[1]。如“十一五”期间，工信部门结合重点产业调整和振兴规划实施，在钢铁行业大力推广运用干法熄焦、干式高炉炉顶余压发电、干法除尘（“三干”）技术、综合废水回用技术，在聚氯乙烯（PVC）行业推广干法乙炔工艺，在纺织印染行业推进废水深度处理回用技术等，推进重点行业节水技术改造，鼓励循环利用和废水回用。

但是，也应看到现有节水技术改造支持政策总体上分散在相关政策中，现有政策缺乏对工业节水技术改造的系统支持，还难以为实现“十二五”期间单位工业增加值用水下降30%的战略目标提供有力支撑和充分保障。总体来说，现有政策对工业节水技术改造的支持还存在以下不足：

（1）已有政策关注重点并不在节水上，节水只是作为节能降耗、提高质量品质、安全生产、装备改善等综合成效之一而体现的，即体现为一种“副产品”效用，从而使得节水激励的政策效果并不突出。

（2）已有的节能减排、循环经济、清洁生产、重点产业振兴和技术改造项目主要侧重在提高工业废水回用方面，对通过更新设备、创新工艺、改造流程、革新技术和装备来降低生产过程中用水的项目支持不足。

（3）由于贴息资金支持的主体不是工业企业节水技术改造，因此，用于工业节水技术改造的资金总额总体来说还是较小，不能满足施行严格的水资源管理制度和“十二五”期间工业节水目标的要求。

13.3.3　工业节水技术改造贷款贴息支持条件

贴息对象的选择和限定的核心包括两点：一是贴息对象的选择和限定要充分发挥工业节水技术改造贷款贴息资金对工业节水技术改造的推动作用；二是要保证贴息资金的安全，保证资金能够切实有效地用到工业节水技术改造中，防止贴息资金用作其他用途。

1. 还贷能力

申请节水技术改造贷款贴息的工业企业必须具有还贷能力，是从贴息资金的安全来考虑的。只有具有还贷能力的企业，才能充分保证节水技术改造项目的建设进程和有效运用。一般来说，当企业向银行贷款时，银行会对企业的还贷能力进行严格审核，但是并不排除部分企业在贷款发生后发生经济状况恶化从而影响其还贷能力的情况。因此，在企业申请贴息资金时，必须严格审核企业的还贷能力。

2. 贷款用途要求

从贴息的目的性和指向性上，要求申请贴息资金的企业因节水技术改造而发生了贷款，贷款主要用于工业节水技术改造。由于工业企业技术改造涉及面广、工作内容繁多，在实际操作中，要求技术改造投资项目所发生的贷款专项用于节水技术改造是很困难的。这就需要地方水行政主管部门和财政主管部门根据当地实际情况，把握贷款贴息的总体要求，选择节水示范性好、贷款用途明确的项目予以贴息。

---

[1] “十一五”期间，我国万元工业增加值用水量由 2005 年的 169m^3 下降到 105m^3，累计下降 37.9%，超额完成“十一五”规划纲要确定的目标。

3. 成效要求

出于对节水效果方面的考虑，要求申请节水技术改造贷款贴息的工业企业必须实施了节水技术改造，其节水技术符合一定标准。设定此条件是为了保证贴息资金对工业企业节水技术改造的节水效果提出一定的要求，保证贴息资金在节水技术改造中的促进作用。改造后的节水技术必须符合以下条件：①属于《中国节水技术大纲》明确的重点发展的工业节水技术；②不属于国家淘汰的落后工艺；③经过技术改造后达到国家和地区用水定额标准之上，且优于行业平均用水定额标准的工业项目。

4. 鼓励和限制条件

在符合要求的补贴对象中，优先安排以下补贴对象：

(1) 符合《产业结构调整指导目录（2011年本）》（国家发改委令〔2011〕第9号令）中鼓励类目录中工业企业的要求。

(2) 进行节水技术改造或节水设备更新投资规模大、效益明显的项目。

(3) 申请年度内使用银行贷款的节水技术改造或节水设备更新项目。

(4) 通过节水技术改造后，预计年耗水量节约达到一定规模以上（如10万t以上）的项目。

对于《产业结构调整指导目录（2011年本）》中限制类、淘汰类目录工业企业不予安排贴息资金。

5. 小结

综合以上要求，贴息对象设定为进行节水技术改造且具有还贷能力的工业企业，其节水技术指标须符合《中国工业节水技术大纲》规定的要求，节水项目实施后必须优于行业用水定额的国家标准及所在地区标准。申请贴息资金的工业企业所采用的节水技术必须达到相关的节水指标。原有节水技术指标已达到要求的，新改造的节水技术指标必须严于原有技术指标。

相关行政主管部门应切实做好贴息项目的遴选、可行性论证和科学决策。在项目选择和评审上，应做好科学决策、集体审议、专家论证评估，切实做好可行性分析，保证项目的政策性，并力求实现社会效益与经济效益的最大化，使“好钢”真正“用在刀刃上”。

13.3.4 重点行业用水及工业节水技改贴息支持范围

工业节水的重点和难点在于耗水高的传统工业行业，火力发电、石油石化、钢铁冶金、化工、造纸、纺织等六大行业工业用水占全部工业用水的70%～80%。因此，应重点加大对高用水重点行业节水技术改造的政策支持和激励。着力要抓好火力发电、石油石化、钢铁、纺织、造纸、化工、食品、煤炭采选、建材等高用水重点行业节水技术改造，积极推进相关行业节水技术、设备和污水处理技术、设备的研发和推广应用，提高工业用水循环利用率，降低单位产品取水量。

1. 火力发电行业

火力发电行业中的多个环节需要用水，包括凝汽器的冷却用水（循环冷却水），锅炉中冲灰、冲渣用水，工业冷却用水（包括辅机冷却水和回转设备轴承冷却密封水等），化学车间自用水（包括处理设备自用水），锅炉补给水和生活、消防用水等。火力发电行业是取水量最大的工业行业，据《中国水资源公报》统计，火力发电用水已接近工业用水总量的40%左右。火力发电中耗水量最大的是工业冷却用水，我国现有约50%的火力发电机组的工业冷却用水不能实现闭路循环。从2001年到2010年，我国火力发电单位发电取水量从4.13kg/(kW·h)下降到2.45kg/(kW·h)，下降41%；单位发电废水排放量从1.38kg/(kW·h)下降到0.32 kg/(kW·h)，下降了77%。2006—2010年，我国火力发电取水量在80亿～90亿m^3之间，2010年火力发电废水排放量为12.9亿m^3。因此，在火力发电节水技术改造中，要鼓励使用海水、矿井水、再生水等非常规水源。推广浓浆成套输灰、干除灰、冲灰水回收利用等节水技术和设备。西北、华北等地区新建电厂应优先利用非常规水源，必须采用空气冷却技术。

2. 石油石化行业

我国石油石化企业也是一个用水量很高的工业行业，其取水量占工业取水量的5%左右，《石化和化学工业"十二五"发展规划》中要求石化工业的万元增加值用水量需要降低30%。1999年，我国石化工业用水量为230.5亿m^3，取水量为28.8亿m^3，重复利用率为88%。2004年石化工业取水量为12.8亿m^3，炼化企业重复利用率为94.5%。石化工业吨油耗水量和废水排放量为0.5m^3和0.15m^3。我国石化工业用水效率还较为低下，具有一定的节水和减排潜力。我国石化工业节水技术改造的重点是系统节水改造，回收工艺冷凝水、蒸汽凝结水，减少循环冷却补充水；推广串级用水或处理净化回用技术；推广应用采油污水处理的高效水质净化与稳定、反渗透水处理等污水深度处理回用技术；开发循环冷却水高浓缩技术等。

3. 钢铁行业

钢铁行业含黑色金属矿采选业、黑色金属冶炼及压延等行业。钢铁行业的每个环节都需要用水，从选矿、烧结、焦化、炼铁、炼钢、轧钢各个工序都需要消耗大量的水资源。钢铁业是仅次于火力发电、纺织印染和造纸业的第四大耗水工业行业。1999年，我国钢铁行业用水量为214.5亿m^3，取水量为32亿m^3，工业重复利用率为85%，其中普钢为87%，特钢为76%。2004年统计，我国吨钢取水量为34m^3，国际先进水平约为3.5m^3，我国指标约为国际先进水平的10倍。在国内，落后企业指标与先进企业指标相差也很大，落后企业指标为先进企业指标的10.8倍。2009年，我国大陆地区钢铁生产总量达到了5.7亿t，同比增长13.5%，占世界总产量的46.41%，吨钢取水量为4.4m^3，同比下降14.1%。我国钢铁用水效率与国外先进水平还有一定的差距。2009年，国外吨钢取水量的先进水平为：日本扇岛2.1m^3，卢森堡阿赛洛2.4m^3，德国蒂森克虏伯2.6m^3，韩国浦项3.5m^3，韩国光阳3.6m^3，美国凯泽公司方塔那4.1m^3。我国钢铁的节水和排污均还有一定的潜力。在钢铁业中，工业节水技术改造主要的支持范围是：提高废水处理回用能力，实施系统节水技术改造，加大非常规水源利用力度。推广干法除尘、干熄焦、干式高炉炉顶余压发电（TRT）、清污分流、循环串级供水技术、废水膜处理回用技术等，开发和推广高氨氮及高化学需氧量（COD）等废水处理及含油（泥）、高盐废水处理回用和酸洗液回收利用技术。

4. 纺织印染行业

纺织印染行业是用水大户。由于我国纺织、印染工艺、产品档次相对落后，吨产品用水量、废水水质污染程度比发达国家高很多。纺织工业中染整行业用水和排污均占80%，印染厂水回用率仅7%（主要是冷却用水等），整个纺织行业回用率不足10%，是全国所有行业中水回用率最低的行业。1999年用水量为92.6亿m^3，其中取水量为66.1亿m^3，重复利用量为26.4亿m^3；工业用水重复利用率仅为29%，其中纺纱、织布、服装为80%，毛纺染整为20%，人造纤维、合成纤维为30%，棉纺印染仅为7%；单位产品取水量纺纱为200m^3/t、织布为3m^3/百米、棉纺印染为5.5m^3/百米、毛纺染整为44m^3/百米、人造纤维为300m^3/t、合成纤维为270m^3/t、服装为210m^3/万件。2010年，纺织业废污水排放量为24.5亿m^3，在所有工业行业中排在前列。根据纺织行业的“十二五规划”，到2015年，化纤产能达到4600万t，产量4100万t，化纤占纺织纤维加工总量比例达到76%左右，化纤工业增加值年均增长8%。而在“十二五”期间，纺织行业单位增加值耗水量年均下降7%。因此，纺织印染业的节水和排污有巨大的潜力。纺织业中节水技术改造支持的重点为：推广喷水织机废水回用技术、清洁制溶解浆（浆粕）技术、缫丝废水循环利用技术、高效节能复洗技术、冷轧堆前处理加工技术、化学纤维原液染色技术、毛团及散纤维小浴比低温染色技术、气流染色技术和数字化丝光机技术等。

5. 造纸行业（含造纸、纸浆及纸制品）

造纸行业是用水量大、排污量大的工业行业。1999年用水量为118.6亿m^3，其中取水量和重复利用量均为59.3亿m^3；工业用水重复利用率约50%；浆纸单位产品综合取水量为198m^3/t，其中化学木浆为190m^3/t、化学草浆为270m^3/t、脱墨废纸浆为45m^3/t、不脱墨废纸浆为35m^3/t、纸及纸板为70m^3/t。2008年，我国造纸业用水总量为108.9亿m^3，其中取水量为48.8亿m^3，占工业总取水量549.63亿m^3的8.89%。重复用水量为60.1m^3，水重复利用率为55.18%，比2007年提高3.78个百分点。造纸业2008年废水排放量为40.77m^3，占全国工业废水排放总量217.4亿m^3的18.8%，比2007年降低0.49个百分点。2010年，造纸业的废水排放量为39.4亿m^3。造纸业的废水排放量在工业企业中排第一位。造纸行业的节水技术改造支持的重点包括：推广连续蒸煮、多段逆流洗涤、封闭式洗筛系统、氧脱木素、无元素氯或全无氯漂白、中高浓技术和过程智能化控制技术、制浆造纸水循环利用技术、各类污冷凝水处理回用技术，以及高效沉淀过滤设备、多圆盘过滤机、超效浅层气浮净水器等设备。

6. 化工行业

化工行业含化学原料及化学制品、医药、化学纤维、橡胶制品等。2005年，间接冷却水水质稳定处理后循环回用技术已在化工行业普遍采用，全国大中型化工企业间接冷却水循环利用率已达80%以上。化肥企业采用“两水闭路循环”节水技术已取得年节水10亿m^3的显著成效，但是，我国化工行业的用水效率与国际先进水平相比还有很大差距。我国化工行业的单位产值耗水量为1106.7m^3/万美元，而国际的先进水平为316.9m^3/万美元，我国为国际先进水平的3倍。化工行业中工业节水技术改造的支持重点包括：发展、推广循环用水系统、串联用水系统、再生水回用系统，高效冷却节水技术及节水工艺技术。

7. 食品行业

在工业节水技术改造贷款贴息资金中，重点支持以下节水技术：推广发酵生产中低温蒸煮糊化技术、高浓糖化醪高温发酵工艺、高浓度母液提取工艺；推广湿法制备淀粉工业取水闭环生产工艺；开发应用发酵废母液、废糟液回用技术；采用余热型溴化锂吸收式冷水机组、新型螺旋板式换热器、逆流玻璃钢冷却塔、多效蒸发浓缩器、热泵蒸发器，以及采用冷却、冷凝、压缩单元操作回收利用冷却水、冷凝液、废热气和中低浓度废水的梯度利用。

重点行业节水技术改造贴息支持项目范围建议见表 13.1。

表 13.1　　重点行业节水技术改造贴息支持项目范围建议

火力发电行业	建设以除灰系统改造、废污水回收再生利用、空气冷却机组建设为主的节水工程项目
石油石化行业	推广串级用水或处理净化回用技术，推广应用采油污水处理的高效水质净化与稳定、反渗透水处理等污水深度处理回用技术
钢铁行业	主要建设以用水系统改造，干法除尘、干法熄焦节水生产工艺，废污水回收再生利用为主的节水工程项目
纺织印染行业	建设逆流漂洗、废水深度处理回用等用水系统改造，自动调浆、冷轧堆前处理加工技术、高温高压气流染色，针织平幅水洗，数码喷墨印花、转移印花、涂料印染等少用水工艺技术为主的节水工程项目
造纸行业	建设中浓封闭筛选系统改造、碱回收蒸发站污水冷凝水的分级及回用系统、废液综合利用、废污水回收再生利用等节水工程项目
化工行业	建设以重复用水系统改造、PVC 生产电石渣上清液回收利用、合成氨系统优化、废污水回收再生利用等为主的节水工程项目
食品行业	建设以水重复利用、制冷系统技术改造、传统落后生产工艺及设备等用水改造为主的节水工程
其他行业	建设用水系统改造、废污水回收再生利用为主的节水工程

注　资料来源于《节水型社会建设“十二五”规划》。

13.4　工业节水技术改造贷款贴息标准分析

13.4.1　制定技改贴息标准应遵循的基本原则

1. *符合激励有效的原则*

激励有效原则即贴息标准应能有效调动企业节水技改积极性，增加节水技改投资，切实发挥出政策的投资引导、资金撬动、功能放大的实效。贷款贴息政策就是要通过利息贴补这种经济杠杆的引导和激励，切实能起到调动企业进行节水技术改造积极性的重要作用。当然，贴息率的确定最好能把握到临界点上[1]，过低的利率补贴，不能起到应有的政策支持、投资激励和引致撬动效应；而过高的利息补贴水平，则不利于提高资金使用效率和资源的优化配置，亦会对市场公平竞争产生不良影响，产生扭曲。

2. *突出重点，统筹兼顾*

贴息率的确定要综合考虑到我国工业企业节水技术改造贷款资金的供给规模和全社会

[1] 利息补贴要争取补在临界点上，才能事半功倍，用小投入换来节水技改投资的大发展。形象地比喻来说，政府补贴类似于烧开水，对加热到 90℃的水，再添一把火就可以烧开，而对只有 50℃的水，再添两把火可能也烧不开，这需要政府部门对贴息标准和补贴效果进行精准地拿捏，力争将钱花到刀刃上。

符合政策条件的项目资金需求。在贴息政策面临着资金预算规模约束时，贴息率高有利于提高支持力度，体现出集中财力、突出重点政策支持原则，但同时也就意味着政策惠及面要适当收窄；而贴息率定得稍低一些则可以扩大政策的惠及面，兼顾到资金政策的覆盖面。

3. 科学配置，注重绩效

严格按照节水技改贴息专项资金设立的目标和任务，公开公平地遴选项目，科学合理地编制和安排项目预算，杜绝专项资金使用的随意性。根据贴息专项资金使用绩效评价结果，用于作为下一年度预算安排、调整和优化项目支持的重要决策参考和依据。

13.4.2 工业节水技术改造贴息标准的选择

从方案的设计来看，贴息标准可以有以下几种选择：全额补贴、比例补贴、固定利率补贴、差额利率补贴、单个项目补助金最高限、按投资额分段差别比例补贴等。

（1）全额贴息。即由政府财政全部承担银行贷款的利息负担。这种做法相当于对企业给予了无息贷款的支持，一般适用于效果特别显著、公益性特别强的技术改造项目。

（2）固定利率贴息。即给予项目单位一个固定利率的补贴，这种办法的好处可以不受企业与银行所签订的贷款合同利率的影响，锁定贴息成本，且通常以不高于实际贷款利率为限。这种方式在实践中运用最为广泛。

（3）利差（利率差额）补贴。即财政对企业实际支付的银行贷款利率与一个固定利率（这一固定利率通常较低，可视为政府提供的优惠贷款利率）的差额进行补贴，其目的就是对政策支持的特定项目，锁定企业或项目单位利息负担，降低项目运行的财务费用。我国扶贫贴息贷款采用的即是这种模式。

（4）按投资（贷款）额分段差别比例补助。主要是根据投资规模的大小来核定差别化的贴息或补助比例，体现精细化激励的原则。这种差别比例补助既可以是投资额较低适用高贴息率，也可以是投资额较高适用高贴息率，以体现政府鼓励扩大投资的政策导向。例如，浙江省的《瑞安市技术改造项目专项资金管理暂行办法》（瑞政办〔2011〕117号）就作出了如下规定：①对实际投资额在2000万元（含）以上的项目，按实际投资额8%补助，最高不超过300万元；②对实际投资额在1000万（含）～2000万元的项目，按实际投资额7%补助；③对实际投资额在500万（含）～1000万元的项目，按实际投资额6%补助；④对实际投资额在100万（含）～500万元的项目，按实际投资额5%补助；⑤对符合国家产业政策、本市行业发展规划要求，设备、技术实际投资额2亿元（含）以上的技术改造或新建的重大工业项目，经市政府批准可以采取“一事一议”的办法给予专项资金补助。对实际投资额在2亿（含）～5亿元的项目，补助金额最高不超过500万元；对实际投资额在5亿元（含）以上的项目，补助金额最高不超过1000万元。

13.4.3 工业节水技术改造贴息标准方案设计

对贴息资金按中央财政和水资源费两种主要来源，分成四种不同的贴息率组合，以及不同的支持对象，比较不同条件下的贴息比较方案，见表13.2。

表 13.2　　我国近 10 年贷款基准利率变动

利率调整日期（年-月-日）	贷款基准利率/%		
	调整前	调整后	调整幅度
2012-7-5	6.31	6.00	-0.31
2012-6-8	6.56	6.31	-0.25
2011-7-7	6.31	6.56	0.25
2011-4-6	6.06	6.31	0.25
2011-2-9	5.81	6.06	0.25
2010-12-26	5.56	5.81	0.25
2010-10-20	5.31	5.56	0.25
2008-12-23	5.58	5.31	-0.27
2008-11-27	6.66	5.58	-1.08
2008-10-30	6.93	6.66	-0.27
2008-10-9	7.20	6.93	-0.27
2008-9-16	7.47	7.20	-0.27
2007-12-21	7.29	7.47	0.18
2007-9-15	7.02	7.29	0.27
2007-8-22	6.84	7.02	0.18
2007-7-21	6.57	6.84	0.27
2007-5-19	6.39	6.57	0.18
2007-3-18	6.12	6.39	0.27
2006-8-19	5.85	6.12	0.27
2006-4-28	5.58	5.85	0.27
2004-10-29	5.31	5.58	0.27
2002-2-21	5.85	5.31	-0.54

我国现行的贷款基准利率：6 个月贷款为 5.6%，1 年期为 6.0%，1～3 年期为 6.15%，3～5 年期为 6.40%，5 年以上为 6.55%。

我国贷款基准利率（1 年期）自 2002 年的 5.31%逐渐上调到 2007 年的 7.47%的高位，之后于 2008 年 9 月开始急剧下调，至 2008 年 12 月下调至与 2002 年持平的 5.31%。2010 年 10 月开始逐步上调，至 2011 年 7 月调至局部最高点 6.56%，2012 年 6 月和 7 月分别经历两次下调后调至现行的 6.0%。

可见，我国贷款基准利率近 10 年来在 5.31%～7.47%之间变化，中值为 6.09%，与现行基准利率相差不大。

1. 中央财政预算内贴息支持下的贷款贴息方案

2009 年全社会工业银行贷款规模为 38769 亿元，如果按照 8%的比例估算为工业更新改造投资贷款，则其规模在 3000 亿元左右，其中以节水为主要目标和主要内容的技术改造贷款规模估计不到 1/5，即 600 亿元。

（1）方案1：全额贴息。以节水为主要目标和主要内容的技术改造贷款规模按照工业设备更新改造的1/5即600亿元计算，如果按现行1年期基准利率6.0%全额贴息，则每年的贴息资金需求为36亿元。

（2）方案2：固定利率贴息。以节水为主要目标和主要内容的技术改造贷款规模估计不到1/5即600亿元计算，如果固定利率3%～5%贴息，则每年的贴息资金需求为18亿～30亿元。

（3）方案3：利差补贴。即财政对企业实际支付的银行贷款利率与一个固定利率（这一固定利率通常较低，可视为政府提供的优惠贷款利率）的差额进行补贴。我国现行的贷款中只有房贷还存在着优惠利率，不同的地区优惠幅度不等，一般是7～8.5折，如果按现行1年期贷款基准利率6%计算，即优惠利率为4.2%～5.1%，利差补贴率为0.9%～1.8%。

按照以节水为主要目标和主要内容的技术改造贷款规模为600亿元左右计算，利差补贴的贴息资金需求为5.4亿～10.8亿元。

（4）方案4：分段补贴。由于各个企业工业节水技术改造贷款的规模组成很难进行统计，则认为贷款是金字塔式的，即贷款大的企业数量少，贷款小的企业数量多。认为工业企业节水技术改造的单笔贷款最大额度为5000万元，则按500万元以下、500万～1000万元、1000万～2000万元和2000万～5000万元四个分段根据不同的贴息率进行补贴，补贴率分别为2%，3%，4%和5%的贴息率进行补贴。按照金字塔式的结构，如果工业企业节水技术改造的贷款规模为600亿元，则500万元以下为114亿元，需要贴息资金2.28亿元；500万～1000万元贷款总额为102亿元，需要贴息资金3.06亿元；1000万～2000万元贷款总额为168亿元，需要贴息资金6.72亿元；2000万～5000万元贷款总额为216亿元，需要贴息资金10.8亿元。按照分段补贴法需要的总贴息资金约为22.86亿元。

（5）方案5：重点支持6个高耗水行业节水技术改造。根据2011年工业经济年鉴统计数据，2010年电力热力行业利息支出为1383.73亿元，按照75%计算，火力发电利息支出为1037亿元；石化业利息支出为182.04亿元；钢铁业利息支出为134.81亿元；化工业利息支出为464.12亿元；造纸业利息支出为131.38亿元；纺织业利息支出为286.58亿元，合计为2235.93亿元。2010年我国规模以上工业利息总支出为6274.2亿元，6个高耗水行业的利息支出约占工业利息总支出的1/3。根据这6个行业的利息支出，同比例计算这6个行业的工业节水技术改造贷款总额（按工业行业共600亿元计算），则火力发电业节水改造贷款总额为93亿元，石化业为16亿元，钢铁业为12亿元，化工业为42亿元，造纸业为11亿元，纺织业为26亿元，总计为200亿元。

如果按照全额贴息方法，按现行贷款基准利率6%计算，需要12亿元贴息资金；如果按照固定利率贴息，固定利率设定为3%～5%，则需要6亿～10亿元贴息资金；如果按照利差补贴方式贴息，贴息率在0.9%～1.8%，则需要1.8亿～3.6亿元贴息资金；如果按照分段补贴方式贴息，贴息率在2%～5%，则需要约8亿元贴息资金。

2. 中央分成水资源费支持下的贷款贴息方案

由于中央分成水资源费的规模有限，基于每年工业节水技术改造贷款总额达到600亿元左右，而可投入节水技术改造贴息的中央分成水资源费规模只有1亿元左右。因此，全额贴息的方式并不适合中央分成水资源费支持下的工业节水技术改造贷款贴息。为了达到贴息资金推动工业节水的目的，需要适当降低贴息率，并进一步限定贴息对象的范围。

（1）方案6：固定利率贴息。按工业节水技术改造贷款总额600亿元计算，如果把贴息资金控制在1亿元，则总体贴息率0.17%，难以达到提高工业企业进行节水技术改造的积极性的目的。如果将贷款额的规模限制在1000万元以上5000万元以下，则贷款总额约为300亿元，总体贴息率约为0.34%，依然不高；限定在2000万～5000万元，则参与的企业数量少，且总体贴息率依然不高。因此，分成水资源费支持下的节水技术改造贷款贴息资金，用固定利率贴息的方式难以达到应用效果。

（2）方案7：重点支持高耗水行业。如果仅支持6大高耗水行业，则总贷款额约为200亿元，总体贴息率也仅有0.5%，需要进一步限定贴息对象的范围。根据《2011年中国统计年鉴》的统计，在所有工业行业中，废污水排放量最大的3个行业分别为造纸业、化工业和纺织业，这3个行业的工业节水技术改造贷款总额估计约为80亿元，其中造纸业为11亿元，化工业为42亿元，纺织业为26亿元。如果近期贴息资金的重点支持对象为这3个行业，将不仅能减少水资源利用量，还将显著地减少废水排放量，起到事半功倍的效果。虽然总体的贴息率为1.25%，可以通过进一步限定规模等手段使贴息率达到3%～5%。如果能争取到2亿～3亿元的分成水资源费支持工业节水技术改造贷款贴息，则工作将会非常主动。

（3）方案8：重点支持水资源短缺地区。如果仅支持水资源短缺地区，则总贷款额约为300亿元，总体贴息率也仅有0.3%，需要进一步限定贴息范围。根据《2011年中国统计年鉴》，如果以北京、天津、河北、山西、山东、河南等缺水问题突出的6个省（直辖市）为主要补贴范围，总贷款额约为90亿元（6省制造业固定资产投资占全国的28.8%）。近期贴息资金可以重点支持这6个省（直辖市），总体贴息率为1.1%，可以通过进一步限定规模等手段使贴息率达到3%左右。

3. 水资源费和财政资金共同支持的贷款贴息方案

（1）方案1：中央财政和地方水资源费共同支持，固定利率贴息。由于节水技改贷款贴息政策主要受益对象是地方，因此考虑中央财政和地方水资源费按照4：6的比例进行贴息。节水技术改造贷款规模按照600亿元计算，如果按3%的利率贴息，则每年的贴息资金需求为18亿元。其中需要中央财政资金7.2亿元，地方水资源费资金10.8亿元。

（2）方案2：中央分成水资源费和地方财政共同支持，固定利率贴息。考虑中央分成水资源费和地方财政资金按照2：8的比例进行贴息。经过筛选后，享受贴息的节水技术改造贷款规模按照200亿元计算，如果按3%的利率贴息，则每年的贴息资金需求为6亿元。其中需要中央分成水资源费资金1.2亿元，地方水资源费资金4.8亿元。

13.4.4　工业节水技术改造贴息推荐方案

同财政部协商，争取扩大资金的支持力度和贴息资金支持的范围。贴息资金总额争取达到20亿～30亿元，支持的范围争取扩大到全部6个高耗水行业。推荐方案如下。

1. 贴息期限

鉴于工业节水技术改造的实施周期较短，一般在一年左右，同时项目投资的回收期也不长。为此，建议对工业节水技术改造贷款项目的贴息期限设定为12个月。贷款期限不足12个月的，按贷款实际期限计算贴息。结算贴息的贷款额可认定为上年第三、第四季度和当年前一、二季度期间实际发生的贷款额。

2. 贴息标准

综合上述各种贴息方案的优势和适用情况，建议对工业节水技术改造采取固定利率贴息的方式。

根据《中国统计年鉴2010》，2009年全社会工业银行贷款规模为38769亿元，如果按照8%的比例估算为工业更新改造投资贷款，则其规模在3000亿元左右，其中以节水为主要目标和主要内容的技术改造贷款规模估计不到1/5，即600亿元。如果能争取到20亿～30亿元的年度工业节水技术改造贴息资金规模，则贴息率可达到3%～5%。贴息资金中，中央和地方按照1∶2的比例，中央财政资金出7亿～10亿元，地方财政或地方分成水资源费13亿～20亿元。

从突出重点、发挥实效的角度考虑，可适当优选节水效果比较突出的工业技改项目进行支持，将贴息率定为5%，且不超过同期银行贷款利率。

13.5 贴息资金管理政策

完善工业节水技术改造贷款贴息资金管理政策是保障贴息资金安全、提高贴息资金使用效率、促进工业节水改造有效开展的必然要求。完善工业节水技术改造贷款贴息资金要求明确贴息资金拨付方式，理顺贴息资金申请拨付程序，建立贴息资金监督管理制度。

13.5.1 贴息方式的选择

先付后贴和先贴后付是贷款贴息的两种方式。先付后贴的贴息方式是指进行工业节水技术改造贷款的企业必须先自行支付贷款利息，再凭利息支付清单进行贴息资金申请；而先贴后付的方式则是先进行贴息资金的申请，用贴息资金支付贷款利息。

在《节水灌溉贷款中央财政贴息资金管理暂行办法》（财农〔2005〕279号）中，采用的是先贴后付的方式；而在《基本建设贷款中央财政贴息资金管理办法》（财建〔2007〕416号）、《中西部等地区国家经济技术开发区基础设施项目贷款财政贴息资金管理办法》（财建〔2010〕48号）、《农业综合开发中央财政贴息资金管理办法》（财发〔2008〕62号）、《国家级边境经济合作区基础设施建设项目贷款财政贴息资金管理办法》（财建〔2009〕36号）等四个贴息资金管理办法中，均采用先付后贴的方式。

先付后贴方式的优点是工业企业先支付了贷款利息，财政和水利等相关单位不用对企业的还款能力进行评估，能够简化审核和遴选工作，提高申请和拨付的效率；其缺点是不能有效推动资金链稍微紧张企业的节水技术改造的积极性。

先贴后付方式的优点是能够减轻工业企业在还贷时的资金链压力，从而充分发挥其进行节水技术改造的积极性；其缺点是财政和水利等相关单位必须严格地审核企业的还贷能力，使其工作量大为增加，且必须承担一定的风险，难以保证贴息资金的贴息对象具有良好的经济能力。

工业节水改造资金在企业整体技术改造投资中所占比例较小，鉴于多数贴息资金管理办法采用先付后贴的贴息方式，为保障贴息资金的使用安全，建议采用先付后贴的贴息方式。

13.5.2　资金的申请和拨付方式

1. 贴息资金的申请

贴息资金申请应由进行节水技术改造的工业企业向项目所在地的县区级水行政和财政主管部门申报，县区级水行政和财政主管部门经审核后联合逐级上报省级财政和水行政主管部门。省级财政、水行政主管部门对各地贴息资金申请进行审查并提出贴息资金补贴意见后，于每年 7 月 31 日前向财政部和水利部报送贴息资金申请，并附报《××省（自治区、直辖市）工业节水技术改造贷款贴息资金申请表》及项目相关材料。省级财政和水行政主管部门应对报送财政部和水利部的申请贴息资金内容的真实性负责。

贷款工业企业贴息资金申请的内容包括：本年申请贴息资金项目的基本情况、主要建设内容、资金筹措、贷款主体、贷款额度、还款措施、单位投资的节水效益、项目实施的节水规模分析等，并附银行贷款合同及银行贷款利息结算清单。

省级财政、水行政主管部门贴息资金申请的内容包括：汇总、分析、审查本地企业当年使用贷款情况、申请贴息资金的贷款额度、经审核的银行贷款利息结算清单，上一年度贴息资金使用管理情况总结，包括计划贷款与实际贷款情况、利率变化情况、资金使用情况、项目预期效益与实际效益比较情况、存在问题及改进建议等。

贴息资金可实行先付后贴的方式，即由项目单位备齐相关申报文本逐级向水利部门、财政部门申请贴息资金补助，获得审批后，再凭贷款银行开具的利息支付清单到财政部门办理结算手续。

2. 贴息资金拨付程序

贴息资金拨付程序的建立是保证工业节水技术改造贷款贴息政策能够有效实施的重要措施。工业节水技术改造企业将节水技术改造贷款贴息资金申请材料报至企业所在地水行政主管部门。企业所在地水行政主管部门要对节水技术改造企业上报的材料进行审核，以确保企业上报材料的真实性。企业所在地水行政主管部门要定期将节水技改企业的贷款贴息资金申报材料和审核结果上报市级水行政主管部门进行复审，市级水行政主管部门对上报的材料进行严格的复审，在确定上报材料真实无误后签章并上报省级水行政主管部门。

省级水行政主管部门对上报的材料进行严格的复审，在确保材料真实无误后，将工业节水技术改造企业申请材料和拨付贴息资金数额等报送至省级水行政主管部门，省级水行政主管部门对申请材料和贴息资金额审核通过后，将贴息资金发放表移交省级财政部门。省级财政部门对贴息资金数额校对后，将已审核的工业节水技术改造企业贷款贴息资金申请材料移交给承担工业节水改造贷款贴息的银行，同时按照财政国库管理制度等有关规定，将贴息资金拨付给承担财政补贴的银行，银行对贴息资金数额进行校对后，将补贴息金发放给节水技术改造企业，并要求节水技术改造企业进行确认签章。

工业节水技术改造贷款贴息资金拨付流程如图 13.2 所示。

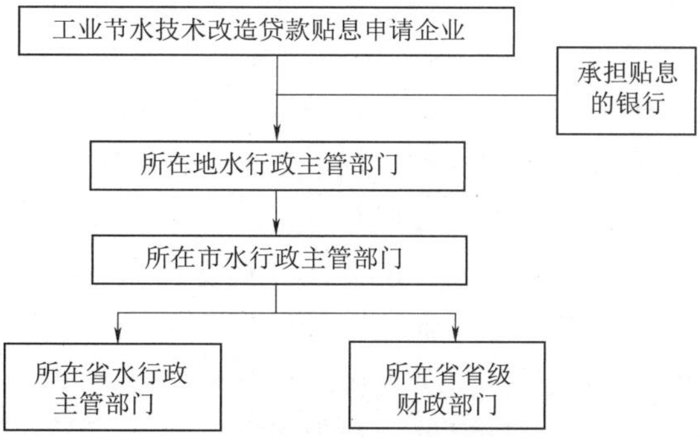

图 13.2 工业节水技术改造贷款贴息资金拨付流程

13.5.3 资金监督管理制度

严格履行工作程序，坚持公开透明的原则，对企业报送的材料进行严格审核，从严把关。财政部门应当按照规定及时拨付贴息资金，保证专款专用。不得以任何形式、任何理由截留或挪用贴息资金，确保贴息资金及时到位。对违反规定的，按照《财政违法行为处罚处分条例》等有关规定，依法追究有关单位和人员的责任。水行政主管部门应当加强对贴息资金项目的管理及技术指导和服务，确保项目的实施和效益发挥。

财政部门和水行政主管部门应当各司其职，密切配合，严格把关，加强贴息资金监督、管理。财政部、水利部组织对工业节水技术改造情况进行专项监督检查。省级财政部门、水行政主管部门组织对工业节水技术改造情况进行年度核查，并于每年 3 月 31 日前将上年度核查结果上报财政部、水利部。

享受贴息资金的工业企业有下列情形之一的，财政部视情节给予处罚，并追缴、扣减贴息资金；情节严重的，禁止企业申请贴息资金；构成犯罪的，依法追究刑事责任：①提供虚假信息、骗取贴息资金的；②工业节水技术指标不符合本办法规定要求的；③不能按时还清贷款的；④转移、侵占或者挪用贴息资金的。

对工业节水技术改造出具虚假报告和证明材料的相关机构，一经查实，予以公布，并视情节追究其相应法律责任。

下达贴息资金后，财政部门和水利部门应加强跟踪监测和监督检查，做到经常督促、随机抽查、定期进行总结；建立动态监测点，对贷款企业进行跟踪监测，做好基础数据的统计分析和效益分析研究；同时要建立财政贴息资金综合绩效评价制度，激励发展、强化监管机制。

作为财政性专项资金，节水技术改造贴息资金的运行、管理和使用必须符合规范性、安全性、有效性的要求，应遵循公开透明、定向使用、科学管理和严格监督的原则。贴息资金下达后，水利部、财政部和省级财政、水行政主管部门要定期对财政贴息资金的落实情况进行监督、检查，确保贴息资金发挥效益，并于每年年底向财政部报告贴息项目的执行情况和财政贴息资金的落实情况。

作为产业性引导政策，节水技术改造贴息专项资金应重点突出绩效目标导向。为此，应积极开展企业节水改造项目绩效评价工作，将技术改造项目竣工达产后实现的节水效果、投资拉动效应和企业经济效益提升等指标作为产出和结果性指标，综合财政贴息资金所产生的微观、宏观经济效益，分析资金政策的成效，并动态反馈到下一轮的政策操作中，以切实提升企业水资源的利用效率，确保节水技术改造财政贴息政策发挥效益。

此外，为确保贴息专项资金运行的合规性、规范性，还应加强审计、监察、财政监督，抑制寻租现象。在存在政策性金融与商业性金融“双轨运行”的情况下，贴息支持下的政策性融资具有优惠条件，应通过严密的制度，确保政策资金的合理规范使用。要建立严密的内外部监督机制，形成强有力的审计和责任制等约束手段。具体讲，应建立多重审计免疫体系：一是内部审计，形成一套规范化、科学化的指标考核体系，对资金使用和贴息率做出明确严格的规定，构建项目审批、登记备案、事中事后核算监督的全方位监控机制；二是外部审计，包括财政监督机构对贴息业务机构的审计和审计部门对财政的审计，条件成熟时，可委托社会中介机构参与监督审查。与此配套，应有对违规、寻租行为严厉的惩戒制度和各个工作环节上严格的责任制。切实落实层层审计、严格监控和责任制，确保贴息资金运行的制度化、程序化、规范化，提高其安全性、规范性和有效性。

第 14 章　节水产业税收优惠机制

14.1　节能减排税收优惠政策经验与启示

节能减排是我国税收优惠政策的重点领域。节能减排企业所得税优惠政策包括企业从事节能减排“三免三减半”政策、企业购置节能减排设备的投资抵免所得税政策、企业综合利用资源的减计收入计算所得税政策等几方面。

14.1.1　我国税收优惠政策的重点领域和方向

长期以来，我国税收优惠政策对引导重点领域和方向的投资，促进特定产业和地区的发展起到了重要的作用。

我国实行税收优惠政策主要以有利于社会经济又好又快发展为目的，包括三个方面：第一是调节经济结构、提高经济效率方面的税收优惠，如调节产业结构的税收优惠和调节区域经济结构的税收优惠；第二是增加经济总量、促进经济增长方面的税收优惠，如利用外资和技术进步方面的税收优惠；第三是节约资源、保护环境、实现经济可持续发展方面的税收优惠，如节能减排方面的税收优惠政策。

税收优惠政策的主要实施领域包括科技、教育、卫生等行业优惠；经济特区、经济开发区、沿海经济开发区、西部地区等区域优惠；鼓励进出口贸易的税收优惠；鼓励基础产业、节能减排、战略性新兴产业的产业税收优惠。

区域优惠（比如经济特区税收优惠政策）曾对我国吸引外资、鼓励贸易、转变经济增长方式起到了非常关键的作用，但是随着我国经济的发展，内外部条件的改变，区域税收优惠政策正在逐步向产业优惠过渡，区域税收优惠也由原来的发达地区向西部不发达地区倾斜，如西部大开发税收优惠政策。主要的产业税收优惠政策有：①节能减排（节水）税收优惠政策；②资源综合利用税收优惠政策；③重点产业（高新技术产业和战略性新兴产业）税收优惠政策等。

按照 2008 年 1 月 1 日起施行的新企业所得税法的规定，从事符合条件的环境保护、节能节水项目的所得，可以免征、减征企业所得税。由于企业所得税是针对企业所得进行征税，即收入抵减扣除项目之后的利润所得为计税基础，因此税收优惠政策主要围绕三个方面展开：一是相关收入免税；二是相关扣除项目允许抵扣；三是在一定经营时间段内实行低税率。以下将按照节能减排相关税收优惠政策条款，根据其内容、背景、实施方式及执行效果等对其进行分析介绍。

14.1.2　企业从事节能减排“三免三减半”政策

1. 政策背景及内容

为鼓励企业加大对环境保护、节能节水的投入力度，税法对企业从事节能节水、环境保护项目的投资和经营行为给予了税收优惠。优惠政策内容如下：根据《中华人民共和国企业所得税法》第二十七条第（三）项的规定，从事符合条件的环境保护、节能节水项目的所得可以免征、减征企业所得税；《中华人民共和国企业所得税法》第八十八条规定，所称符合条件的环境保护、节能节水项目，包括公共污水处理、公共垃圾处理、沼气综合开发利用、节能减排技术改造、海水淡化等。企业从事符合条件的环境保护、节能节水项目的所得，自项目取得第一笔生产经营收入所属纳税年度起，第一年至第三年免征企业所得税，第四年至第六年减半征收企业所得税。

2. 优惠政策分析

（1）适用条件。根据税法的相关规定，企业享受减免企业所得税的条件是：从事国务院财政、税务主管部门规定的公共污水处理、公共垃圾处理（包括污泥处置）、沼气综合开发利用、节能减排技术改造、海水淡化等环境保护、节能节水项目。否则，企业不能够享受“三免三减半”的企业所得税优惠政策。

（2）优惠方式。该项优惠政策的优惠方式为免征和减征企业所得税，优惠幅度为自企业获利年度起三年内免征企业所得税，免税期满后三年内减半征收企业所得税。

14.1.3　企业购置节能减排设备的投资抵免所得税政策

1. 政策背景及内容

企业从事环境保护、节能节水的行为一般可以分为两类，第一种是从事节能节水、环境保护项目的投资和经营，对其他企业或居民生活中产生的废水、垃圾等废物进行治理等，该过程一般可以通过市场机制产生盈利，适用前述减免企业所得税的优惠政策；第二种是在本企业生产过程中节能节水，并对产生的废气、废水、废渣进行治理以达到环保要求，此环节需要企业购置节能节水、环境保护专用设备，该投入一般不会产生直接的收益，无法适用前述减免所得税的政策，税法对此类行为也给予了税收优惠政策：根据《中华人民共和国企业所得税法》第三十四条的规定，企业购置用于环境保护、节能节水、安全生产等专用设备的投资额，可以按一定比例实行税额抵免。《中华人民共和国企业所得税法》第一百条规定，企业所得税法第三十四条所称税额抵免，是指企业购置并实际使用《环境保护专用设备企业所得税优惠目录》《节能节水专用设备企业所得税优惠目录》和《安全生产专用设备企业所得税优惠目录》规定的环境保护、节能节水、安全生产等专用设备的，该专用设备的投资额的10%可以从企业当年的应纳税额中抵免；当年不足抵免的，可以在以后5个纳税年度结转抵免。享受前款规定的企业所得税优惠的企业，应当实际购置并自身实际投入使用前款规定的专用设备；企业购置上述专用设备在5年内转让、出租的，应当停止享受企业所得税优惠，并补缴已经抵免的企业所得税税款。财政部、国家税务总局、国家发改委联合公布《节能节水专用设备企业所得税优惠目录》和《环境保护专用设备企业所得税优惠目录》，规定从2008年1月1日起，两大类18种节能节水专用设备、五大类19种环境专用设备可享受税收优惠。即企业购置目录规定的环保、节能节水等专用设备投资额的10%，可以从企业当年的纳税额中抵免，并可以在5个纳税年度结转抵免，而且投资抵免企业所得税的设备范围不再限定于国产设备。

2. 优惠政策分析

(1) 适用条件。根据税法的相关规定，享受减免企业所得税的条件是，企业购置并实际使用《环境保护专用设备企业所得税优惠目录》《节能节水专用设备企业所得税优惠目录》和《安全生产专用设备企业所得税优惠目录》规定的环境保护、节能节水、安全生产等专用设备。

(2) 优惠方式。该项优惠政策的优惠方式为税额抵免，规定专用设备的投资额的10%可以从企业当年的应纳税额中抵免；当年不足抵免的，可以在以后5个纳税年度结转抵免。

14.1.4 企业综合利用资源的减计收入计算所得税政策

1. 政策背景及内容

根据《中华人民共和国企业所得税法》第三十三条的规定，企业综合利用资源，生产符合国家产业政策规定的产品所取得的收入，可以在计算应纳税所得额时减计收入。《中华人民共和国企业所得税法实施条例》第九十九条规定，企业以《资源综合利用企业所得税优惠目录》规定的资源作为主要原材料，生产国家非限制和禁止并符合国家和行业相关标准的产品取得的收入，减按90%计入收入总额。

2. 优惠政策分析

根据税法的相关规定，享受减计收入计算企业所得税的企业必须具备以下条件：

(1) 企业必须使用了《资源综合利用企业所得税优惠目录》规定的资源作为主要原材料，生产国家非限制和禁止并符合国家和行业相关标准的产品取得的收入，并且原材料占生产产品材料的比例不得低于《资源综合利用企业所得税优惠目录》规定的标准。

(2)《财政部、国家税务总局关于执行资源综合利用企业所得税优惠目录有关问题的通知》(财税〔2008〕47号) 对享受综合利用资源企业所得税减计收入优惠的具体条件进行了重申，企业必须具备《通知》中的条件。

该项优惠政策的优惠方式为减计收入计算企业所得税优惠，规定企业以《资源综合利用企业所得税优惠目录》规定的资源作为主要原材料，生产国家非限制和禁止并符合国家和行业相关标准的产品取得的收入，减按90%计入收入总额。

14.1.5 对节水企业所得税优惠政策的启示

1. 从税基、税额等多方面实行优惠

节能减排税收优惠集中在能源消费环节，包括了对能源产品生产与销售的税收优惠及节能产品和设备生产、销售以及消费和投资的税收优惠。节能减排企业所得税优惠政策使用较为广泛，优惠方式包括了税额优惠和税基优惠。为了鼓励企业对节能减排优惠目录内设备的投入，我国实行了所得税额抵免的政策，但鉴于直接优惠对财政收入的影响，优惠目录设备品种也很有限。税基优惠则不同，是一种间接优惠，在节能减排中主要鼓励节能减排产品和设备、项目的生产、消费。比如研发费用加计扣除政策可以鼓励纳税人向有利于产业发展的方向进行技术投入，比如节能减排项目所得“三免三减半”政策可以鼓励纳税人向着有利于产业发展的方向获取收入。

在节能减排研发费用的鼓励政策中可借鉴高新技术企业中实施的研发费用加计扣除优惠，根据《企业所得税法》及其实施条例的规定，企业开发新技术、新产品、新工艺发生的研究开发费用，可以在计算应纳税所得额时加计扣除。企业为开发新技术、新产品、新工艺发生的研究开发费用，未形成无形资产计入当期损益的，在按照规定据实扣除的基础上，再按研究开发费用的 50％加计扣除；形成无形资产的，按照无形资产成本的 150％摊销。这项政策显然有利于减小项目投入企业的所得税税基，是企业所得税方面的税收优惠。节水的税收优惠目标与节能减排一样，鼓励节水产品、设备的生产和消费应采用所得税税基优惠。

2. 依托优惠目录执行优惠政策

为了更好地落实节能减排设备税收优惠政策，2008 年经国务院批准，财政部、国家税务总局、国家发展和改革委员会公布了《环境保护专用设备企业所得税优惠目录》《节能节水专用设备企业所得税优惠目录》，财政部、国家税务总局、安监总局公布了《安全生产专用设备企业所得税优惠目录》，这些目录详细地规定了产品类别名称、性能参数和能效标准，为税务部门认定优惠设备和产品、科学地执行优惠政策提供了直接的依据。

为了配合新所得税法的实施，2008 年财政部、国家税务总局、国家发展和改革委员会联合发布了《资源综合利用企业所得税优惠目录》，对 3 大类 16 项资源为主要原料的产品享受所得税优惠作出了具体的规定，限定了综合利用的资源、生产的产品以及技术标准。

目前我国没有独立的节水产品、设备目录，而是涵盖在以上四个目录中，但是未来随着节水事业的推进，节水税收优惠政策的实施也必将推动节水产品、设备优惠目录不断完善。

3. 部门协同，提高执法的科学性和严谨性

在节能减排中，税收优惠对象包括了能源产品本身和节能产品、设备等，优惠对象本身体现出很强的专业性，税收征纳部门必须依赖相关专业管理部门才能做出科学的认定，才能正确地执行各项税收优惠政策，这一点在产业税收优惠的执行中显得尤其突出。我国 2008 年推出的四个税收优惠目录就是这一思想的体现，优惠目录的制定是由对口的部委完成，企业的相关产品认定则是由辖区内的行政主管部门完成，具体的税收优惠是由当地的税务机关执行完成。比如：对于资源综合利用的税收优惠政策，南通市由经贸委每年负责相关企业产品的认定和年审，由当地税务机关执行资源综合利用产品收入，减按 90％计入收入总额。

14.2　节水产业的范围和对象

14.2.1　优惠范围

享受增值税优惠企业应当满足以下基本条件：

（1）按照规定向有关部门备案。

（2）节水设备生产销售额占全部生产销售额较大比重。

（3）未受到相关部门处罚。

我国2009年开始实施的《增值税暂行条例》扩大了进项税额抵扣范围，允许固定资产纳入增值税抵扣范围，在很大程度上了鼓励了制造业的发展。在此基础上，结合我国制定的《中国节水技术政策大纲》的相关内容，扩大进项税额的抵扣范围，使更多的节水设备和相关企业受惠。从纳税人的角度来说，希望准予抵扣的进项税额越大越好，越早越好。具体采取以下办法：①一般来说，向能提供增值税合法凭证的供货企业购进货物比向小规模纳税人购进货物，获得的收益要大；②当购入既要用于产品生产又要用于非应税和免税项目的货物时，在购入时尽可能都按生产用料进行增值税会计处理，以使全部进项税额获得抵扣。即使将来用于非应税、免税项目时，再做进项税额转出的会计处理，企业还可以获得货币资金的时间价值。

节水设备增值税优惠范围设定可以分为两大类，即工农业节水设备类和民用节水设备类。这两类的划分依据是节水设备的应用范围和途径的不同。工农业节水设备类主要涉及较大范围的水利综合应用环境，其中包括企业生产应用、化工处理应用、农业灌溉应用等，这一类的节水设备通常价格高昂、结构复杂，对节约水资源的效果十分显著，很多节水设备还采用了电脑管理系统进行综合控制。因此，工农业节水设备由各类企业单位、事业单位、国家机关、社会团体等统一购买，涉及的金额和数目都很大。民用节水设备类主要涉及居民和个体经营者等在日常生活中使用的小型节水设备，其中包括一切利用水资源且能达到一定节水功效的家用电器和小型设备。民用节水设备一直由于单项金额较小、使用范围较小，并没有引起生产制造商的重视，但是随着节能环保的知识普及、节水意识的深入人心，民用节水设备的市场日益扩大且前途广阔，民用节水设备增值税优惠的制度也要考虑民用市场的特殊性进行科学合理的设计。

我国税法规定，纳税人进口货物，按照组成计税价格和规定的增值税税率计算应纳税额（图14.1）。组成计税价格和应纳税额计算公式为：

$$组成计税价格=关税完税价格+关税+消费税$$

$$应纳税额=组成计税价格\times税率$$

节水设备的进口优惠将作为国家鼓励生产和使用节水设备的一项重要规定，使节水设备惠及的范围更广、幅度更大。节水设备的增值税优惠将有利于企业引进技术，提高生产率，同时增加社会财富，增加就业人口。进口国外先进的节水设备成品，技术含量高、具有较好的推广价值的产品在进口时可以免征增值税。

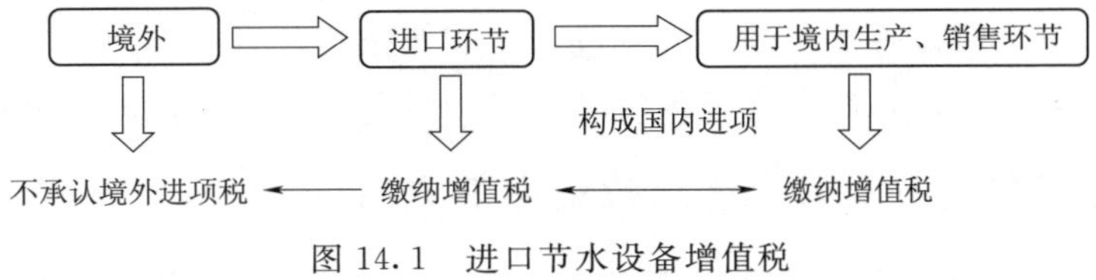

图14.1 进口节水设备增值税

14.2.2 优惠对象

申请节水设备增值税优惠的企业应具备以下条件。

1. 一般纳税人

一般纳税人实行凭发票扣税的计税方法。除国家税务总局另有规定外，纳税人一经认定为一般纳税人后，不得转为小规模纳税人，年应税销售额超过小规模纳税人标准的其他个人按小规模纳税人纳税；非企业性单位、不经常发生应税行为的企业可选择按小规模纳税人纳税；年应税销售额未超过小规模纳税人标准的企业，只要符合规定条件的，也可以被认定为一般纳税人。现行的增值税优惠对象主要是一般纳税人，对于节水设备的一般纳税人来说，从事节水设备优惠目录范围内设备销售的纳税人均可享受节水设备的增值税优惠。

2. 小规模纳税人

小规模纳税人规定简易的计税方法和征收管理办法。小规模纳税人应纳增值税的计算公式为

应纳税额＝销售额×征收率（小规模纳税人不适用税率而适用征收率）

销售额＝含增值税销售额/（1＋征收率）

这里销售额的含义与一般纳税人销售额的含义一样，均是不含增值税的销售额。由于小规模纳税人自身不能开具增值税专用发票，对外报价为价税合计金额，故价税分离的计算成为小规模纳税人计算税额的必经步骤。在此问题上与一般纳税人的差异是：

（1）一般纳税人计算价税分离时使用的是税率，小规模纳税人使用征收率计算价税分离。

（2）一般纳税人用销售额计算的是销项税额，小规模纳税人用销售额计算的是应纳税额。

3. 特殊经营行为和产品

兼营不同税率的货物或应税劳务，是指纳税人生产或销售不同税率的货物，或者既销售货物又提供应税劳务。纳税人兼营不同税率的货物或者应税劳务，应当分别核算不同税率货物或者应税劳务的销售额。根据《增值税暂行条例实施细则》的规定，一项销售行为如果既涉及货物又涉及非增值税应税劳务，为混合销售行为。除《增值税暂行条例实施细则》第六条的规定外，从事货物的生产、批发或者零售的企业、企业性单位和个体工商户的混合销售行为，视为销售货物，应当缴纳增值税；其他单位和个人的混合销售行为，视为销售非增值税应税劳务，不缴纳增值税。

14.3 节水产业税收优惠制度框架

一直以来，节水所得税优惠政策均被包含在节能减排政策中，面对节水减污现状与经济又好又快发展的要求，当前需要尽快研究出台专门的节水所得税优惠政策框架。

14.3.1 现行节水企业所得税优惠政策完善方向

目前，我国节水的企业所得税优惠政策，也没有专门的节水产品、节水设备优惠目

录，所有的政策表述和执行目录依据都是在节能环保中作为小项提及。针对节水所得税优惠政策力度不够、税收优惠目录关键性设备并不包括、自建节水项目未受到优惠鼓励、专用设备的使用过程中未提及优惠鼓励、污水处理后再生水自用未受到优惠鼓励、在部分节水领域税收优惠政策存在缺位、部分现行节水所得税优惠政策执行中存在问题等，本书总结了政策完善方向，列于表 14.1。

表 14.1　　现行节水政策及完善方向

现行节水税收优惠政策	政策完善方向
节水项目的所得可以享受“三免三减半”的所得税优惠政策	增加自建节水项目的所得税优惠条款
节水专用设备的投资额，可以按一定比例实行税额抵免	实施专用设备加速折旧政策
100%利用工矿废水、城市污水生产的达到国家标准的再生水销售收入减按 90%计入收入总额结算所得税	增加污水处理自用的所得税优惠条款

14.3.2 节水企业所得税优惠政策制订的总体思路

节水产业涉及生产和消费两个领域，并广泛分布在国民经济的三大产业中。根据我国的税制设计，所得税优惠应是主要的节水税收优惠政策。借鉴节能减排一般税收优惠实践，可以构建节水企业所得税优惠政策的总体思路。

1. 落实完善现有法规

当前我国针对节水企业尚缺乏完整框架，与节能减排税收优惠政策包含在一起，在执行时由于法规不完善、相关部门协调困难从而执行难度很大，不能有效地落实到基层部门带动节水企业的积极性。在更加详细完备的节水企业所得税优惠政策出台前，应进一步落实已有的节水企业所得税优惠政策，并在此基础上对现有优惠政策进行完善改进，使节水企业得到鼓励而保持积极性。

2. 采取多种优惠方式

节水企业所得税优惠对象可分为两大类：第一类是再生水，针对其生产和销售企业实施税收优惠；第二类是节水设备、节水产品、节水项目，针对其生产、销售、投资、使用实施税收优惠。我国节能减排企业所得税税收优惠的实践经验表明，企业所得税的优惠方式可采用税收减免、税率优惠、退税优惠、税额抵免，也可以采用加速折旧、减计或减免收入、费用加计扣除等税基优惠方式。

税收优惠环节具体包括生产（开发）环节、销售（转让）环节、设备购买使用环节。综合考虑不同的对象和政策可选择的不同税收优惠方式，在不同的优惠环节与优惠对象进行匹配就形成了节水税收优惠政策的制订思路。节水企业所得税优惠方式及适用环节见表 14.2。

3. 优惠标准应适度

节水企业所得税税收优惠政策作为一种政府主导的产业引导性政策，在制订优惠标准时既要能发挥政策的引导性作用，做到为节水企业带来切实利益，同时也不能盲目放大优惠尺度，导致企业为税收优惠额度而畸形发展或影响国家财政收入来源。因此，为了权衡以上两方面的利弊关系，节水企业所得税优惠政策的优惠标准必须适度，制订标准时必须

表 14.2　　节水企业所得税优惠方式及适用环节

优惠方式	优 惠 对 象	优惠环节
税额抵免	投资并使用优惠目录内节水专用设备的企业	设备购买环节
减免收入	从事节水项目（污水处理，海水淡化）企业	项目销售环节
减计收入	100%利用工矿废水、城市污水生产的达到国家标准的再生水企业	产品销售环节
费用加计扣除	开展节水技术研发产生费用投入的企业	技术研发环节
设备加速折旧	使用优惠目录内节水设备企业	设备使用环节
提高起征点	节水技术转让收入低于 500 万的企业	技术转让环节

以节水企业对财政收入贡献数据作为参考，并借鉴节能减排企业所得税优惠政策经验，参照国际通行做法，扩大研究与开发费用扣除适用范围，不应按企业的经营状况来确定优惠标准。

4. 优惠政策突出重点

节水企业所得税税收优惠的对象主要分为两类，即再生水与节水设备、节水项目和节水产品，针对不同对象又具有不同的优惠环节可采取多种优惠方式。制订节水企业所得税优惠政策需做到在优惠对象和优惠环节上突出重点，集中力量在节水多、对节水企业激励明显以及对产业引导效果好的对象和环节上，而不能过分求全，浪费过多的行政资源却收不到良好的促进效果。如应逐渐增加对节水技术研发、节水产品等环节的重点优惠对象，逐步确立节水技术研发环节在税收激励政策中的核心地位。

5. 试点推广

节水企业所得税优惠政策的制订和推广不可一蹴而就，而应该根据当前行业发展形势、地方财政收入分配以及税收行政效率等条件循序渐进。应先从国内节水企业发展良好、财政收入稳定且税收管理部门高效的地区作为节水企业所得税优惠政策的试点，经过试点检验完善后，再将此优惠政策体系在全国范围内推广。

14.4　节水产业税收优惠政策

14.4.1　可行的税收优惠政策概述

外资的“两免三减半”政策是指外商投资企业可享受从获利年度起两年免征、三年减半征收企业所得税的待遇。对设在中西部地区的国家鼓励的外商投资企业，在五年的减免税期满后还可延长三年减半征收所得税。对于外商投资设立的先进技术型企业，可以享受三年免税、六年减半征收企业所得税待遇；对于出口型企业，除享受上述“两免三减半”所得税外，只要企业年出口额占企业销售额的70%以上，均可享受减半征收企业所得税的优惠；对外商投资企业在投资总额内采购国产设备，如该类进口设备属于进口免税目录范围，可按规定抵免企业所得税。

1. 节水项目销售收入“三免三减半”所得税优惠政策

(1) 方案依据。根据 2008 版《企业所得税法》第二十七条第（三）项的规定，从事符合条件的环境保护、节能节水项目的所得可以免征、企业所得税。《中华人民共和国企业所得税法》第八十八条规定，所称节水项目，包括了公共污水处理及海水淡化两项。企业从事此节水项目的所得，自项目取得第一笔生产经营收入所属纳税年度起，第一年至第三年免征企业所得税，第四年至第六年减半征收企业所得税。依照《企业所得税法实施条例》第八十七条和第八十八条规定享受减免税优惠的项目，在减免税期限内转让的，受让方自受让之日起，可以在剩余期限内享受规定的减免税优惠；减免税期限届满后转让的，受让方不得就该项目重复享受减免税优惠。

该项规定对于节水项目范围的限制较为严苛，许多企业的节水项目往往不一定符合公共污水处理或者海水淡化的范围，比如左建兵等（2008）分析了北京市五大电厂的节水项目，包括：提高循环水浓缩倍数、冷却水回用工程、水力除灰系统灰水回收工程、含煤废水处理回用、除氧器排汽回收、热力系统疏水回收利用、城市再生污水利用、厂区自建中水系统、干渣系统改造、水力除灰全部改为干除灰、生活区节水改造、完善计量系统，其中绝大部分项目不属于税收优惠项目，但这些项目的建成对于五大电厂节水却非常必要，预计节水量近 1.4 亿 m^3。

以上案例表明：已有的该项节水项目的所得税优惠存在的问题是优惠范围过于狭窄，不能发挥大范围鼓励企业节水项目建设的作用。如果从保障财政收入的角度，则可以通过推行节水项目级别，实行差别鼓励。比如海水淡化和公共污水处理属一级节水项目，而冷却水回用项目属于二级节水项目；对于一级节水项目全部收入所得实行“三免三减半”，而对于二级节水项目部分收入实行差别的税收减免优惠政策。

（2）方案优惠条件。企业从事节水项目获得收入，这些节水项目包括公共污水处理、海水淡化、冷却水回用等。其中公共污水处理及海水淡化项目作为一级节水项目，冷却水回用作为二级节水项目。未来在经过审核认为是节水项目且具有经营收入时，可继续根据实际情况扩充本项目列表。

（3）方案优惠幅度。根据节水项目的分类，一级节水项目自项目取得第一笔生产经营收入所属纳税年度起，第一年至第三年免征企业所得税，第四年至第六年减半征收企业所得税；二级节水项目自项目取得第一笔生产经营收入所属纳税年度起，第一年至第三年免征企业所得税。企业节水项目在减免税期限内转让的，受让方自受让之日起，可以在剩余期限内享受规定的减免税优惠；减免税期限届满后转让的，受让方不得就该项目重复享受减免税优惠。

（4）方案适用环节。节水企业所得税税收减免政策作用于企业节水项目销售环节。

2. 节水设备投资额抵减企业所得税额优惠政策

（1）方案依据。根据《企业所得税法》第三十四条和规定，企业购置并实际使用《环境保护专用设备企业所得税优惠目录》《节能节水专用设备企业所得税优惠目录》和《安全生产专用设备企业所得税优惠目录》规定的环境保护、节能节水、安全生产等专用设备的，该专用设备投资额的10%可以从企业当年的应纳税额中抵免；当年不足抵免的，可以在以后 5 个纳税年度结转抵免。《中华人民共和国企业所得税法实施条例》进一步明确：享受该款规定的企业所得税优惠的企业，应当实际购置并自身实际投入使用前款规定的专用设备；企业购置上述专用设备在 5 年内转让、出租的，应当停止享受企业所得税优惠，并补缴已经抵免的企业所得税税款。

该政策属于一项税收直接减免的一次性优惠政策，具有操作简便、易为征纳双方把握等优点。在实践中需要进一步科学地制定和完善节水设备优惠目录，方便税收征管部门对优惠设备的认定。另外，“设备实际使用”的认定条件需要更加明确的规定。

（2）方案优惠条件。企业购置并实际使用《节能节水专用设备企业所得税优惠目录》规定的节水专用设备，且使用节水设备产生了预期的节水效果。

（3）方案优惠幅度。企业购置节水设备投资额的10%可以从企业当年的应纳税额中抵免；当年不足抵免的，可以在以后 5 个纳税年度结转抵免。享受该款规定的企业所得税优惠的企业，应当实际购置并自身实际投入使用前款规定的专用设备；企业购置上述专用设备在 5 年内转让、出租的，应当停止享受企业所得税优惠，并补缴已经抵免的企业所得税税款。

（4）方案适用环节。节水设备投资额抵免政策作用于企业节水设备购买环节。

（5）优惠目录的制订。《节能节水专用设备企业所得税优惠目录》（2008 版）中节水设备仅包含洗衣机、换热器、冷却塔及灌溉机具等四类，远远不能将现有节水设备包含在内。进一步推广节水税收优惠政策，扩充节水设备优惠目录是有必要的。

节水设备即为符合质量、安全和环保要求，提高用水效率，减少水使用量的机械设备和储存设备的统称。依据上述节水型产品的定义和内涵，可以从节水的原理和途径上将节水设备具体分为以下几大类：

1）直接提高水资源的利用效率的产品。本身为水资源消耗性产品，在完成相同功能情况下，可以比同类产品减少用水。

2）减小水资源损失，防止污染的产品。在使用过程中自身不消耗水资源，但能保障其生命周期内水资源不漏失和污染。

3）代用水产品。具备通常使用水资源产品的同样功能，但不使用水资源。

4）非传统水资源产品。非传统水资源资源化和直接使用非传统水资源完成常规相同功能的。

5）水资源监视和测量产品。用于计量水资源、调控水资源以达到节约的目的。

在对节水设备优惠目录进行扩充时，可按照以上分类，对节水设备进行归类整理，添加到税收优惠目录中去。

3. 自建节水项目等同于设备购入，进行所得税额抵减

（1）方案依据。我国的企业所得税优惠政策中并没有明确提及节水项目的投入优惠，而事实往往是企业实现节水的目标，不仅仅依靠购买现成设备，还需要一些配套服务或技术的配合。尽管最终表现为一整套节水设备，但中间建设过程更符合项目建设的特点，应该被看作一个节水项目建设。麦宝洪（2010）为某公司的海水淡化项目的税务筹划中提到，该公司需要专门成立一个 B 公司提供海水淡化项目的服务，其项目收入可以享受“三免三减半”的所得税税收优惠，同时该公司又可以享受节水设备投资 10%的所得税抵免政策，从集团公司的角度充分地享受了企业所得税的优惠政策。

这一案例说明，仅就企业节水项目收入实行所得税优惠不能实现鼓励企业自建项目的目标，因为自建节水项目并不能产生所得。而且按照现有的优惠政策，建成的节水项目形

成节水固定资产时，由于不符合设备优惠目录的规定，也不能享受节水设备投入抵减所得税额的优惠。因此，自建节水项目成了节水优惠的一个空白点。从实际情况看，企业本身最了解自己的节水需求，更可以有效地整合企业内外部的资源开展节水项目的建设，最终达到较好的节水效果。那么从所得税优惠的角度，就应视同其购入了政策鼓励的节水设备，实施所得税额10%的抵减，设备购入价格可以以设备建设成本加合理利润计算。

(2) 方案优惠条件。企业为实现节水目的投入资金购买节水服务和节水技术以自建节水项目，自建节水项目不能产生所得。

(3) 方案优惠幅度。企业自建节水项目投资额的10%可以从企业当年的应纳税额中抵免；当年不足抵免的，可以在以后5个纳税年度结转抵免。企业自建节水项目在5年内转让、出租或停止使用的，应当停止享受企业所得税优惠，并补缴已经抵免的企业所得税税款。

(4) 方案适用环节。自建节水项目投资额抵免政策作用于企业节水设备购买环节。

4. 节水固定资产加速折旧税收优惠政策

《中华人民共和国企业所得税法实施条例》第九十八条规定：企业由于技术进步，产品更新换代较快的固定资产，可以采取缩短折旧年限或者采取加速折旧的方法。采取缩短折旧年限方法的，最低折旧年限不得低于规定折旧年限的60%；采取加速折旧方法的，可以采取双倍余额递减法或者年数总和法。该条政策可以适用于由于节水技术进步，产品更新换代较快的节水固定资产。

节水固定资产加速折旧政策总体上不会导致国家税收的减少，不会增加国家税式支出的负担，只是影响了不同年份的税收收入。而从企业的角度来看，节水设备的投入将导致短期内企业现金流出的增加，加速折旧最终导致前期由于所得税支出带来的现金流出减少，这在一定程度上缓解了企业的资金压力。另一方面，企业纳税得到客观上的延迟，相当于国家为企业提供了一定时间和一定数量的无息贷款。这项政策在国外的节能减排政策中得到广泛的应用。

5. 节水技术研发费用投入加计扣除税收优惠政策

《中华人民共和国企业所得税法》第三十条和《中华人民共和国企业所得税法实施条例》第九十五条规定，企业开发新技术、新产品、新工艺发生的研究开发费用，可以在计算应纳税所得额时加计扣除。企业为开发新技术、新产品、新工艺发生的研究开发费用，未形成无形资产计入当期损益的，在按照规定据实扣除的基础上，按照研究开发费用的50%加计扣除；形成无形资产的，按照无形资产成本的150%摊销。

该项政策优惠对于鼓励企业进行节水技术研发费用投入具有重要的意义。如果企业提供的节水产品、设备和节水项目服务品质优良、价格合理，将会促进节水链条下游需方企业的有效需求，最终实现理想的节水效果。为了提高节水产品或节水设备的节水效果，生产企业往往需要在节水新技术上进行投入。如果企业的研发投入能够获得税收优惠，客观上会鼓励企业加强对节水技术的资金投入。这项政策显然有利于减小技术投入企业的所得税税基。在节水形式日益严峻的今天，本书认为节水研发项目如果符合“三新”（新产品、新工艺、新技术）的特点，应实施企业研发费用投入加计扣除的优惠，进而鼓励节水产品、设备和项目服务企业技术创新，并将新技术应用到产品中，达到节水的目标。

6. 节水技术转让所得税优惠政策

《中华人民共和国企业所得税法实施条例》第九十条规定：一个纳税年度内，居民企业技术转让所得不超过 500 万元的部分，免征企业所得税；超过 500 万元的部分，减半征收企业所得税。

这项政策不是专门针对节水技术转让而制定的，但是同样适用于节水技术的转让。其特点是规定了收入所得的起征点，客观上突出了对于规模小而科技含量高的企业的鼓励。

7. 资源综合利用产品销售收入减按 90％计入所得税应纳税所得

在 2008 版的《资源综合利用企业所得税优惠目录》中，规定的资源综合利用产品中有关水产品的仅有一种，那就是 100％利用工矿废水、城市污水生产的达到国家标准的再生水，所得税法规定其销售收入减按 90％计入收入总额计算所得税。

增值税和企业所得税优惠均涉及再生水的优惠，在我国，如果利用工矿废水、城市污水生产达到国家标准的再生水，将同时享受多税种的优惠，这体现了我国节水政策的鼓励方向。

14.4.2　各优惠政策可行性分析

针对以上提出的多种针对节水企业的税收优惠政策，是否有实践经验、现有税收体制能否满足政策需求，以及优惠政策的影响大不大等问题都直接影响到各优惠政策的可行性。因此，有必要按照上述几个问题对各政策进行可行性分析。

1. 税收政策的实践经验

如前述，节水企业所得税的优惠政策在国家节能减排所得税优惠政策中已有涉及，但尚不全面、系统。本章第一部分中所列的节水企业所得税优惠政策，除第三条“自建节水项目等同于设备购入，进行所得税额抵减”在原有的节能减排税收优惠政策中没有涉及，其余几条政策均以已有的节能减排税收优惠政策为母版拓展得来。因此，在推行（一）（二）（四）（五）（六）（七）等六条政策时，可完全借鉴在节能减排税收优惠政策上的实践经验。

2. 税收体制的限制

首先，在宏观税收制度上，自 2004 年税制改革以来的主要改革方向是减税。2003 年召开的中共十六届三中全会上明确提出了 2004 年中国税收制度改革的原则为“简税制，宽税基，低税率，严征管”，与国际税改浪潮的宗旨保持一致。与 1994 年税制改革相比，2004 年税制改革是渐进型的税制改革，改革的主要方向便是减税，增加民间投资，扩大国内需求。近几年逐渐凸显的环境问题使人民更加注重绿色经济发展。因此，鼓励企业节水、推动节水技术发展的节水企业所得税优惠政策在宏观税收制度上是受到鼓励的。

其次，推行节水企业所得税优惠政策需考虑税收管理体制的限制。按照税收管理体制，我国的税收机构包括中央国家税务总局及其下设的国家税务局、地方税务局两大征收管理机构，分别履行中央税、地方税、中央地方共享税的管理职责。企业所得税属于中央地方共享税，在征收管理时需要协调中央和地方的税收机构。本章第一部分所列的优惠政策，第四至第七条均为已有的节能减排税收优惠政策，在税收管理体制上已完全有据可循；第一和第二条优惠政策为已有节能减排政策的扩充，需要在已有税收优惠条目上增加相关内容，如扩充设备优惠目录等，但政策制定完毕后实施困难不大，仅需按照优惠目录及相关条目核对企业上报税收即可；而第三条优惠政策针对企业自建节水项目，需要税收管理部门具备核查企业自建节水项目的能力，或者邀请相关政府部门进行项目审查协同完成。

3. 优惠政策方案推荐

综合考虑优惠政策的发展方向，推荐综合采用第一、二、四、五、六、七条政策建议，其中后四条税收优惠政策已实施，在具体执行时只需考虑应用到节水企业所得税计算上即可，第一、二条政策为参照节能减排企业所得税税收优惠政策拟定，实施前需要考量节水行业的发展情况，结合有关部门对政策进行完善，后期实施难度不大。待以上节水企业所得税优惠政策方案初步实施后，可针对方案实施情况以先试点后推广的形式将第三条针对自建节水项目企业的税收优惠政策出台实施。

第15章 合同节水管理机制

15.1 合同能源管理经验与启示

15.1.1 合同能源管理涵义

合同能源管理（Energy Management Contract，简称EMC）是指节能服务公司通过与客户签订服务合同，自主担负风险为愿意进行节能改造的客户提供节能潜力分析、项目可行性研究、设计、融资、设备选购、施工、节能检测、人员培训等工作的一整套服务，保证实现合同中承诺的节能量和节能效益，并从客户节能改造后获得的节能效益中收回投资和取得利润的一种商业运作模式，其实质就是一种以减少能源费用来支付节能项目全部投资的营运方式，是一种能给合同双方带来经济效益的新型节能减排机制。相对于传统的能源管理和节能改造模式，EMC是一种市场机制，其核心在于达到项目节能减排社会效益目标的同时，为合同双方带来经济效益。EMC是在20世纪70年代中期以后在美国兴起并逐步发展起来的，目前在发达国家，尤其在北美和欧洲，已催生出一种新兴的节能产业，而且取得了比较好的效果，但在国内还处于摸索阶段。

15.1.2 合同能源管理模式

节能服务公司（ESCo）在提供节能服务时主要有以下四种模式：

（1）节能效益分享模式。此种模式是在节能改造项目合同期内，由ESCo与企业双方共同确认节能效率之后，双方按比例来分享节能效益。在项目合同期结束后，先进高效的节能设备将无偿移交给企业使用，企业享有以后产生的全部节能收益。

（2）能源费用托管模式。此种模式是指由ESCo负责改造企业的高能耗设备，并管理其新建的用能设备。在项目合同期内，ESCo按照双方约定的能源费用和管理费用承包企业的能源消耗和日常维护工作；在项目合同结束后，也要将先进高效的节能设备无偿移交给企业使用，企业享有以后产生的全部节能收益。

（3）节能量保证支付模式。此种模式是在项目合同期内，ESCo向企业承诺某一比例的节能量，用于支付工程成本，而达不到承诺的节能量的部分，由ESCo自己负担；超出承诺节能量的部分双方分享，直到ESCo收回全部节能项目投资后，项目合同结束，先进高效的节能设备无偿移交给企业使用，企业享有以后产生的全部节能收益。

（4）能源管理服务模式。此种模式是指企业委托ESCo进行能源规划，给予整体节能方案设计、节能改造工程施工和节能设备安装调试。ESCo不仅提供节能改造业务，还提供能源管理服务。在节能设备运行期内，ESCo通过能源管理服务获取合理的利益，而企业所获得的收益为因先进节能设备能耗降低而降低的成本和费用。

15.1.3 国内合同能源管理的实践经验

我国在1998年开始组建了北京、山东和辽宁3家示范ESCo。3家ESCo在其承接的工程项目中，仅一期工程就实施了节能项目475个，形成节能能力149万tce/年，碳减排145万t/年；投资总额13.3亿元人民币，ESCo获得净收益4.8亿元人民币，客户获得的净收益是ESCo收益的8～10倍。2003年12月，EMC的行业组织中国节能协会节能服务产业委员会（EMCA）注册成立，目前，EMCA的会员公司已经有300多家。EMCA从2004年6月至2009年12月31日开展的二期工程项目，是在项目一期工程已有的基础上大力推进中国新兴的EMC产业，并组建项目贷款担保实施机构中国经济技术投资担保有限公司，利用世界银行和全球环境基金（GEF）提供的2200万美元赠款作为担保资金，为尚缺乏金融资信的ESCo提供贷款担保，帮助他们提高节能项目的融资能力和资信。从2004年6月至2007年10月，有150多个节能项目得到担保支持，累计担保金额近5亿元人民币。2期项目共实施节能项目1723个，项目寿命期内可节能5814万tce[1]，提高了能效；降低碳排放3751万t，减少了温室气体及其他污染物的排放。

EMC节能服务模式引进中国十几年来，除政府倡导外，在各阶段和各宣传渠道都明确地推行EMC的理念，很好地推动了EMC的发展。其中，北京市ESCo的数量在2000年之后迅速发展，企业类型以私营为主，并且已具备了较强的实力，注册资金在1000万以上的ESCo占46%左右。ESCo的业务类型主要集中在8个方面：节能检测、节能咨询服务、节能工程设计、节能工程施工、系统运行管理、节能技术推广、节能设备生产、节能设备销售。ESCo既能根据自身的特色提供多种多样的节能服务，也为EMC机制提供施展的空间。

我国ESCo的业务领域以电机系统和建筑节能为主。建筑节能方面以空调系统和采暖系统节能改造为主，这方面累计完成的合同数最多，从一个侧面反映出这些领域具有较大的节能潜力。随着北京市产业结构的进一步调整，第三产业尤其是建筑节能服务工作将会为全市节能目标的实现做出越来越大的贡献。

15.1.4 国外合同能源管理的实践经验

1. 借助政府政策支持与法律保障推动EPC发展

早在1995年，美国国会专门就EPC新机制的推广应用立法，编写了EPC指南，积极鼓励在政府建筑节能改造中实施EPC，组织开展试点示范以及宣传推广工作。在立法基础上，各州政府设有节能办公室，制订节能改造计划，包括EPC招投标文件、测试和验证标准及融资计划等。日本能源相对紧缺，政府采用强制性手段推动ESCo发展，确保节能工作顺利开展，于2002年修改了《美国国家节能法案》，对所有大型高能耗工业企业和商

[1] tce表示吨标煤。

业楼宇的能效指标提出强制性规定，并要求定期提交能源消费报告，为 ESCo 的业务发展开拓了市场。韩国政府通过颁布鼓励政策及市场准入制度大力支持 ESCo，继 1980 年政府制定并出台《能源利用法案》之后，建立了法律保证援助体系、财税支持体系、市场推广援助体系以及 ESCo 企业评价、评优制度，对潜在 ESCo，从法律上明确规定了申请条件，市场准入门槛严格。同时，ESCo 协会提供标准合同标本，企业可据此结合具体节能诊断形成自有标准，保证了韩国 ESCo 的规范发展。

2. 注重节能标准的先进性、适用性和标准指标的合理定位

发达国家将能耗标准作为一种重要的节能法规。节能标准和标识分为强制性和自愿性两类标准，前者是相关产品、设备、系统的最低能源效率标准，以法律法规形式颁布执行；后者是通过财政激励措施鼓励厂家、用户实现更高的能源效率标准，属于市场行为。能源政策及节能标准随着节能技术发展每隔 3～5 年更新一次，保证了标准的先进性和适用性。EPC 的核心是对节能效果进行量化的测试与验证，通用的验证与测试（M&V）标准和协议为节能效果的衡量提供了坚实的基础。《国际性能验证和测试协议》（IPMVP—2002）（我国也是参与国）是当前国际通行的测试与验证标准，已成为美国 EPC 的行业标准。在此基础上，ASHRAE 编制了更为详尽的《节能效果测试方法指导》（ASHRAE Guideline 14—2002），美国能源部则编制了《联邦政府节能项目验证和测试指南》。这些详细的技术指导手册为 ESCo 及相关客户提供了标准的技术平台，有效减少了在基准和节能效果上的技术问题及扯皮现象。

3. 拓宽节能资本来源，提倡多渠道融资

在美国 EPC 市场上，法律允许长达 10 年甚至以上的长期贷款，融资方对 EPC 的投资放款相对宽松，只要是有声望的 ESCo 拿出合理的能源审计报告、验证和测试计划都能成为贷款的依据。此外，EPC 项目往往能得到一种被称为 Ratepayer Funded Energy Efficiency Program（简称 REEP）的专项基金的融资，这项基金基本来自于用户支付的电费和增容费等，其目的在于鼓励节能，降低峰值用电，提高电网的可靠性。加拿大联邦政府、地方政府及六家大银行都支持 ESCo，要求政府机关大楼带头接受 ESCo 的服务，银行对用户和项目进行评估，并给予资金支持。日本政府除通过提供低息贷款等方式支持 ESCo 事业引入私营企业和政府部门外，还通过新能源和工业技术开发机构对新能源的使用和节能项目的实施提供支持和补助，2004 年该机构对于合理使用能源事业者的补贴预算为 12525931 千日元（约 1.25 亿美元）。ESCo 项目实施单位也可以提出申请，比如引入新节能设备项目、在民用或商业楼宇引入高效节能系统项目均可申请达到项目金额 1/3 的辅助金，最高限额为 5 亿日元（约合 500 万美元）。西班牙 ESCo 可向银行贷款，也可直接投资项目，称为“第三方融资”。其实质是针对拟投资项目成立专门合资公司，由合资公司具体落实项目投资、运营、管理和维护。这种运行方式保证了项目的技术先进、一定的经济效益和后续技术支持。企业在不增加负担的情况下，减少了能源运行成本，合同结束后便得到一套先进设备。捷克大多数 ESCo 项目资金来源是银行借款和自筹，银行年利率在 10%～20%之间，与其他转型国家相比较低。在自筹过程中，公众计划在促进捷克节能服务发展上起了很大的鼓励作用，比如，捷克能源部为 ESCo 节能投资提供补贴，欧盟也计划提供 500 万欧元建立节能基金等。

4. 运用多种合同方式推进EPC

加拿大主要采用保证节能收益、分享节能收益以及两者相结合三种合同方式，通过联邦政府节能计划后，由各级政府部门与ESCo签约，以能源管理合同改善政府能耗情况。目前，美国EPC项目采用最为普遍的是保证节能收益型。ESCo负责为客户融资，以客户贷款信用向基金或银行等借贷，这样与项目有关的资产和负债会出现在客户的年度报表上，而ESCo必须保证每年节能收益能够偿还这笔贷款的利息和本金，最终在合同期内还清所有贷款。这种“保证节能收益”的合同方式使客户也承担了一定的项目风险，而不是让ESCo单独承担。西班牙EPC主要是电力开发项目，与用户的合同方式多种多样，除分享节能收益合同外，还有BOT（建设、运行、转让）、BOO（建设、运行、拥有）和BLT（建设、租借、转让）三种形式。对ESCo而言，BOT及BOO投资风险较小，项目建成后，完全由ESCo来运行、经营，而没有客户介入。ESCo通过投资和项目经营获得收益，BLT实质是设备（项目）租赁。目前，私人公司开发风电项目大多采用BOO，热电联产项目较多采用BOT和BLT形式。ESCo根据项目技术和客户情况选择不同的EPC模式，与客户签订不同类型合同，以降低项目风险。

15.2　合同节水管理的范围和对象

合同节水管理是涉水企业为减少水资源损耗、提高水资源供应及使用效率，通过与节水服务公司签订合同的方式，由节水服务公司提供技术服务，涉水企业根据节水服务公司服务而产生的节水量或节水效益支付费用的一种水资源管理模式。对于合同节水管理模式需要明确以下内涵。

1. 涉水企业包括供水单位和用水单位

Solmes研究认为合同节水管理根据水资源需求和供应角度分为水资源需求侧项目和水资源供给侧项目。水资源需求侧项目关注用水效率，而水资源供应侧项目关注供水效率。因此，水资源的相关利益主体包括需求侧用水单位和供给侧供水单位。

2. 水资源损耗及效率的确定

用水单位主要关注水资源的使用效率，减少水资源的不合理利用。而供水单位主要关注供水过程中的水资源损耗，可以分为两部分：真实水损耗和表观水损耗。真实水损耗是水资源在从供水企业到最终消费者之间分配时产生的水损耗。表观水损耗是由于技术缺陷故障、水计量错误、偷水等原因导致的供水企业不能准确计量消费者水消费量的水损耗。在国外文献中，由于真实水损耗和表观水损耗而导致的供水企业收益减少统称为“无收益水”（Non-revenue Water）。

3. 合同节水管理以合同管理为基础

节水服务公司利用技术优势作为第三方服务公司为涉水企业提供水资源审计、节水诊断、节水项目设计、项目融资、设备采购、工程施工、人员培训、节水量监测、改造系统运行、维护和管理等服务。其收益来源是由节水服务而得到的节水效益，收益分配由合同约定。

4. 支付节水项目的全部成本

合同节水管理的实质是用节约的费用支付节水项目的全部成本的节水业务模式，其核心问题是转化经济效益与转化节水减排的成本投入的市场操作。从融资的角度看，涉水单位通过合同节水管理模式是用“未来的”的节水收益支付“现在的”节水全部成本。

15.3 合同节水管理制度框架

15.3.1 政策法律规定

2010年国务院发布《关于加快推行合同能源管理促进节能服务产业发展意见的通知》，从资金支持、税收扶持、会计制度和金融服务等方面明确合同能源管理发展的方案。由于合同节水管理并未广泛实施，尚无具体合同节水管理发展方案，因此亟需出台系统性合同节水管理相关政策方案。2012年国务院发布《国务院关于实行最严格水资源管理制度的意见》，从水资源开发利用控制、用水效率控制、水功能区限制纳污等三个方面进行红线管理。然而政策在法律上不具备法律效力，其强制性也得不到保障。1998年国家颁布的《中华人民共和国水法》，1984年颁布的《中华人民共和国水污染防治法》以及《中华人民共和国防洪法》《中华人民共和国水土保持法》等是我国现行水资源相关的法律，但是这些法律没有具体细致地针对水资源管理进行规定。因此，在当前“依法治国”的背景下，需要对水资源管理进一步出台法律法规，推行“依法治水”，进一步推动水资源管理的法制化。

政府角色的核心是通过建立最严格节水考核机制和强化用水定额管理形成节水倒逼机制。

1. 建立最严格节水考核机制

落实最严格水资源管理责任与考核制度，从制度上加强节水管理，是实施合同节水管理的前提。将节水目标考核纳入最严格水资源管理制度考核体系中，建立健全节水监测、考核和工作评价制度，加大对重点耗水企业节水的考核力度，落实节水目标责任制，将考核结果作为政府、相关部门以及企事业负责人综合考核评价的重要依据，实施奖励与惩罚措施，形成促进节水产业发展的倒逼机制。

2. 强化用水定额管理

按照水利部《用水定额编制技术导则》，结合区域产业结构特点和经济发展水平，加快制定农业、工业、建筑业、服务业以及城镇生活等各行业用水定额，加快完善用水定额标准体系；加强定额定期修订工作，对采用新的、先进的节水生产工艺或设备及进行某项节水技术改造措施后的定额标准应及时修订；加强用水定额监督管理，按照用水定额实施超定额累进加价政策，提高高耗水、高污染排放行业用水效率。

3. 加强取用水计量监控体系建设

准确的取用水计量监控为节水效益的测算提供数据支撑。应进一步加强水资源计量监督管理，制定出台取用水计量、用水统计、水资源监测等管理办法，加快完善各类计量技术标准体系；监督和指导用水户执行计量管理制度，推广先进的计量设备和设施应用；建立和完善用水户水资源计量监控网络，全面准确地掌握用水户的用水信息，为节水考核和节水效益测算提供科学依据。

15.3.2 市场引导作用

充分发挥市场引导作用，建立综合性融资平台。在我国合同能源管理的发展过程中，制约其发展的重要原因之一是融资难问题。主要原因是：①合同项目一次性的投资比较大，项目回收期比较长，变现能力弱；②金融机构对节能服务无法进行准确估值，导致合同能源服务公司的风险极易被高估；③项目形成的资产依附性强，不能独立于企业的生产主流程之外，使得金融机构不愿意将其资产进行抵押。而在水利行业，国家“十二五”期间对水利发展和水资源的利用提供了强有力的政策支持，国内金融机构和相关中介也开始关注水利行业。因此，节水服务公司在融资发展上具有一定的政策优势。但是，目前我国节水服务公司发展不成熟，还需考虑融资难问题。为推进合同节水管理，可以通过建立水价市场化形成机制、培育节水服务公司、打造节水技术集成平台和搭建节水投融资平台发挥节水服务公司主体作用。

1. 建立水价市场化形成机制

社会资产参与节水的本质需求是逐利性，应充分发挥市场在节水产业发展中的主导作用，通过水价改革推动节水产业的发展。加快推进水价、水资源税费改革，逐步建立反映水资源稀缺性、供求关系的水价市场形成机制。进一步理顺各类水价的比价关系，加快推进居民生活用水阶梯式水价制度，对工业和服务业用水逐步实现超额累进加价制度，拉开高耗水、高污染行业和其他行业水价差距。

2. 培育节水服务公司

节水服务公司是一种基于合同节水管理机制运作的、以赢利为直接目标的专业化公司，通过与愿意进行节水改造的用水户签订节水服务合同，为客户提供用水审计、节水项目设计、融资、改造、运行管理等解决方案，实施合同节水管理项目。在节水服务公司发展初期，应加强政策引导和财税补贴，出台鼓励节水服务公司发展的指导意见，实行财政奖补，所得税、营业税等税收减免政策，培育一批拥有知名品牌、具有较强竞争力的大型节水投资开发集团和集成服务运营商。

3. 打造节水技术集成平台

合同节水管理模式与传统节水管理模式的主要区别之一，就是合同节水管理模式提供技术集成服务，包括设计、安装、运行调试以及培训等一整套服务体系，而传统节水管理模式下的技术只涉及其中一个或几个环节，没有形成集成优势。节水服务公司依托其自身技术优势或通过合同契约与技术、设备等服务运营商建立技术联盟，形成合力共同参与节水改造项目，分享节水投资收益。

4. 搭建节水投融资平台

合同节水管理模式将改变以政府财政资金为单一模式的节水投入方式，形成“政府财政”与“社会资本”两手发力的多元投融资模式。节水服务公司依托节水预期收益，搭建投融资平台，广泛吸引银行、基金以及其他战略投资者，为节水项目提供资金支持。同时政府建立以节水量和节水效果为指标的财政补贴机制，最大限度地调动社会资本参与节水的积极性，促进节水产业持续发展。

15.3.3 监督管理体系

完善制度建设，引导建立严格的技术评鉴制度。为了防止出现像我国合同能源管理中部分节能服务公司利用客户对节能知识的缺乏而欺诈性制定基准线，以此非法获利的情况，可以引导建立以严格准入为准则的技术评鉴制度，保证合同节水管理的过程中对项目完成情况的评价体系的客观、公正、严谨。如美国在该方面采用通用的验证和测试标准，之后美国能源部又编制了《联邦政府节能项目和测试指南》。我国需要引导社会组织建立权威的技术评价中介机构，按照公正、公平、公开的原则，根据可靠技术，对合同节水管理项目的节水量、节水效益、水循环利用的效率等指标进行评价。与此同时，完善企业信用评价体系，对节水服务公司的信用资质进行有效监督核查，构建良好的市场竞争环境。

15.3.4 激励机制

完善责任与激励机制，提高节水服务公司的积极性。在水资源效率的提高上，应该从正强化与负强化两方面入手。一方面可以政府补贴激励，另一方面也可以法律行政推动，让拉力和推力共同发挥作用。如日本利用法律和政令强制要求各政府机构、各耗能单位以及各大型中型企业必须在规定时间内降低损耗。在激励方面，可以从财政政策、税收优惠、金融扶持等方面进行激励。财政政策以财政补贴的形式鼓励节水服务公司发展。税收优惠主要通过税收减免或增加费用扣除等方式减少节水服务的总支出。金融扶持通过利率优化可以降低节水服务公司的融资成本。另外，政府可以推广试验、示范项目，对合同节水管理的适用性、可靠性以及效益进行评估，为进一步发展提供依据。

15.4 合同节水管理政策导向

节约资源是我国的一项基本国策。20 世纪 70 年代开始，合同能源管理作为一种资源管理的有效方式在北美、欧洲以及一些发展中国家逐步得到应用和推广。我国开展合同能源管理始于 20 世纪 90 年代末，在政府强有力的政策引导和配套制度的保障下，合同能源管理得以迅速发展，对于推动资源节约型、环境友好型社会建设发挥了应有作用。

2014 年 3 月，中央财经领导小组第五次会议上提出了“节水优先、空间均衡、系统治理、两手发力”的新时期治水方针，指出解决中国水问题必须同时发挥政府和市场的双重作用。《中共中央关于制定国民经济和社会发展第十三个五年规划的建议》中首次明确了“推行合同能源管理和合同节水管理”的工作规划，将合同节水管理和合同能源管理放在同等重要的位置。

2016 年 7 月，国家发展和改革委员会下发了《关于推行合同节水管理促进节水服务产业发展的意见》，明确提出了“到 2020 年，合同节水管理成为公共机构、企业等用水户实施节水改造的重要方式之一，培育一批具有专业技术、融资能力强的节水服务企业，一大批先进适用的节水技术、工艺、装备和产品得到推广应用，形成科学有效的合同节水管理政策制度体系，节水服务市场竞争有序，发展环境进一步优化，用水效率和效益逐步提高，节水服务产业快速健康发展”的政策目标。

1. 培育壮大节水服务企业

鼓励具有节水技术优势的专业化公司与社会资本组建具有较强竞争力的节水服务企业，鼓励节水服务企业优化要素资源配置，加强商业和运营模式创新，不断提高综合实力和市场竞争力。充分发挥水务等投融资平台资金、技术和管理优势，培育发展具有竞争力的龙头企业，形成龙头企业＋大量专业化技术服务企业的良性发展格局。

2. 创新技术集成与推广应用

及时制定和发布国家鼓励和淘汰的用水工艺、技术、产品和装备目录。充分发挥国家科技重大专项、科技计划专项资金等作用，支持企业牵头承担节水治污科技项目等关键技术攻关，鼓励发展一批由骨干企业主导、产学研用紧密结合的节水服务产业技术创新联盟，集成推广先进适用的节水技术、产品。充分发挥国家科技推广服务体系的重要作用，积极开展节水技术、产品和前沿技术的评估、推荐等服务。

3. 改善融资环境

鼓励合同节水管理项目通过发行绿色债券募资。鼓励金融机构开展绿色信贷，探索运用“互联网＋”供应链金融方式，加大对合同节水管理项目的信贷资金支持。有效发挥开发性和政策性金融的引导作用，积极为符合条件的合同节水管理项目提供信贷支持。鼓励金融资本、民间资本、创业与私募股权基金等设立节水服务产业投资基金，各级政府投融资平台可通过认购基金股份等方式予以支持。合同节水管理项目要充分利用政府性融资担保体系，建立政、银、担三方参与的合作模式。

4. 加强财税政策支持

符合条件的合同节水管理项目，可按相关政策享受税收优惠。研究鼓励合同节水管理发展的税收支持政策，完善相关会计制度。各地、各有关部门要利用现有资金渠道和政策手段，对实施合同节水管理的项目予以支持。鼓励有条件的地方通过加强政策引导，推动高耗水工业、服务业和城镇用水开展节水治污技术改造，培育节水服务产业。

5. 组织试点示范

利用5年左右时间，重点在公共机构、公共建筑、高耗水工业和服务业、公共水域水环境治理、经济作物高效节水灌溉等领域，分类建成一批合同节水管理试点示范工程。生态文明先行示范区、节水型社会试点示范地区、节水型城市等应当积极推行合同节水管理，形成示范带头效应。及时总结经验，广泛宣传推行合同节水管理的重要意义和明显成效，提高全社会对合同节水管理的认知度和认同感，促进节水服务产业发展壮大。

15.5 政策设计

合同节水服务行业涉及的参与主体包括节水服务企业、用水企业和节水器具生产企业，行业的繁荣发展需要参与各方的共同发展。扶持合同节水服务行业发展的税收优惠政策应统筹考虑各方需求，通过综合性的政策体系构建形成对三方的协同鼓励和扶持，促进整个行业持续发展。

15.5.1 节水服务企业的税收扶持政策建议

针对节水服务企业的税收扶持政策目标为：①弥补节水服务产品的正外部性，增加节水项目对节水服务企业的经济回报；②过渡性地解决水资源价格调整不到位的问题，增加节水项目的利润，吸引社会资本投入节水服务业。为实现上述政策目标，可以采取的税收优惠手段主要是降低企业税负，从而增大企业利润空间。

在我国现行的税收法律法规框架下，节水服务企业能够享受优惠的主要税种是企业所得税和增值税。参照合同能源管理所享受的免征增值税优惠，合同节水管理也可适用此政策。因此，建议主要围绕企业所得税设计增值税优惠政策，同时可以配以免征房产税和城镇土地使用税等辅助政策。

我国现有的企业所得税政策中优惠力度最大的方式有两种：一是直接参考高科技企业所享受的15%低税率；另一种是享受税法中所规定的环保节能节水项目“三免三减半”优惠。通过计算可得，如果节水项目的存续期在11年以内，则采用“三免三减半”政策优惠力度更大。结合节水项目实践，同时考虑到项目初期节水服务企业的资金压力更大，采用“三免三减半”方式不仅能够实现更优的优惠力度，而且可以更好地减轻项目初期的资金压力。

增值税优惠力度最大的方式是免征增值税，合同能源管理即享受这一优惠。由于合同节水管理是创新的节水服务模式，因此首先需要在政策中明确其是否适用于“营改增”改革。根据《财政部国家税务总局关于在全国开展交通运输业和部分现代服务业营业税改征增值税试点税收政策的通知》（财税〔2013〕37号）的精神，合同节水服务应划归现代服务业的范畴，适用增值税而非营业税，建议进一步制定合同节水服务行业享受免征增值税的政策。

15.5.2 用水企业的税收扶持政策

针对用水企业的税收扶持政策主要目标是解决水价过低造成的企业节水动力不足问题，激励企业主动实施节水项目，培育节水服务市场。这一政策目标的实现主要依靠财政政策，通过依据节水量对用水企业进行补贴实现。为了激励用水企业投资节水设备，参与合同节水项目，应允许用水企业投资于节水设备的资金参与企业所得税应纳税额抵扣，同时这部分专用设备还可以按照税法要求进行加速折旧，从而进一步减轻企业的税收负担。《关于执行环境保护专用设备企业所得税优惠目录节能节水专用设备企业所得税优惠目录和安全生产专用设备企业所得税优惠目录有关问题的通知》（财税〔2008〕48号）中所包括的节水设备仅限于很窄的范围，包括水泵、洗衣机和灌溉器具。在制定针对合同节水服务的税收扶持政策时，应扩大能够享受所得税优惠的节水设备名单。

企业所得税应纳税额抵免主要考虑平衡节水服务企业增值税减免为用水企业带来的税收负担增加。由于无须缴纳增值税，节水服务企业无法就用水企业为合同节水管理项目支付的费用开具增值税发票，由此造成的后果是用水企业缺少增值税的进项税抵扣，从而大大增加了用水企业缴纳增值税的税收负担。为解决这一问题，同时也为了鼓励用水企业采取合同节水管理方式开展节水项目，税收优惠体系中应规定：用水企业支付给节水服务企业的合理支出均可以在计算当期应纳税所得额时扣除。

15.5.3 节水器具及技术生产企业的税收扶持政策

针对节水器具及技术生产企业的税收扶持政策有两个主要目标：一是鼓励企业生产节水产品、转让节水技术，帮助培育节水市场；二是鼓励企业投入节水器具和技术的研发，不断提高节水技术水平。对应于这两个目标，主要的税收优惠手段就是销售节水产品的收入减计、技术转让收入的免税、研究开发费用的加计扣除和增值税减免。

技术转让的税收优惠已经在《财政部国家税务总局关于居民企业技术转让有关企业所得税政策问题的通知》（财税〔2010〕111 号）中有所规定。研究开发费用加计扣除的优惠政策已经在《财政部、国家税务总局、科学技术部关于完善研究开发费用税前加计扣除政策的通知》（财税〔2015〕119 号）中有所规定。因此，无须出台新的优惠政策。销售节水产品收入的加计扣除可以降低节水产品的成本，在需求一定的情况下增加节水产品的销售量。参考国家对环境保护和资源节约综合利用行业普遍采用的政策优惠力度，针对节水器具生产企业的增值税减免优惠可以采用即征即退或先征后退的方式。考虑到减轻企业现金流压力，鼓励节水企业和生产企业发展，推荐采用优惠力度更大的即征即退方式。

第 16 章 水效“领跑者”激励机制

16.1 能效“领跑者”管理经验与启示

16.1.1 我国能效“领跑者”管理政策

2011 年 9 月，《国务院关于印发“十二五”节能减排综合性工作方案的通知》（国发〔2011〕26 号）提出推广节能减排市场化机制，建立“领跑者”标准制度。通知提出，研究确定高耗能产品和终端用能产品的能效先进水平，制定“领跑者”能效标准，明确实施时限。将“领跑者”能效标准与新上项目能评审查、节能产品推广应用相结合，推动企业技术进步，加快标准的更新换代，促进能效水平快速提升。

2012 年 6 月，由国家发展和改革委员会资源节约和环境保护司、国家标准化管理委员会工业一部主办，中国标准化研究院和全国节能减排标准化技术联盟承办的“中国节能减排标准化论坛——2012 终端产品‘领跑者’制度与节能机制国际研讨会暨第五届国际制冷空调节能环保技术论坛”在北京召开。这次论坛围绕“节能环保”的热点，针对“领跑者”制度、节能激励机制，标准和节能环保技术趋势等共性问题进行了探讨交流，特别是日本能源经济研究所代表就“日本‘领跑者’制度最新进展”等节能政策和机制主题进行了大会交流。通过这次会议，人们对“领跑者”政策有了更加深刻的认识。

2013 年 8 月，《国务院关于加快发展节能环保产业的意见》（国发〔2013〕30 号）明确提出，为扩大节能产品市场消费，要继续实施并研究调整节能产品惠民政策，实施能效“领跑者”计划，推动超高效节能产品市场消费。强化能效标识和节能产品认证制度实施力度，引导消费者购买高效节能产品。意见还明确“领跑者”行动计划的负责部门为国家发展和改革委员会、财政部、工业和信息化部、商务部和国家质量监督检验检疫质检总局，并于 2013—2015 年滚动实施。

2014 年 5 月，国务院办公厅印发《2014—2015 年节能减排低碳发展行动方案》（国办发〔2014〕23 号）（以下简称《行动方案》）。《行动方案》把实施能效“领跑者”计划作为加快建设节能减排降碳工程的重点实施工程，作为重要的市场化节能减排机制予以积极推行。定期公布能源利用效率最高的空调、冰箱等量大面广终端用能产品目录，单位产品能耗最低的乙烯、粗钢、电解铝、平板玻璃等高耗能产品生产企业名单，以及能源利用效率最高的机关、学校、医院等公共机构名单，对能效“领跑者”给予政策扶持，引导生产、购买、使用高效节能产品。适时将能效“领跑者”指标纳入强制性国家标准。

与国家政策动向相呼应，有关专业机构也积极为能效“领跑者”政策的出台开展相关工作。特别是中国标准化研究院能效标识管理中心，作为国家发展和改革委员会及国家质量监督检验检疫等部门委托的具体开展能效标识管理工作的实施机构，为推动能效“领跑者”政策出台，做了大量工作。2012 年年底，中国标准化研究院能效标识管理中心制定、能效标识专家委员会审议通过了《能效标识超高能效产品管理办法》。该办法对超高能效产品的范围、遴选程序、产品生产者和进口商等的责任义务、产品宣传推广等作了原则规定。办法规定，原则上纳入超高效管理的产品型号总数量不超过整体能效标识产品备案型号总数量的 5%。随后，作为上述办法的配套规定，中国标准化研究院能效标识管理中心还发布了 10 类产品的《能效标识超高能效产品管理实施细则》，涉及变频空调、家用电冰箱、电磁灶、储水式热水器、洗衣机、平板电视、微波炉和电饭锅等产品。作为推广措施，中国标准化研究院能效标识管理中心对纳入超高效管理的产品向社会公示。两项政策的出台，实际上就是为了实施能效“领跑者”政策而做的前期工作。

从实践层面来看，国家和地方开展的有关节能减排工作已经在为最终实施能效“领跑者”政策铺路。2011 年以来，以石油化工行业为代表的重点耗能行业开始建立能效“领跑者”发布制度。2012 年 6 月，工业和信息化部与中国石油和化学工业联合会在京联合发布石油和化工行业重点耗能产品 2011 年度能效“领跑者”名单，合成氨等 10 个重点产品领域的 41 家企业成为“领跑者”。2013 年 6 月，中国石油和化学工业联合会发布了《2012 年度石油和化工行业重点耗能产品能效领跑者标杆企业名单和指标》，较 2012 年增加 4 种产品。当然，石化行业的能效领跑者标杆企业和指标发布制度，只是能效“领跑者”政策实施的一个环节，尚未对标杆产品推广实施财政补贴。但毫无疑问，这项制度对于深化石油和化工行业节能工作，充分挖掘重点耗能产品节能潜力，推动石化产业可持续发展具有重要意义。

在地方层面，2014 年 10 月，山东省人民政府办公厅印发《山东省 2014—2015 年节能减排低碳发展行动实施方案》（鲁政办发〔2014〕36 号）。该方案在国家有关文件的基础上，进一步提出实施能效“领跑者”制度。落实国家公布的终端用能产品能效“领跑者”目录，促进高效节能产品消费。定期公布单位产品能耗最低的电解铝、石油炼制、合成氨、粗钢、水泥、平板玻璃等高耗能产品生产企业名单，能源管理水平最好的机关、学校、医院等公共机构名单，以及能源利用效率最高的商场、超市、宾馆、酒店等商贸企业名单，树立节能低碳标杆，鼓励用能单位开展能效对标达标活动，对能效“领跑者”给予政策扶持。适时将能效“领跑者”指标纳入强制性地方节能标准。

从上述工作及政策性文件的内容来看，应该说，随着时间的推移，国家、地方和行业对于推行能效“领跑者”政策（计划）的决心日益坚定，政策内容日益清晰，政策措施日益明确。虽然最终的能效“领跑者”政策实施方案特别是财政补贴措施还没有出台，但已经开展了大量基础性工作，包括能效“领跑者”标杆企业和指标发布制度的实施等，这为最终出台实施能效“领跑者”政策奠定了扎实基础。

16.1.2 日本能效“领跑者”政策

根据有关研究，“领跑者”政策最早由日本经济产业省（METI）于 1998 年推出。

1999年，日本首先在家用电器和汽车等行业推行能效“领跑者”政策。到2009年，日本已有23种设备制定并成功实施了“领跑者”标准。该政策的实施有效推动了日本节能环保技术和相关产业的发展。

日本能效“领跑者”政策的基本做法是，把政策实行时市场上销售的家电等产品当中效率最高的产品性能设定为该类产品5年后的能效目标，政府对限期内不能达到节能要求的企业做出公示和处理。

1．“领跑者”标准的确定

能效“领跑者”政策的首要问题是“领跑者”标准的确定，这也是日本能效“领跑者”政策的核心。领跑者标准系统主要由产品范围和类型、目标年限、领跑者能效标准值、测量/测定方法、达成率判定方法和标识六部分组成。达成率判定是后评估方式，在目标年限内，节能效果是否达到标准值，由每个制造企业按其所制造的产品种类用加权平均法计算。“领跑者”能效标准值的设定思路，是考虑与能耗相关的基本的物理量（如电视机屏幕尺寸）及功能，采用分类设立能效标准值方法，参照已商品化的同类最优能效产品，考虑目标年限内可能实现的技术改进，最后设定“领跑者”能效标准值。

日本同时建立了“领跑者”标准的调整机制。随着产品的更新和技术进步，每年对产品能效进行一次调查，当达到“领跑者”能效标准值的产品比标准制定时增加30%时，将重新制定“领跑者”的能效标准值，并于每年4月1日对标准进行调整。

2．对相关主体的激励约束

能效“领跑者”政策实施过程中的主要参与方包括政府、能源专家、制造企业、进口商、零售商和消费者。为了保障“领跑者”政策的顺利实施，对不同的参与主体，政府采取了不同的激励与约束措施。

制造企业是“领跑者”政策实施的主体，对制造企业既有激励措施，也有约束手段。从激励措施上说，对于表现突出的制造企业，一是可以获得研发支持；二是企业的绿色采购可以得到政府的低息贷款，企业的节能改造和节能技术开发项目，也可获得政府贷款担保；三是企业产品列入政府采购目录，扩大了销售市场；四是能获得品牌宣传机会。

除了这些激励措施，还有严格的约束机制。约束机制主要有以下几个方面：

一是必须建立展示项目接受政府监督。日本《节约能源法》要求，列入能效“领跑者”政策的产品必须建立展示项目。日本经济产业省是监督部门，对监管部门的审查和建议，制造企业必须遵照执行，否则将受到警告、公告、命令甚至罚款等处罚。

二是目标年度未达标企业将受到行政处罚。政府会对“领跑者”目标产品实施检查，对检测未达标的企业规定了惩罚办法，要求其对不达标原由做进一步汇报，如果属于对节能性能的改进措施不充分，将采取劝告、命令、公示、罚款（100万日元以下）等措施。目标年限后达不到“领跑者”能效标准的产品不允许在市场上销售。

三是实行自愿性节能标签制度。2000年8月，日本实行了自愿性节能标签制度，通过标签形式标明该产品是否达到“领跑者”标准。节能标签制度能够有效引导消费者选购节能产品。

零售商是制造企业和消费者的重要媒介，在节能产品推广中起着重要作用，因此主要对其实施激励措施。对营业面积 800m^2 以上，所售商品 50%以上的种类为节能产品的零售店，建立能效产品零售商评估制度，每年进行评选，由节能中心进行日常管理。

对于积极提供节能标志信息并促进销售的零售店，将被评为“节能型产品普及推进优秀店”进行公布。特别优秀的零售店会获得 METI 大臣奖（由日本经产省颁发）、ANRE 长官奖（由资源能源厅颁发）、METI 地方局长奖（由地方经产局颁发）及 ECCJ 会长奖（由日本节能中心颁发）等奖项，并通过报纸、杂志、消费者协会期刊、当地事业单位的公共关系杂志等途径进行公布。允许被选中并获奖的优秀零售店使用“节能型产品普及推进优秀店”标志，通过这些激励措施帮助零售商进行品牌宣传。

对消费者来说，主要是提供消费补贴。2009 年，日本实施环保点数制度，针对的产品包括冰箱、空调和数字电视，消费者购买节能标签 4 星以上的产品，可获得一定的“环保点数”补贴，这些点数（1 点＝1 日元）可在购买其他指定生活用品时使用（2010 年交换商品约 3.5 万种）。随着日本政府预算的逐渐减少，2011 年起，这项制度只对节能标签 5 星以上的产品进行补贴，不同规格节能产品所能得到的补贴点数也有所降低。

16.1.3 政策启示

（1）注重加强政策顶层设计。从前面的梳理来看，国务院多次发文对能效“领跑者”政策作出安排，而且政策内容日益具体明确，这体现了国家对能效“领跑者”政策宏观设计的重视。与节能一样，节水工作涉及面广、推动难度大。未来建立水效“领跑者”政策，也应当在国家层面进行顶层设计，出台相应的政策文件，明确“领跑者”的实施对象、实施期限和扶持政策等，以加强对政策具体实施的指导。

（2）注重补贴政策与技术标准的联动。能效“领跑者”政策与其他节能财政补贴政策的显著不同，就是补贴与相关技术标准高度联动。无论是补贴对象超高能效产品的确定，还是补贴的滚动实施，都与产品能效标准紧密互动，相互及时调整。水效“领跑者”政策制定及实施，也应当高度关注相关技术标准的支撑和制（修）订等，根据政策实施进展，及时修订完善提高技术标准，并根据新的技术标准，对补贴政策作新的调整。

（3）注重基础制度和前期工作的支撑。能效“领跑者”政策作为一项创新性市场政策，需要相关制度的支撑配合，特别是能效标识制度和标准体系，以及“领跑者”标杆企业和指标发布及扶持政策等的支撑。从现状来看，我国能效标识制度已经建立，并有专门的法律规范和实施机构，“领跑者”标杆企业和指标发布及扶持政策也开始实施或制定。建立水效“领跑者”政策，也需要做好水效标识等管理制度和标准体系的建设，否则单纯的水效“领跑者”政策只能是空中楼阁。

（4）注重发挥企业、行业协会、专业机构等的作用。国家和地方有关能效“领跑者”的政策制定，始终强调企业是政策实施的主体，充分调动企业特别是行业龙头企业和重点能耗企业的积极性，并积极发挥行业协会的影响作用，发挥中国标准化研究院等专业机构的技术支撑作用。这对水效“领跑者”政策也很有启示。要科学制定并有效实施水效“领跑者”政策，也应当以企业为主体，调动行业先进企业的积极性。还要充分发挥节水产品行业协会、节水标准和政策研究等方面机构的重要作用，形成政策制定和实施的合力。

16.2　水效“领跑者”管理制度框架

16.2.1　总体思路

建立水效“领跑者”制度，要正确处理政府、企业与行业协会等主体的关系，合理界定各自职责；要兼顾技术进步的需要与可能，着眼提高行业产品的用水效率，同时立足节水产品技术发展现状；要统筹协调财政补贴、政府事权划分、水资源管理、节水产品推广等各项政策。

建立水效“领跑者”制度，要坚持五项基本原则：①坚持有限补贴，尊重市场价格机制，考虑财政承受能力，补贴范围和额度保持合理限度；②坚持有效补贴，确定合理的补贴标准，发挥补贴的投资引导、资金撬动实效，调动企业参与积极性；③坚持渐进补贴，在试点基础上逐步扩大政策适用的行业范围、产品范围和水效条件；④坚持滚动补贴，合理设定“领跑者”条件的更新周期，推动标准不断升级，持续实施补贴；⑤坚持规范补贴，严格遵循国家相关法规政策，明确补贴条件、程序和要求，加强监管。

16.2.2　基本框架

遵循节水产品在全国统一市场中的经济规律和政府公共事务分级分区管理的体制特点，确立由国家、省级和企业构建的三层组织体系，并结合不同层级主体的职责，初步拟定水效“领跑者”制度的基本框架如下：

（1）制定发布政策。国家有关部门联合制定水效“领跑者”制度，明确实施范围和条件，确定补贴方式、标准和程序等。

（2）组织企业申报。行业协会组织企业自主申报符合条件的节水产品，按要求将有关材料报送省级有关部门。

（3）审核确定“领跑者”名单。经省级有关部门初审，将符合条件的名单上报国家有关部门；国家有关部门组织专家评选、核查，公示无异议后确定水效“领跑者”名单。

（4）补贴发放与监管。由省级有关部门按程序向所在地“领跑者”企业发放补贴资金，相关部门加强监管。

16.3　水效“领跑者”管理制度内容

16.3.1　补贴范围和对象

关于补贴范围和对象，需要综合考虑行业发展水平、产品使用范围、产品水效标准制定情况、财政承受能力、节水效益等因素，遵循操作简便、示范引领、渐进开展的工作思路，研究确定水效“领跑者”政策适用的补贴范围。

在明确补贴范围的基础上，通过自主申报、评选、审查等程序，组织对该补贴范围内产品的技术水平和水效水平进行评估，评选确认水效水平最高的产品种类、型号、水效标准以及产品的生产企业，确定最终的补贴对象。

对于名目繁多、类型不同的用水产品，应当选择哪些节水产品进行补贴，以及选择某种产品的哪一级水效标识进行补贴，需要统筹财政能力、产品水效水平、产品市场占有率、企业积极性等因素深入研究，明确选择的依据和补贴具体范围及对象。

1. 产品范围选择

水效“领跑者”政策针对的补贴产品范围，首先必须是节水产品。节水产品是符合国家节水标准，并通过节水产品认证，较一般产品更为节约用水的各类生活用水产品。

节水产品的种类和范围非常广泛。从领域来看，包括生活节水产品和生产节水产品。仅从生活节水产品来看，其品种范围也非常广泛，包括水嘴、坐便器、便器冲洗阀、淋浴器、家用洗衣机等各种常用的生活用水产品。

从生活节水产品来看，目前国家已经制定了水嘴、淋浴器、坐便器等7种生活节水产品的水效等级及用水效率标准。因此，选择生活节水产品作为补贴政策的适用范围较为合适。

同时，考虑到水效“领跑者”政策在我国尚处于探索阶段，不同类型的生活节水产品价格差异较大，对财政资金的需求规模不同，建议选择操作相对简便、产品价格相对较低、所需资金相对较少的产品进行补贴。

综合考虑上述因素，在政策实施初期，建议选择水嘴作为实行“领跑者”政策的补贴产品。毕竟，“领跑者”政策是一项探索性政策，初期选择节水型水嘴进行补贴比较稳妥。

当然，补贴产品范围并非一成不变。随着工作基础、财政支出能力的增强等因素的变化，今后完全可以适当扩大给予财政补贴的节水产品的范围，将淋浴器、坐便器等生活节水产品、滴灌带等农业节水产品、工业节水设备和产品等逐步纳入财政补贴范围，直到非节水型产品完全退出市场和生活领域。一些有条件的地区也可以根据本地财政状况，适时适当扩大补贴对象范围。

2. 产品类型及水效标准等级选择

确定补贴产品之后，还需要明确补贴产品的具体类型及其水效等级或者水效指标。仍然以水嘴为例加以说明。

从水嘴的类型来看，目前节水型水嘴主要有陶瓷片密封式、非陶瓷片密封式、感应式、延时自闭式、磁控式、按压式和停水自闭式等类型。其中感应式、延时自闭、停水自闭、陶瓷密封式等水嘴，是目前技术比较成熟的节水型水嘴，特别是陶瓷片密封水嘴。目前我国已成为世界上陶瓷片密封水嘴最大的生产国和消费国，年产量超过2.5亿套。对于这些技术比较成熟的水嘴类型，应当优先选择作为政策试点产品。

从水嘴的水效等级来看，需要了解我国水嘴生产行业的整体水效水平。对此，可以通过组织企业申报的方式，由主管部门组织专家评选确定水效水平最高的“领跑者”产品；也可以委托相关行业协会，对水嘴生产行业的水效现状进行详细调查评估，在这个基础上，再通过企业申报、专家审查的方式，来评选确定“领跑者”产品的水效等级。

对于“领跑者”产品，除了考虑其水效水平外，还应当考虑其市场范围及其市场份额。再根据财政支持能力，筛选所占市场份额有一定规模但不能占比太高的高水效产品，最终确定这种类型的高水效产品为补贴的对象。

16.3.2　补贴方式

1. 可选方式

总结节能减排、农业、环保等方面的补贴政策，从消费者（购买者）的视角来看，对产品的补贴方式主要有直接补贴、间接补贴和中间补贴三种方式。这三种方式各有优缺点。

直接补贴是家电下乡财政补贴等政策采取的补贴方式。其优点是，补贴资金将直接发放到补贴对象（消费者，即居民用户）手中，使得补贴对象能够更放心地去购买指定的财政补贴的产品或从事符合财政补贴的生产行为，而不必顾虑财政补贴资金不能按时发放情况的发生。其不足之处在于补贴资金的发放过于繁琐，需要成立专门的机构和专门的人员负责，耗费人力物力。

间接补贴是高效照明产品推广财政补贴政策采取的方式。其优点是：补贴资金直接发放给生产企业，中间环节少，推广效率高，可充分利用现有销售网络，降低推广成本；生产企业按照补贴后的价格进行销售，不增加消费者任何负担，操作简便，易于实施；生产企业作为推广的责任主体，承诺产品质量、公布产品价格，接受社会监督。间接补贴的不足是，在补贴过程中容易出现企业弄虚作假、骗取财政补贴资金的现象；另外，由于财政补贴资金数目较大，可能会出现资金被个人或单位企业截留、挪用等不法行径。

中间补贴是将补贴资金拨付给销售者，销售者以补贴后的价格将产品出售给消费者。这种补贴方式的优点在于，既能避免直接补贴工作对于资金管理和发放所造成的较大人力物力的状况，同时又避免了间接补贴过程中个别企业厂家弄虚作假、骗取财政补贴资金的行为。它的不足之处是，选择确定信誉可靠、管理规范的销售者比较困难，在对于销售者的评价机制和监管机制尚未有效建立的情况下，难以有效监管销售者。

2. 方式比选

直接补贴的直接受益者是消费者，直接效果是推动了高效节水产品的购买，生产企业只是通过销售量的扩大而间接受益，这种间接的受益还有一部分让与了销售者。并且，消费者购买产品并不只是衡量产品的节水性能，消费者不可能永远追逐水效水平最高的产品，他通常会在权衡比较价格、品牌和水效等各方面条件后平衡选择一个折衷的产品。所以，直接补贴并不容易让生产者受益，不容易激励生产者持续改进节水技术。这样可能会在很大程度上影响生产者持续推动节水技术进步的积极性。

间接补贴的直接受益者是生产者，直接效果是提高企业研发和生产高效节水产品的积极性，并且更容易产生持续推动技术进步的效果，因为技术领先的生产者总能得到财政补贴。所以，这种补贴方式对推动技术进步的效果最显著。当然，这种方式对消费者来说并没有明显的获益，销售者也不能直接受益，需要通过其销售行为才能间接受益。

中间补贴的直接受益者是销售者，直接效果是激励销售者去努力获得更好产品的销售权。这种补贴方式对消费者没有直接的受益感，特别是不太容易形成鼓励生产者推进技术创新的驱动力，因为销售额扩大并不一定与生产者的利益挂钩，其收益可能主要落入销售者手中。

三种补贴方式的具体比较参见表16.1。

表16.1 三种补贴方式比较

补贴方式	补贴对象	补贴发放	优点	缺点
直接补贴	消费者	消费者凭购买凭证到财政部门申请领取	提高消费者的购买积极性，推广节水产品	生产者不能直接获益，对技术没有明显推动
间接补贴	生产者	生产者凭入选的“领跑者”产品按相应标准得到补贴	推动技术进步和高效产品研发生产	消费者不能直接受益
中间补贴	销售者	销售者凭销售额获得补贴	促进高效节水产品销售和推广	生产者和消费者不能直接获益

综合对上述三种补贴方式进行优缺点分析，基于“领跑者”政策的初衷是对节水产品的高等级水效给予激励，因而选择最能激励生产推动节水技术进步的补贴方式，即间接补贴方式，将补贴资金发放给生产节水产品的生产者手中，这样更容易形成推动节水技术进步的持久动力。

16.3.3 补贴标准

重点分析确定补贴标准需要考虑的因素，在提出补贴标准的基础上，初步匡算需要的资金规模；结合现行财政体制，分析补贴资金的可能渠道。总结家电下乡等财政补贴政策的做法，借鉴农业机械补贴的经验，初步确定中央财政对补贴对象实行定额补贴。按照间接补贴方式，初步研究提出“定额补贴、省级结算、直补到卡”的兑付方式和资金管理模式。

1. 补贴标准确定模式

水效“领跑者”政策财政补贴标准的测算过程要综合考虑可提供的财政资金规模、产品的水效水平、产品的销售规模（市场占有率）、企业的参与意愿等因素确定。

目前关于产品财政补贴标准的确定模式主要有这样几种：

第一种是以产品销售价格一定比例作为补贴标准。比如家电下乡补贴标准最初规定按家电产品销售价格的13%给予补贴。这种补贴标准一般适用于直接补贴和中间补贴方式。

第二种补贴标准确定模式是以企业供货价格的一定比例作为补贴标准。如高效照明产品财政补贴政策中，大宗用户每只高效照明产品，中央财政按中标协议供货价格的30%给予补贴；城乡居民用户每只高效照明产品，中央财政按中标协议供货价格的50%给予补贴。

第三种补贴标准确定模式是定额最高限价。如新能源汽车补贴政策中，对插电式混合动力乘用车最高补助5万元/辆；纯电动乘用车最高补助6万元/辆。2009年以后对每类家电的补贴也实行了最高限价，对彩电最高补贴3500元，对冰箱（含冰柜）最高补贴2500元。农业机械推广的财政补贴政策也采取这种定额补贴的方式。

上述前两种补贴标准确定模式都是属于按比例补贴，其优点是相对比较灵活，能够适应不同的产品，它们的缺点就是过于灵活，弹性空间太大，存在违法操作的空间较大。第三种补贴标准确定模式相对简单，容易测算补贴所需要的资金规模，补贴安全性相对较高，缺点就是灵活性不足。

2. 补贴标准的确定

根据对上述三种补贴标准确定模式的分析，从政策的可操作性、安全性等方面考虑，并结合全国节水产品生产比较分散的特点，建议采取第三种补贴标准确定模式，即定额补贴。

具体来说，对于评选确定的水效“领跑者”产品，财政补贴资金实行定额补贴，即同一种类、同一型号、同一档次的“领跑者”产品，在全国范围内实行统一的固定额度补贴。这种补贴标准，完全以水效水平作为唯一衡量准则，对全国范围内节水产品生产企业的产品进行公平统一的比较。

16.3.4　补贴滚动机制

滚动机制是“领跑者”政策不同于其他财政补贴的重要特点。需要统筹考虑财政能力、技术现状、发展趋势等因素，研究设定合适的补贴周期，建立补贴效果评估、新一轮补贴对象再选择、补贴标准再测算的机制和程序。

1. “领跑者”的周期性

水效“领跑者”评选周期为多长时间，即第一批水效“领跑者”评选确定并给予财政补贴后，第二批水效“领跑者”评选间隔时间多少，这个问题本质上是关于节水技术进步的发展速度问题。如果技术进步很快，则可以考虑在较短的周期内推动出台新的“领跑者”水效条件；如果技术进步较慢，则需要考虑在较长的周期内推动出台新的“领跑者”水效条件。

确定合理的补贴周期，需要对节水产品技术进步的历史发展及其趋势有深入研究，同时要进行广泛深入的市场调研，对行业企业的产品技术水平及发展态势有准确把握。

仍然以水嘴为例。假定水嘴的节水技术水平、水效水平每年都能提高10%左右，那么可以每年度组织评选一批水效“领跑者”产品及水效，并明确新的“领跑者”水效水平要高于上一批水效“领跑者”8%以上。

当然，如果财政资金充裕，也可以考虑每半年组织评选一批水效“领跑者”产品及水效，这时可将新的“领跑者”水效水平要求调整至高于上一批水效“领跑者”4%以上。

2. 补贴政策效果评估

评估补贴政策的效果，根本的一条就是是否推动节水技术进步，具体指标就是产品水效水平是否持续提升，新的水效“领跑者”是否在不断诞生。

为了科学准确地评估补贴政策的效果，有关行业协会应当建立定期跟踪机制，调查全行业节水产品技术水平状况，深入分析水效水平变化趋势，为确定新的水效“领跑者”提供技术支撑。

3. 补贴对象的再选择

在确定“领跑者”水效调整周期及调整幅度的基础上，补贴对象的再选择就还是按照原补贴流程所确定的程序进行选择。

具体来说，国家有关部门组织地方开展评选工作。地方有关部门发动区域内企业自主申报水效“领跑者”产品，再经过省级审核、上报国家有关部门、组织专家评审、公示、水效检测等程序，最终确定新一轮的补贴对象。

4. 补贴标准的再测算

补贴标准是否需要再测算，取决于新一轮补贴对象与原来的“领跑者”产品是否属于同一种类、型号和档次。如果是，则可以继续实行原有的补贴标准；如果不是，则需要根据财政承受能力，结合产品价格，测算新的补贴标准，形成对企业研发节水技术产品的积极性。

第 4 篇

政　策　建　议

第 17 章　政府和市场两手发力

17.1　通过产业结构调整推进工业企业节水技术改造

产业结构调整包括产业结构合理化和高级化两个方面。产业结构合理化是指各产业之间相互协调，有较强的产业结构转换能力和良好的适应性，能适应市场需求变化，并带来最佳效益的产业结构，具体表现为产业之间的数量比例关系、经济技术联系和相互作用关系趋向协调平衡的过程。产业结构高级化，又称为产业结构升级，是指产业结构系统从较低级形式向较高级形式的转化过程。

工业节水技术改造是推进产业结构调整的重要举措。2005 年国务院发布了《促进产业结构调整暂行规定》(国发〔2005〕40 号)，规定了产业结构调整的目标、原则、方向、重点等内容。其中，提出了包含“坚持节约发展、清洁发展、安全发展，实现可持续发展”等思想的产业结构调整目标；提出了包含“坚持走新型工业化道路。以信息化带动工业化，以工业化促进信息化，走科技含量高、经济效益好、资源消耗低、环境污染少、安全有保障、人力资源优势得到充分发挥的发展道路，努力推进经济增长方式的根本转变”等思想的产业结构调整原则；同时，在产业结构调整的方向和重点中提出“大力发展循环经济，建设资源节约和环境友好型社会，实现经济增长与人口资源环境相协调。坚持开发与节约并重、节约优先的方针，按照减量化、再利用、资源化原则，大力推进节能节水节地节材，加强资源综合利用，全面推行清洁生产，完善再生资源回收利用体系，形成低投入、低消耗、低排放和高效率的节约型增长方式。”2011 年 6 月 1 日起施行的《产业结构调整指导目录（2011 年本）》，第 38 条“环境保护与资源节约综合利用”一栏中将“节能、节水、节材环保及资源综合利用等技术开发、应用及设备制造”纳入其中。

调整产业结构必然推动工业节水技术改造。一方面，高能耗、高污染、低产出的传统经济发展方式必然伴随资金、利率、汇率、能源原材料价格、农产品价格等生产要素价格被压低到均衡水平之下。在产业结构调整的过程中，生产要素价格随之调整到均衡水平。水资源作为重要的生产要素之一，水资源消耗成本也必然随之提高。水资源消费成本提高成为工业企业开展节水技术改造的重要动力。另一方面，产业结构高级化或者产业结构升级是产业结构调整的重要内容。产业结构升级不仅包括生产设备、生产工艺、生产流程的改进，还包括包含节水技术改造在内的节能减排和资源综合利用工程改造。节水设备和节水工艺的改进完善使得工业企业大规模开展节水技术改造成本更加低廉、效益更加明显。

17.2 通过水价改革推进工业企业节水技术改造

水价改革是工业企业实行节水技术改造的重要推动力。目前，我国水价水平总体较低，水价改革仍有待继续深入推进，尤其是工业企业水价体系仍不完善。

应充分发挥市场在水资源配置中的基础性作用，有效发挥水价对促进节水的杠杆作用，激发各主体的经济动力，逐步形成节约用水的长效机制。

按照国家推进资源性产品价格改革等政策要求，逐步推进水价改革，对不同水源和不同类型用水实行差别水价，建立有利于促进节水的水价机制。

工业用水领域应逐步实行分类供水、分类水价，并在水价制定中充分考虑水资源稀缺程度，适当提高水资源费征收标准，促进工业企业节水技改，加大再生水、雨水等非常规水源利用力度，提高工业用水和城市用水循环利用率。在完善水价形成机制的基础上，制定出台超计划用水累进加价、企业节水技术改造所得税减免、“零排放”企业污水处理费减免、再生水价格标准以及惩罚性水价的具体操作办法，通过成本约束促进用水户节水。未来一段时期，还应针对地表水与地下水、当地水和外调水、常规水和非常规水等不同水源联合定价问题，建立不同分区、不同水源、不同水质、不同用户水价差异机制。

在健全供水成本核算体系的基础上，合理核定用水户的基本用量，完善水价定价机制，逐步提高水价总体水平；结合超定额累进加价制度，区分用水类型及特点，建立阶梯水价制度，为用水权流转奠定价格基础。此外，还应适当提高水资源有偿使用标准和污水处理费标准，同时加大征收管理力度，以鼓励节水器具的广泛使用，加速污水再生利用的进程。

17.3 推动建立水市场制度

城市用水权交易是一种市场化管理模式，市场化方式是对水资源进行管理、配置的有效途径，如果仍然沿用行政管理模式，将直接导致用水权交易运作成本上升，出现多头管理等问题。建立市场化的用水管理制度需要解决一系列问题，如用水权的独立性、收益方与受损方的利益协调、政府在水权水市场制度中的地位与作用等，为此，需要采取简政放权、鼓励水权交易等一系列措施。

必须进一步发挥市场配置资源的基础性作用，减少过多的行政干预。在用水企业的经营活动中，保证企业自主进行用水结构调整，根据产品生产状况提出不同用水需求，给企业更多的自主决策权。而政府的作用在于，确认用水交易者的资格、交易规模，设计交易形式和规则；及时向市场公布有关交易信息的制度，如交易数量、价格等；也可以对剩余水资源量及可能的价格进行预测分析，预告未来某一时段的出售水量及价格水平，消除市场配置资源所带来的不稳定因素，完善市场激励机制。

第 18 章　建立完善城市用水权交易制度

18.1　制定保障城市用水权交易的政策法规体系

城市用水权交易制度的建立和完善，需要一整套的政策法规体系作为保障。必须建立起较为系统的用水权分配、使用、交易及监管的政策法规体系，保证交易活动的正常进行，以保护用水权权益，保障城市水资源的可持续利用。城市用水权交易的政策法规主要包括：初始用水权确定规则；用水权交易主体、客体、范围、形式、时限等规定；用水权交易登记及监管制度；解决水事利益矛盾的民主协商机制；水银行制度等。

18.2　采用适度补偿方式鼓励用水权流转

城市用水权交易以提高水资源利用效率和实现水资源优化配置为导向。在确定初始水权、用水权流转的过程中，必然导致区域内不同行业、部门或用水户之间在水资源利用上的收益差异和利益调整。为了解决其中出现的矛盾，在用水权交易过程中应注意采用适度补偿原则，即在用水权交易过程中，收益大的行业、部门或用水户应向收益相对受损的行业、部门或用水户进行适度补偿。在当前具体管理条件下，这种补偿可以通过价格杠杆、税收倾斜、政策优惠等办法来实现。例如在一段时期内，交易过程中应适度调整交易价格或一定幅度减免用水户的税金，以此在一定程度上保护受损方的利益。

18.3　建立和完善水银行的管理制度

城市用水权交易过程结束后，整体上有可能经常出现用水权节余或不足的情况。在这种情况下，必须建立水银行制度，在总体节余时存储水量，在总体不足时释放水量。同时，在用水权交易制度建设初期，交易市场不完善，通过水银行制度替代用水户之间直接交易模式，也是一种较为合理、现实的选择。

基于我国水资源管理的实际情况，应由水行政主管部门组织，协调供水企业建立水银行制度。在硬件设施方面，可以以供水企业的水库等蓄水设施作为水银行的基础设施；在水量调度方面，建立交易水量调度供给制度；在制度管理方面，建立交易资格审查制度、公示制度、监管制度、第三方影响评估制度等。

建设水银行制度，必须注意水银行管理的独立性、对交易双方利益的协调机制以及水银行的吸引力和权威性。其中的关键是政府在水银行制度中的地位与作用。从实际操作角度考虑，需要扩大水银行的管理权限，减少过多的政府干预，加强水银行相关法规建设，强化水银行的服务创新。如果政府干预太多，会妨碍水银行的发育和健全，导致参与机制不规范、管理职责不健全、交易设计不完善等问题。政府需要在一定范围内将管理权交给水银行管理层，采用公司化运作的方式，政府在其中扮演执法者和利益协调者的角色，而不通过直接参与公司化的水银行的具体决策获得。

18.4 培育中介组织

城市用水权交易的中介组织主要指用水户协会等交易协商组织，其主要职责是在用水户之间交换水资源相关信息，协助组织用水户之间进行谈判或拍卖，监督完成用水权交易过程，并根据交易情况向水行政主管部门提出相应建议。

中介组织是用水户参与用水管理的主要渠道。中介组织要逐步发展成为联系政府主管部门与用水户的桥梁与纽带，其存在将使用水权交易更加规范与公正。应出台相应规范，明确中介组织的身份与定位，规定其组织规模和地域范围，赋予其监管职能。中介组织可以在水行政主管部门领导下，按照相应技术和管理标准，参与组建用水权交易大厅，组织协商组织内用水户的培训和信息交流，提出用水权交易的可行建议，并及时完成水行政主管部门和用水户之间的信息传递和意见反馈过程。

18.5 选择试点城市，探索建立城市用水权交易制度

城市用水权交易制度研究具有很强的挑战性和创新性，其前提和基础条件尚不完备，如硬件设施和基础平台建设、用水权交易相关制度等，这些问题都需要通过实践加以解决。当前的研究工作只是粗线条的勾勒城市用水权交易的框架，还必须通过实际探索不断进行用水权交易管理制度创新。目前迫切需要选择试点城市，开展城市用水权交易工作，进行一系列管理细则的探索，将研究成果化成具体的行政法规和规范性文件，并通过具体管理措施和试点实践，基于有利于节约用水和提高水资源利用效率的导向，总结经验教训，完善用水权交易制度和细则。

为了试点工作的顺利开展，应选择节水组织体系相对完整、缺水问题比较严重，同时部分行业用水指标过高、水资源浪费现象严重的中小城市。在这样的城市中，节水激励措施易于生效，高耗水部门节水和缺水部门购水的愿望都比较强烈，同时节水基础设施相对完善，可以为城市用水权交易提供更为便利的交易平台。考虑到交易规模较小，地方主动试点的积极性可能不会很高，因此需要国家向试点投入一部分资金，用于基础设施建设和交易信息系统建设。

18.6 完善用水权交易的基础和前提条件

建立城市用水权交易制度，需要几方面的基础和前提条件，包括转换政府职能和调整

相应机构，加强基础设施建设，完善市场化用水管理机制等。

18.6.1 机构改革与职能转换

要实现用水权交易，必须根据用水权交易的要求对政府职能和水管理机构进行调整和改革。首先，政府要加强城市用水管理，完善总量控制和定额管理相结合的用水管理制度，规范动态考核、动态管理办法，理顺用水管理的组织网络，加大监督用水单位节水的力度；其次，逐步完善超计划累进加价制度，理顺水价形成机制；再次，在实践中切实推行定额管理办法，为用水权交易创造条件。

通过城市水行政主管部门完善相关组织、建立用水权交易的平台，然后由用水户之间或用水户同水银行组织之间进行交易。同时，交易市场的建立将涉及城市水资源管理机构及其职能的调整和重新设计，尤其是行政事业型的用水管理部门，建立起与市场交易机制配套的服务企业和管理机构体系，实现向企业化、市场化的转变。

首先是明晰初始用水权。在城市内要确认初始用水权，使用水者享有使用、收益和处分的权利，实现用水权的排他性，保障用水权人的合法权益不受损害。同时明确用水权人相应的义务，以节约用水、高效用水为前提，在用水权转让中不损害其他人的合法权益。

其次是制定用水权交易规则。政府应出台相关的政策、法规，规范谈判、拍卖等交易行为，协调用水矛盾和纠纷，使水权交易有章可循，避免无序或暗箱操作。

再次是完善水价形成机制。城市要推行超定额累进加价制度和阶梯式水价制度，有条件的地方实行丰枯季节性水价，加快水价改革步伐。

第四是建立民主协商机制。在初始用水权分配过程中，政府及水行政主管部门应广泛听取意见，兼顾不同行业和部门的利益，以多种形式吸纳用水户参与决策和管理，坚持公平、公正、公开的原则，使各部门、各单位获得较为合理的用水指标。

第五是建立交易监管制度。水行政主管部门和供水经营单位应专门成立城市用水权交易市场监管机构，负责对交易主体、客体及交易价格进行监督管理，规范用水权交易市场，并及时有效地解决用水权交易障碍。

第六是配套设施，搭建平台。城市政府及有关部门应当不断完善城市供水管网建设，建立城市用水实时监测系统和用水计量系统。同时，研发用水权交易信息管理系统，建设用水权交易大厅，成立“水银行”组织等。

18.6.2 加强基础设施建设，搭建交易平台

过高的交易成本会使用水权交易价格升高，直接抑制用水权交易行为，不利于用水权转让的顺利进行。为了促进出售和购买用水权双方实现“双赢”，降低运营成本是关键，而降低运营成本的重要途径就是完善基础设施，搭建手续简易可行、操作便捷迅速的交易平台。

（1）需要建立相对完善的工程及配套基础设施。包括计量设施的改造、城市输水管网的检查维修、测水仪器的安装等，保证用水权交易后可以通过城市供水网络将水资源快速、顺利地输送到购水者手中。

（2）要建设用水权交易大厅，建立用水权交易信息管理系统，及时统计用水权交易的

水量，制定合理的收购价格，实现对用水权交易的全过程管理。

18.6.3 明晰初始用水权，完善定额管理制度

依据科学定额，合理确定用水部门的用水指标，明晰初始用水权。传统的计划管理模式不能明晰水的使用权，也不能适应水权转让的需要，所以不论是流域内还是区域内水资源的重新分配，都需要根据我国水资源的分布特点，在保证消费用水与非消费用水平衡的前提下，对水资源的使用权进行重新划分与界定，从而为用水户进入市场奠定基础。

同时，水行政主管部门和节水管理部门必须加强对用水过程的适时监控和动态管理，及时调整供水过程和用水指标，建立合理的阶梯水价和分类水价形成机制，健全指标外及指标内的节水激励机制，不断完善城市用水管理制度。

第 19 章　出台工业节水技术改造贷款贴息政策

19.1　加强贴息资金监督和管理

19.1.1　突出重点，择优扶持

贴息资金安排要坚持突出重点、择优扶持、先付后贴的原则。具体体现在以下几个方面：

（1）贴息扶持重点是国家鼓励发展节水产业中的工业企业，且具有一定贷款规模，项目一般应落实银行贷款 1000 万元以上。

（2）扶持的项目单位应是银行信用状况好，有一定的经营规模和经济实力，建立了符合市场经济要求的经营管理机制。

（3）申请贴息资金的项目应是对有利于促进产业结构调整，对市场资源配置和产业结构调整具有导向作用，经济效益好，带动能力强，科技含量高，市场潜力大，竞争优势明显，与全社会具有紧密、合理的利益联结机制，能促进节水产业快速发展的企业给予优先扶持。

19.1.2　项目申报，严格把关

企业申请贴息资金应当符合以下条件：①申请企业近三年内没有违法违规的行为，无恶意拖欠国家政府性资金行为；②申请贴息资金的节水技改企业应当是上年度 1 月 1 日至 12 月 31 日期间完成技术改造，并取得银行出具的贷款和还款凭证；③该项目未列入其他企业技术改造贴息计划。

总体上，应由财政主管部门、水行政主管部门负责贴息资金的规划、组织、实施和管理工作。为充分调动地方水利和财政部门管好用好贴息贷款的积极性，本着从实际出发和责权统一的原则，应将工业节水技术改造贷款贴息项目的选择权和中央财政贴息资金的审核管理权下放到省级水利和财政主管部门，以增强省级水利（水务）和财政主管部门的责任。按照企业申请贴息资金应符合的条件，省级财政主管部门、水行政主管部门负责贴息资金的审核、拨付、监督检查工作。中央对各省的贷款贴息项目实行备案制，在符合节水技改贷款政策的前提下，由各省自主选择决定贷款项目，进一步简化贷款项目申报管理程

序。财政部和水利部可以委托专门机构对地方财政主管部门、水行政主管部门报送的材料进行检查。

项目单位申请贴息项目时，地方水行政主管部门、财政主管部门应严格审核有关资料，具体包括：①项目单位应提交贷款银行对该项目的评估论证报告、立项批准文件、贷款协议书等，项目立项及落实贷款的有关文件，并填报工业节水技术改造贷款中央财政贴息资金申请表；②项目可行性研究报告；③社会中介机构出具的企业近两年的财务审计报告；④企业的银行信用等级证明。对符合条件的项目予以择优申报，由本级财政部门与水行政主管部门联合上报。

19.1.3　加强管理，强化监督

严格按国家规定管理和使用贴息资金。具体做法包括：

（1）督促项目实施。财政部、水利部有关贷款贴息项目的立项通知下达后，立即督促项目单位积极落实银行贷款，抓紧组织项目实施。

（2）采取先付后贴。企业贷款已经发生，并已到位，运用在生产经营中，贷款效益在显现，由企业先支付银行以发生的利息，然后经财政、水利（水务）的分管领导，按照规定和报账要求提供的有关材料进行审核、审批，再拨付贴息资金给企业。

（3）实行市级报账。报账时须提供：①贴息资金申请审核表，此表必须经贷款银行、财政、水利（水务）签证；②贷款贴息项目立项通知；③建设期内银行贷款合同，贷款到位凭证；④贷款银行出具的利息结算清单、利息支付原始凭证及复印件；⑤项目单位领款凭证（收据）。上述材料经财政、水利（水务）审核，分管领导审批后，及时拨付中央财政贴息资金。

（4）加强监督检查。省级水行政主管部门和财政行政主管部门应严格履行工作程序，坚持公开透明的原则，对企业报送的材料进行严格审核、从严把关。省、市财政、水利及项目单位严格按照国家规定管理和使用好贴息资金，并自觉接受审计部门和上级财政部门、水利（水务）部门的检查。财政局、水利（水务）积极帮助项目单位建立项目工程（辅助）账，定期对贴息资金的使用情况进行督促、检查，确保贴息资金发挥效益。不得以任何形式、任何理由截留或挪用贴息资金，确保贴息资金及时到位。对违反规定的，按照《财政违法行为处罚处分条例》等有关规定，依法追究有关单位和人员的责任。

19.2　加快制定工业节水技术改造贷款贴息规章制度工作

为了规范地管理工业节水技术改造贷款中央财政贴息资金，需要在适当的时机出台《工业节水技术改造中央财政贴息资金管理办法》，使贴息资金能够有效地发挥其作用，激发工业企业进行节水技术改造的积极性，推进工业节水技术改造的发展。

19.2.1　把握出台贴息资金管理办法的时机

目前，我国工业用水量约占全国总用水量的 24%，2011 年中共中央国务院 1 号文件和 2012 年国务院 3 号文件都明确地提出要实行最严格的水资源管理制度，严格控制用水

总量红线、用水效率和入河湖排污总量红线。工业节水对实现三条红线的控制具有举足轻重的作用。面对“十二五”工业节水工作的更高要求，加大对工业节水的政策支持力度显得尤为重要，这不仅是缓解水资源约束、确保水资源供给安全的要求，也是建设资源节约环境友好型工业的需要，是工业实现转型升级的客观要求。实施工业节水技术改造贷款贴息政策支持，通过有限的资金投入，最大程度地引导和撬动企业和社会对节水技术改造的投资，加强重点先进适用节水工艺技术的推广应用，对落实工业节约用水“十二五”规划目标、全面加快节水型社会建设、落实最严格的水资源管理制度，对实现以水资源可持续利用支撑经济社会可持续发展具有十分重要的现实意义。同时，每年20亿元左右的贴息资金需要规范的管理，在批准工业节水技术改造贷款贴息资金的同时要出台《工业节水技术改造贷款中央财政贴息资金管理办法》。

19.2.2　贴息资金管理办法应包含的内容

贴息资金管理办法应该包括以下几方面的内容：

(1) 总则。总则需要表述的内容包括：贴息资金管理办法的立法依据，贴息资金的定义及资金来源，工业节水技术贷款的定义等方面的内容。

(2) 贴息标准、贴息对象和条件。根据上文分析的贴息标准的不同比选方案，选取合适的贴息标准；根据财政的要求制定合适的贴息期限；限定贴息对象和贴息条件，以适应不同财政支持方式下的贴息规模；规定在相同情况下的优先扶持对象。

(3) 贴息资金的申报和拨付。规定贴息资金的申报步骤和程序，以及资金批准后拨付到企业的步骤和程序。

(4) 贴息资金的监督和管理。规定贴息资金在申报、拨付和使用中的监督和管理，防止贴息资金被挪用。

19.3　健全工业贴息保障政策

工业节水技术改造贷款贴息资金属于国家政策性补贴，必须严格按照国务院和财政部有关政策性补贴资金的管理办法规范管理。各级财政是工业节水技术改造贷款贴息资金的主要管理部门，要在政策性银行中开设补贴资金专门账户，做到专户存储、专款专用。政策性银行要协助财政部门加强监督管理，严防补贴资金流失。政策性银行只能用于符合国家规定的工业节水技术改造贷款项目，任何单位和个人都不得以任何理由、任何形式挤占挪用，确保工业节水技术改造贷款贴息资金使用效益。

各级财政、审计、监察、银行等部门要加强对工业节水技术改造贷款贴息资金使用情况的检查与监督，对挤占挪用工业节水技术改造贷款贴息资金的单位和个人都要进行严肃处理，该给予经济处罚的要给予经济处罚，该给予行政处理的要给予行政处理，该给予刑事处分的要给予刑事处分，确保工业节水技术改造贷款贴息资金为提高水资源利用效率与效益、促进水资源可持续利用，全面建设资源节约型与环境友好型社会发挥重要的职能作用。

第 20 章　出台节水税收优惠政策

20.1　制定节水设备企业所得税优惠办法

20.1.1　出台政策

为保证节水设备企业所得税优惠制度的有效实施，可以根据《中华人民共和国企业所得税法》的相关规定，适时的提出节水设备企业所得税优惠相关通知，细化节水设备企业所得税优惠相关制度，实现节水工作的长效化。

《税收减免管理办法》规定减免税分为报批类减免税和备案类减免税。报批类减免税是指应由税务机关审批的减免税项目；备案类减免税是指取消审批手续的减免税项目和不需税务机关审批的减免税项目。增值税优惠属于报批类税收减免。相关企业享受减免，应提交相应资料，提出申请，经具有审批权限的税务机关审批确认后执行。

20.1.2　优惠流程

根据《中华人民共和国企业所得税法》（中华人民共和国主席令第 63 号）、《中华人民共和国企业所得税法实施条例》（国务院令第 512 号）、《财政部、国家税务总局关于执行环境保护专用设备企业所得税优惠目录的通知》（财税〔2008〕48 号）、《关于执行节能节水专用设备企业所得税优惠目录和环境保护专用设备企业所得税优惠目录的通知》（财税〔2008〕115 号）等文件要求，要申请企业所得税优惠需要经过提供以下材料：

（1）备案申请表和《专用设备投资抵免企业所得税备案审核表》。

（2）加盖企业公章的所购置相关设备的支付凭证、发票、合同等资料复印件。

（3）购置设备所需资金来源说明和相关的原始凭证、记账凭证、明细账等复印件。

（4）专用设备的使用情况说明，包括是否已实际投入使用，是否有将专用设备转让、出租的情况。

（5）主管税务机关要求提供的其他资料。

20.2　制定企业所得税优惠目录

在对节水设备企业所得税进行优惠对策设计的情况下，征收对象相对于纳税主体而言是相对固定的。制定企业所得税优惠目录应当符合《当前国家重点鼓励发展的产业、产品和技术目录（2000年修订）》和《中华人民共和国节水政策大纲》的要求，结合原国家经济贸易委员会、国家税务总局于2001年公布的第一批《当前国家鼓励发展的节水设备（产品）目录》、2003年公布的第二批产品目录以及《节能节水专用设备企业所得税优惠目录》（2008版）的规定，对节水设备优惠对象进行明确，根据近几年的具体发展情况适当调整并公布符合标准的节水设备增值税优惠目录。

节水设备应当具有较高的技术含量，有利于企业的设备更新和技术改造，能促进工业企业的结构优化和升级，提高企业经济效益。已有的节水设备优惠政策目的主要是对节水设备购入企业进行优惠。本课题研究的节水设备企业所得税优惠则主要针对节水设备的推广使用。生产型企业是国内的用水大户，节水设备企业所得税的优惠将购入节水设备的生产型企业作为优惠的主要对象，降低节水设备购入企业的生产成本，扩大节水设备的适用范围，这是节水设备企业所得税优惠目录的主要内容。此外，已有的节水设备税收优惠目录还对农业灌溉和生活用节水设备进行了大量的优惠。最终的节水设备具体认定需要水利部、国家发展和改革委员会、工业和信息化部等部门进行联合认证，水利部再会同国家发展和改革委员会、财政部、国家税务总局编制享受增值税优惠的节水设备目录。

20.3 落实企业所得税优惠政策

1. 帮助节水企业加强企业所得税发票管理

节水设备（产品）生产企业购入原材料时，节水设备（产品）使用企业在购入节水设备（产品）时，都会获得对方开具的专用发票，这些发票是抵扣进项税额的依据。这就使得很多企业为了取得这些抵扣凭证而虚开发票，甚至购买假发票进行抵扣，因此，发票管理变得十分必要。

管理发票，不仅要注重辨别发票的真假，查明其来源，更要从源头上控制发票的开具和管理。《中华人民共和国发票管理办法》提出“国家推广使用网络发票管理系统开具发票”，要求在全国范围内推行网络发票。网络发票的推行，正是国家打击发票违法行为，从发票开具源头进行管理的重要措施。

完善发票的管理，逐步推行使用网络发票，使得税务机关实时监管企业的发票开具情况，可以从源头上控制发票的开具，加强发票的管理。

2. 简化节水设备生产企业企业所得税注册、缴纳流程

对于小规模纳税人的节水设备生产企业，合理确定税收定额，降低税收成本；对于一般纳税人的节水设备生产企业，规范财务管理，做好进项税款和销项税款的计算，保持较为合理的增值税税负。

3. 做好节水设备生产企业的税负跟踪和纳税服务

跟踪企业所得税优惠政策的落实情况，通过节水设备税负调查等方式了解节水企业的税收负担和享受企业所得税优惠的情况，以便及时地做出政策反应。

详细调查和确定节水设备企业在生产和销售过程中哪些能够方便地获得发票，哪些获得发票有困难，有针对性地向税务部门提出意见和建议。

4. 鼓励节水技术研发投入

全社会的节水效果很大程度上依赖于节水产品、节水设备以及节水服务项目的质量、

技术和价格，鼓励节水产品、设备和项目服务的技术研发投入是根本措施。如果这些企业的研发投入属于高技术、新工艺，未来的产品是高技术产品，那么无论企业是否是高新技术企业，都应该得到鼓励，可借鉴高新技术企业研发费用加计扣除的做法，即“企业为开发新技术、新产品、新工艺发生的研究开发费用，未形成无形资产计入当期损益的，在按照规定据实扣除的基础上，按照研究开发费用的50%加计扣除；形成无形资产的，按照无形资产成本的150%摊销”。另外，也可引导符合条件的节水产品、设备以及节水项目服务企业进行国家高新技术企业的认证，进一步享受高新技术企业的所得税优惠政策。

5. 尝试建立节水技术服务支撑体系

节水技术服务显然是一种专业服务，其业务应该为：与愿意进行节能改造的用户签订节水服务合同，为用户的节水项目进行投资或融资，向用户提供用水效率审计、节水项目设计、施工、监测、管理等一条龙服务，并通过与用户分享项目实施后产生的节水效益来实现盈利和滚动发展。节水技术服务支撑体系的建立，有利于国家进一步推行节水政策，有利于更好地实施节水企业所得税优惠政策，有利于节水技术与产品、设备、项目的融合，有利于提升节水的效果。

参 考 文 献

[1] 王浩，汪党献，倪洪珍，等．中国工业发展对水资源的需求［J］．水利学报，2004，35（4）：109-113.

[2] 中华人民共和国水利部．中国水资源公报［EB/OL］．http：//www. mwr. gov. cn/ztbd/，1997/2011.

[3] 国家统计局，环境保护部．中国环境统计年鉴-2012［M］．北京：中国统计出版社，2012：14.

[4] 刘二敏，杨侃，赵云驰，等．系统动力学和分块预测结合方法在工业需水预测中的应用［J］．中国农村水利水电，2008（4）：63-68.

[5] 中华人民共和国环境保护部．全国环境统计公报［EB/OL］．http：//zls. mep. gov. cn/hjtj/qghjtjgb/201311/t20131104_262805. htm，2012.

[6] 李名升，佟连军，仇方道．工业废水排放变化的因素分解与减排效果［J］．环境科学，2009，30（3）：707-712.

[7] 张越群．我国工业废水处理现状及趋势［J］．水工业市场，2011，（2）：23-26.

[8] 李延东．中国工业化过程中的资源约束研究［D］．武汉：武汉大学，2012.

[9] 王立军．关于工业经济区域结构的现状与优化对策分析［J］．科技与企业，2015，（22）：1-1.

[10] 石碧华．中国工业经济区域结构的现状与优化对策［J］．西部论坛，2014，24（2）：84-92.

[11] 朱波，张辉．层次分析法在水利水电工程后评价工作中的应用［J］．水利建设与管理，2009，29（1）：9-11.

[12] 孙智君，周滢．中国新型工业化理论研究：回顾与展望［J］．学习与实践，2012，（3）：36-46.

[13] 李贵宝，罗林，杨延龙．我国工业用水节水标准现状及对策建议［J］．水资源开发与管理，2017，（2）：51-56.

[14] 朱春雁，白雪，李爱仙．应用PDCA模式实施工业企业用水管理［J］．中国标准化，2011，（9）：53-56.

[15] 曹思齐．最严格水资源管理制度下的区域工业用水效率预测研究［D］．安徽：合肥工业大学，2014.

[16] 齐殿斌．水资源管理要严守“三条红线”——水利部副部长胡四一访谈录［J］．决策与信息，2012，（10）：40-42.

[17] 陈晓东．地方政府水资源管理职能研究［D］．上海：上海交通大学，2009.

[18] 工信部关于进一步加强工业节水工作的意见［J］．中国有色建设，2010，（2）：5-7.

[19] 王璇．经济发展对工业用水量的影响研究——基于我国东中西部面板数据的实证检验［J］．哈尔滨商业大学学报（社会科学版），2012，（4）：39-43.

[20] 牛文元．中国新型工业化之路研究报告［M］．北京：科学出版社，2014：7-21.

[21] 任保平．新型工业化：中国经济发展战略的创新［J］．经济学家，2003，（3）：4-11.

[22] 苗治平，张峰．新型工业化背景下的工业水资源利用效率指数测量及其影响因素分析［J］．上海交通大学学报，2017，51（6）：761-768.

[23] 梅锦山，郦建强，丁跃元．发挥规划引领作用落实“节水优先”方针——对“十三五”节水型社会建设规划编制工作的思考［J］．中国水利，2015，（7）：11-13.

[24] 颜勇．落实节水优先方针全面推进节水型社会建设［J］．水利发展研究，2015，15（3）：3-6.

[25] 李雪松．中国水资源制度研究［M］．武汉：武汉大学出版社，2006.

[26] 郭培章，宋群．中外节水技术与政策案例研究［M］．北京：中国计划出版社，2003.

[27] 刘曦，孙艳，王秀茹，等．北京市计划用水方案实施研究［J］．南水北调与水利科技，2011，9（1）：166－168.

[28] 王一文，钟玉秀，刘洪先，等．加快完善并推进非居民用水超计划（定额）累进加价制度［J］．中国水利，2016，（6）：50－53.

[29] 于伟东，吴晓楷，谭林山．计划用水管理制度及落实保障措施探讨［J］．中国水利，2016，（17）：10－11.

[30] 刘敬，杨秀芹，王华．德州市实施计划用水管理制度探讨［J］．山东水利，2010，（7）：50－52.

[31] 阎官法，贾涛，郝利民，等．工业用水定额的制订与管理研究［J］．地域研究与开发，2005，24（5）：120－123.

[32] 张士锋，贾绍凤．北京市水资源安全与工业用水管理方法探讨［J］．地理科学进展，2002，21（6）：625－631.

[33] 董辅祥，董欣东．节约用水原理及方法指南［M］．北京：中国建筑院出版社，1995：55－56.

[34] 刘俊良．城市节制用水规划原理与技术［M］．北京：化学工业出版社，2003：185－205.

[35] 左建兵，陈远生．北京市工业用水定额管理信息系统的研究［J］．地理与地理信息科学工作，2003，19（1）：43－46

[36] 韩秀燕，张大义．武汉市宾馆行业用水定额的分析计算与制定［J］．中国农村水利水电，2006，（1）：26－27.

[37] King J，Louw D. Instream flow assessments for regulated rivers in South Africa using the Building Block Methodology［J］. Aquatic Ecosystem Health and Management，1998，1（2）：109－124.

[38] Amir I，Fisher F M. Analyzing agricultural demand for water with an optimizing model［J］. Agricultural Systems，1999，61（1）：45－56.

[39] 刘强，桑连海．我国用水定额管理存在的问题及对策［J］．长江科学院院报，2007，24（1）：16－19.

[40] Asia E，Region P. Water Resources Management in an Arid Environment［J］. 2006.

[41] Cheng C L. Study of the inter－relationship between water use and energy conservation for a building［J］. Energy and Buildings. 2002，34（3）：261－266.

[42] 北京大学环境工程研究所，中国21世纪议程管理中心．国外城市水资源管理与机制开发［M］．北京：中国水利水电出版社，2007.

[43] Gagnon G A. The role of water audits in water conservation［J］. Journal of Water Resources Planning and Management，1984，110（2）：129－140.